U0285193

光明城
LUMINOCITY

看见我们的未来

止园梦寻

再造
纸上
桃花源

黄 晓 刘珊珊 著

上海·同济大学出版社
TONGJI UNIVERSITY PRESS

目录

序

止园考证薪火传

马国馨

中国工程院院士、全国工程勘察设计大师

不久前收到了黄晓和刘珊珊学友寄来的新作《止园梦寻：再造纸上桃花源》样书，并嘱我为之作序。粗读之后，有许多感想，正好借此机会阐述一二。

知道黄、刘二位的名字还是一年前在曹汛先生（1935—2021）的告别会上。今年下半年在一次读书讨论会上偶然得识，知道他们都是清华大学博士研究生毕业。黄晓现为北京林业大学园林学院的副教授，刘珊珊是北京建筑大学建筑与城市规划学院的副教授。再进一步了解，才知二人还是志同道合的夫妻。很快收到了他们寄赠的大作，其中一本是 2012 年三联书店出版的《不朽的林泉：中国古代园林绘画》，是美国学者高居翰和他们二人合著的。另一册是他们二人合作的《止园图册：绘画中的桃花源》中英对照版（2022 年东华大学出版社）。现在这本"纸上桃花源"则是涉及止园的另一部力作。止园是建于 17 世纪晚明的一座园林，距今已 400 多年，且园已不存，但围绕着止园的发现、分析、考证越来越清晰的过程，可以发现中美两国几代学人为此所花费的心血和努力。

还是要先从著名的中国艺术史专家高居翰（James Cahill，1926—2014）先生说起。他从 22 岁时就读于东方语言文学系，25 岁起专攻中国古代绘画和中国艺术史，32 岁获博士学位，之后一直从事中国艺术史的教学和研究，并有 7 年时间担任华盛顿弗利尔美术馆中国部的主任，有众多的学术成果问世，并获"艺术教育终身成就奖""艺术写作终身成就奖"（1999 和 2007）等一系列荣誉。他于 1973 年第一次访问中国，其后还多次来华访问讲学和学术交流。从 2009 年起，三联书店连续出版了高的中国绘画史著作系列，在国内引起学界的重视。他去世后国内还举办过两次纪念学术研讨会。

高居翰先生的诸多成就中，涉及止园以及作画之张宏的考证引起了美术界和园林界的关注。他很早就见到过止园的图册，而在 50 岁时从晚明山水画家的绘画风格和技法入手，对"吴门画派"的一些画家进行分析，如董其昌等主流画家偏重笔墨意趣，而像张宏这样非主流的画家，则不拘前人成法，秉持尊重自然、实景再现的原则，是受到西方美术的影响。周维权先生认为，"江南是资本主义因素率先成长于封建社会的地区，也是人们的价值观念、社会的意识形态最早受到资本主义影响的地区"，但他并未就此展开。美国学者苏立文和日本学者小林宏光等也认为这些山水画"新风格的出现可能源自西洋画的启示"，"西方美术的影响体现为对自然界的某些新的表现形式和绘画题材上的新开拓"。但国内的学者认为"这些与西方相似的元素在中国绘画中早有渊源"，"中国画重在精神，而不像西洋画家那样重视物质"。因此，西洋绘画对江南画坛到底有多大冲击仍是一个极具争议的问题。

而高居翰另一个时刻牵挂的问题是，他专攻中国绘画艺术，而对中国园林的剖析，以至止园是否确实存在非常想有进一步的突破，并希望与中国园林专家能有所交流。直到中美建交后，利用在美国纽约大都会博物馆自1978年起筹建明轩的机会，他才得以与中国园林专家陈从周先生相遇，并将止园册页的14幅黑白照片复制片交给了陈。当年高居翰任职弗利尔美术馆中国部主任时，曾与普林斯顿大学的方闻教授和密歇根大学的艾瑞慈教授共同主持了一个"东亚艺术国际档案"，花几十年的收集累积，共有15万张8" × 10"（约20.3厘米 × 25.4厘米）的黑白照片供研究者查用，我想高居翰所提供的照片肯定也是档案中的收藏。陈从周先生把这些照片收入了他的《园综》一书，但并未做进一步研究。我想陈先生在明轩之后，可能一直忙于豫园和楠园的设计和施工，以及《中国园林鉴赏词典》和《园综》二书的编写，加之先生于1991年患中风，行动不便，这些工作已很耗费他的精力了。

迟于2004年出版的《园综》一书中涉及止园的信息仍引起了国内学界有心人的注意。其中一人就是建筑史学家和园林学家曹汛先生。曹先生博闻强记，倡导史源学，长于文献考证，园林、诗词均精。正是在这样的条件下，他2010年在国家图书馆发现了国内孤本《止园集》，书中有涉及止园的众多诗作和三千多字的《止园记》，以此为据，曹先生很快考证出止园位于江苏常州，其主人就是《止园集》的作者吴亮，并整理出止园的作者是周廷策，他是著名造园工匠周秉忠之子，为武进吴亮叠造止园假山。曹先生又看到三联书店出版的高居翰系列著作，认为这就是高居翰先生所提到的止园，同时根据文献内容看，图册绝不止是已发表的14幅，于是建议黄、刘二人尝试与高居翰建立联系。高居翰先生知道这一信息后十分兴奋，因为他在中国终于又遇到了同道和知音，于是很快建立了联系，提供了全部的资料，并建议和黄、刘二位年轻学者以止园为核心，进行联合研究。虽然彼此还未见过面，但通过对中国造园艺术的共同关注和进一步的考证，2012年他们合作的成果《不朽的林泉：中国古代园林绘画》出版。这本近16万字近200幅插图的学术著作，除了在卷首重点介绍止园的发现经纬等主要文献外，从绘画的单幅、手卷和册页的分类对20件画作进行图文对照和分析。年轻的学者在研究过程中也循图找到了常州青山门外的具体位置，可惜已因房地产建设开发而难寻旧迹。但本书的出版使常州市、园林界以及更多的有关人士开始关注这一事件。

高居翰之所以执意要与年轻学者合作就是希望这一课题的研究能够传承下去。在他去世的前一年，黄、刘二位去美拜访了高居翰先生，他去世后把全部藏书和研究资料捐赠给了中国美术学院，表现了他对中国的热爱和对学术界的期望。两位年轻学者也不负重望，接过了研究考证的接力棒，成果频出。除了前述的"绘画中的桃花源"外，这本《止园梦寻：再造纸上桃花源》就是他们最新的成果。

刘敦桢先生曾讲："我国园林，大都出于文人、画家与匠工之合作。"新书"纸上桃花源"正是循着这一路径继续了止园的考证。全书分五章，除第一章介绍了止园册页的二十开和高居翰等学者对止园的研究外，其余各章则分别展示了作者在几个领域厚积薄发、旁征博引的研究成果。

"咫尺桃源可问津"主要包括作者的图文互证和图诗互证。《止园集》和相关诗集为止园的考证提供了有力的文字证据。古往今来，诗优画劣还是画优诗劣之争流行不衰，苏轼提出"诗画一律""诗中有画，画中有诗"，实际涉及了诗画两种艺术形式的良性互动，表现了诗人和画家对"形神兼备"境界的追求和抒情达意的本质，诗画融合也是解读止园的重要钥匙。尤其是园主吴亮（1562—1624）对陶渊明开创的田园诗的亲近，表现了现实人生的生存境界和诗画人生的理想境界，这种田园是精神的家园、心灵的憩园。

"自是胸中具一丘"集中介绍造园名家周廷策（1553—1622后）。童寯先生曾说："自来造园之役，虽全局或由主人规划，而实际操作者，则为山匠梓人，不着一字，其技未传。明末计成著园冶一书，现身说法，独辟一蹊，为吾国造园学中唯一文献，斯艺乃赖以发扬。"计成在书中也强调"须求得人"。曹汛先生在1995年发表《明末清初的苏州叠山名家》论文后，又根据新发现文献增补了周廷策等二节，即是根据《止园集》的相关诗集而考证出其父子渊源及在当时"身兼绘画、雕塑和造园叠山三种绝技"，是比计成更早的造园大师。在此基础上本书又总结了他的理水、建筑、山林手法。

"具象山水之极限"主要探讨苏州画家张宏（1577—1652后）的历史。在《明画录》和近人王伯敏著《中国绘画通史》（三联书店1995年版）中都是仅仅提到他的名字或极短的介绍，而本书除了拓展了对张宏的经历和作品的介绍外，还着重分析了其风格与技法上的特点，以及对园林绘画的形式分类及评价。

"五百年书香门第"是本书最后一章，是对园主吴亮身世族谱的考证和研究。2018 年宜兴博物馆馆长邢娟提供了吴家线索，园主吴亮是当代戏剧家吴祖光先生的先祖，他的儿子吴欢手中有十册本的《北渠吴氏宗谱》，由族谱可以断定吴亮为北渠吴家第九世，而吴祖光的父亲吴瀛（1891—1959）是清室善后委员会的顾问、故宫博物院的创建人之一，则是吴家第十九世。吴亮父辈及其兄弟，均有造园的历史和记录，统计有三十余处，文中都有简要介绍。

将近 44 万字的新作是黄晓和刘珊珊学友有关止园考据和研究的又一成果，尽管高居翰先生、陈先生、曹先生都已先后作古，这也表明在止园研究的薪火传承中，他们已经完全接过了前贤所开创的事业，并沿着不断开拓的方向继续前进。当然涉及这一课题的研究，随着新的文献出现，还会有较长的路要走。老实说，像我这样一直搞建筑设计的人，对于绘画、园林等方面并无研究，因此十分冒昧地写下了这点粗浅的感受，还希望能得到作者夫妇和众多方家的指教。

最后试集天启元年《止园集》诗四句五言作结：

> 但得止中趣，在乎山水间。
>
> 更有会心处，何苦恋微官。

2022 年 7 月 31 日

止园：中国园林盛期的精彩杰作

高居翰

艺术史学家、加州大学伯克利分校教授

UNIVERSITY OF CALIFORNIA, BERKELEY

BERKELEY · DAVIS · IRVINE · LOS ANGELES · RIVERSIDE · SAN DIEGO · SAN FRANCISCO   SANTA BARBARA · SANTA CRUZ

DEPARTMENT OF HISTORY OF ART   BERKELEY, CALIFORNIA 94720
405 DOE LIBRARY

March 5, 1984

Dr. Elisabeth B. MacDougall
Director of Studies in the History of Landscape Architecture
Dumbarton Oaks
1703 32nd st. N.W.
Washington, D.C. 20007

Dear Dr. MacDougall:

    I was interested to learn from your letter of
February 14th about the planned symposium on Ming
dynasty Chinese gardens in May of next year. Such a
symposium will indeed be timely--there have been
several books on the subject lately, and a lot of
interest.

    Yes, I will be happy to take part and give a
paper. I have, in fact, been waiting for an opportunity
(and some impetus) to do a small study of an important
album of twenty paintings of scenes of a garden, done
by the artist Chang Hung in 1627. I have written briefly
about this garden in a paper for a Library of Congress
symposium and in my recent book on late Ming painting,
but some leaves of the album have recently become
accessible (it is divided among four owners at present)
so that the whole can be studied, and it deserves such
serious treatment. Mr. Chen Congzhou, the leading
Chinese authority on gardens (I think), to whom I showed
some leaves and photographs of others when he was here,
was quite excited and described it as the best visual
evidence we have for a great garden from the greatest
period of the Chinese garden.

    Chen himself said he would like to study the
album, and it might be that I would be able to incor-
porate some of his findings with my own (he has access
to materials not available to me, besides having vastly
more knowledge of the subject) and present the paper as
co-authored. Perhaps he will be there, if Wen Fong is
helping you with the symposium, since Wen has worked with
him and knows him well. I myself would deal with the plan
of the album more than the plan of the garden, since I am
not a specialist in the latter. And perhaps bring in
other Chinese garden paintings for comparison.

                              Sincerely,

                              James Cahill
                              Professor, History of Art

高居翰致像树园风景园林历史研究会主任信件，
1984 年 3 月 5 日

亲爱的麦克道格博士：

2月14日来信收讫，闻知敦巴顿橡树园（哈佛大学）计划于明年5月召开中国明代园林研讨会，甚感欣喜。这次研讨会来得非常及时。近年该领域出版了多部著作，引人瞩目。

我非常乐意参与研讨并发表论文。这些年我一直在期待一个机会（或者说是动力），开始研究一套描绘园林的二十开册页（《止园图册》），它是画家张宏1627年的作品。关于这座园林，我曾为国会图书馆的研讨会写过一篇简短的论文，近期又在论述晚明绘画的著作里提过它。最近这套册页的一部分刚刚能够接触到（目前它们分藏在四处），从而使对其展开整体研究成为可能，值得严肃对待。陈从周是中国首席园林专家（我想应该是），在他访美时，我向他展示过图册中的几页，以及其他各页的照片。陈从周非常激动，称赞画中园林是中国园林鼎盛时期的精彩杰作。画册本身则是对这座园林的最佳视觉呈现，属于极宝贵的同期证据。

陈从周表示有意研究《止园图册》，因此我或许有机会将他的发现同我的研究结合（他能够接触到我无法获得的材料，并在该领域具有更为广博的学识），联合发表一篇论文。如果方闻正在协助您筹办研讨会，或许能够请到陈先生参会，他们两人密切合作过，甚是熟稔。鉴于我本人并非园林领域的专家，我将更多讨论册页而非园林的设计，或许还会引入其他一些中国园林绘画，以资比较。

您真诚的

高居翰

周廷策：明代江南的叠山名家

曹 汛

古建园林学家、北京建筑大学教授

周秉忠是画家、雕塑家和工艺美术家，兼能造园叠山，而成就亦非凡。我国造园艺术的传统特征是诗情画意之写入，宋元以来有不少画家参与造园，大显身手，明末画家仍多有以构筑自家小园为能事者，如无锡邹迪光建愚公谷，北京米万钟建勺园，南翔李流芳建檀园，长洲文震亨建香草垞等等。周秉忠是为他人造园叠山，已经有所不同，其时代则在张南阳之后，张南垣之前。

周廷策为周秉忠之子，为武进吴亮叠造止园假山，建园之时正值周廷策六十岁生日，吴亮作诗为贺。止园山成，吴亮又赋诗称谢，对周廷策的叠山技艺做出极高的评价，并力劝其弟世于也要请周廷策为之造园叠山。……周廷策身兼绘画、雕塑和造园叠山三种绝技。成名后身价甚高，"江南大家延之作假山，每日束脩一金"，已经是职业叠山名家了。

周廷策为人造园叠山并成名，是在万历年间，正是我国江南造园叠山的黄金时代。周秉忠、周廷策父子接踵在张南阳之后，张南阳算是嘉靖年间的造园巨匠。周廷策的时代比张南垣、计成为早。周廷策为武进吴亮造止园之后，吴亮之弟吴玄请计成为造东第园，是在天启初年。张南垣虽比计成晚生五年，但成名更早，张南垣为翁彦陛造集贤圃在万历四十三年（1615），为王时敏造乐郊园在泰昌元年（1620）。因此可以说张南垣、计成是与周廷策接踵而至。张南垣开创了一个时代，创新了一个流派，把我国的造园叠山艺术推向最后的巅峰。周秉忠、周廷策父子，则可以称为是继张南阳之后，前张南垣时代之最为著名的造园大师了。

止园归来：真挚感谢和深切盼望

孟兆祯

中国工程院院士、北京林业大学教授

　　欣得常州吴氏后人吴欢君手柬邀请我赴会，无奈腿膝早衰不克到会。心中十分牵挂，谨以书面表达了确心愿。我真挚地感谢有心的世人为挖掘中国古代园林的宝库所作出的贡献，诚恳地祝贺"高居翰与止园：中美园林文化交流国际研讨会"成功召开。苏子有诗曰："西湖天下景，游人无愚贤。深浅随所得，谁能识其全。"西湖如此，泱泱中华河山又当如何。不忘初心是激励人们砥砺前进、方得始终的动力。数千年的文化积累广博深厚，蕴藏了无数先人精绝的积累。鉴古能开今，创新建立在传承的基础上。前人为我们留下了图册和诗文，有心的今人通过科学研究把它回归为平立面图，尽可能全面和原真地重现了史存园林的景象，揭示了从立意通过"迁想妙得"的园林艺术理法而得到活生生的景象，把生生不息、景面文心、赏心悦目的景物贡献给人民。这是艰苦卓绝、劳心劳力的扎实工作，值得学习和发扬光大。止园不止，发芽生根，开花结果。

　　戊戌小雪。

孟兆祯为"高居翰与止园：中美园林文化交流国际研讨会"题词，
2018年

张宏 止园图册

止园梦寻：

再造纸上桃花源

止園全景
吳門張宏寫

A
B
C
D
E

1 2 3 4 5

第一开

止园全景图

3

第二开

园门一带

A
B
C
D
E

1   2   3   4   5

第三开

鹤梁与宛在桥

第四开

怀归别墅

第五开

飞云峰

D3　E1
⋮　　⋮
62　61

E2　E3　C1　C2　A3　第六开　对望飞云峰

70　65　65　63　64
　　　14 8

第
七
开

水
周
堂

第八开

鸿磐轩

第九开

柏屿水榭

第十开

大慈悲阁

A

B

C

D

E

1　　2　　3　　4　　5

第十一开

飞英栋与来青门

A   B   C   D   E

第十三开

规池与清浅廊

第十四开

矩池与桃坞

第十五开

矩池西岸

E1	C3	B3	E5	B3
136	134	100	101	100

第十六开

华滋馆与芍药栏

坐止堂

第十七开

真止堂

第十八开

第十九开

止园北门

古人皆丁卯夏月仿
徽山詞宗寫
吳門張宏
[印]

C3 C1 B1 D3
112 104 102 45

第二十開
止園回望

1

追寻
跨越时空的对话

跨越这漫长的时光，
让所有偶然凝结为必然的，
是高居翰对《止园图》一片痴心的坚持。

——《止园与园林画：高居翰最后的学术遗产》

1. "最懂中国画的美国人"

20 世纪 50 年代初，在美国马萨诸塞州一座博物馆的幽暗展厅里，一个年轻人正在浏览展出的中国画册。他大学修习的是日语专业，第二次世界大战结束后，服兵役到日本担任翻译。他由此接触到亚洲的东方艺术，被深深吸引。退役回到美国后，他决定将研究中国书画作为终生的事业。展厅里一套 20 幅的册页，在他心中唤起一种复杂而奇妙的感觉。这套图册绘于明代，与他熟知的经典画作颇不相同。按照中国传统的评画标准，它们既缺乏"巧妙"的构图，也不具备"精妙"的笔法，但却营造出奇妙无比的山水空间，令人流连忘返。

这个年轻人叫高居翰，后来成为美国研究中国绘画的巨擘，给他留下深刻印象的那套册页，则是《止园图》。

《止园图》出自 17 世纪的画家张宏之手，共有 20 幅，从不同角度再现了一座明代园林盛期的景象。这套图册最迟于 20 世纪 50 年代流落海外，随着它的重新发现和持续研究，其在艺术史、园林史和文化史上的意义不断被揭示出来。《止园图》的传播与研究历程，是 20 世纪艺术史学史上的一项特殊案例，映射出中国与世界文化交流的复杂性和深入性。高居翰是贯穿始终的灵魂人物。

高居翰（James Cahill，1926—2014）被誉为"20 世纪最懂中国画的美国人"（图1-1）。他早年师从美国汉学泰斗罗樾（Max Loehr），1956 年协助瑞典艺术史家喜龙仁（Osvald Siren）完成七卷本巨著《中国绘画：大师与法则》（*Chinese Painting: Leading Masters and Principles*）。1958—1965 年，高居翰担任华盛顿弗利尔美术馆（Freer Gallery of Art）中国部主任，1965 年开始长期任教于加州大学伯克利分校艺术史系，1995 年荣誉退休。1995 年，美国大学艺术学会（College Art Association）授予高居翰"艺术史教学终身成就奖"，2004 年将他评为年度杰出学者（其后方闻和巫鸿分别成为 2013 年和 2018 年的年度杰出学者），2007 年又授予他"艺术写作终身成就奖"。2010 年美国史密森学会（Smithsonian Institution）授予高居翰"查尔斯·朗·弗利尔奖章"（Charles Lang Freer Medal），他是第十二位获得该项荣誉的学者，此前喜龙仁（第一位）和罗樾（第七位）都曾获此殊荣，以表彰他们在艺术史领域取得的杰出成就。

在中美文化和艺术交流方面，高居翰具有十分重要的地位。1972 年美国总统尼克松访华，次年美国成立首个访华艺术和考古代表团，高居翰作

图 1-1

高居翰（左一）与美国学者
⊙高居翰之女莎拉·卡希尔
（Sarah Cahill）提供

图 1-2

1973 年高居翰初次访华，
中美学者共同合影
⊙莎拉·卡希尔提供

为成员之一，参加了中华人民共和国成立以来中美之间首次重要的文化交流活动（图1-2）。1977 年高居翰以中国古代绘画代表团领队的身份，第二次访问中国，开启了他与中国的亲密接触，此后他多次来华讲学交流。

　　中国美术学院高士明教授赞誉高居翰是"真正爱中国的人"，美国普吉湾大学洪再新教授和中国美术学院图书馆张坚馆长称赞，是高居翰"把他所热爱的中国绘画变成一门世界性的学问"，使中国艺术在国际上从边缘走向中心，获得世界性的关注。而高居翰则谦逊地将这一成就归功于中国艺术和整个史学界。1979 年他应哈佛大学邀请发表中国绘画的系列演讲，在开讲辞中说道，"今天得以站立此处，个人倍感受宠若惊。我觉得此一光荣不仅仅属于我，而应该归给整个中国艺术史学界"，是诸多先辈、同僚和学生的共同努力，使中国艺术史"成为一个受人敬重的学科，并且在诺顿讲座中占有一席之地"。[1]

[1] 高居翰. 气势撼人：17 世纪中国绘画中的自然与风格·英文原版序[M].
北京：生活·读书·新知三联书店，2009.

止园梦寻：
再造纸上桃花源

←图 1-3

高居翰与王季迁（中）、张洪（左）合影
◎莎拉·卡希尔提供

→图 1-4

1958 年高居翰与张大千夫妇合影。上方
为张大千题词："高居翰先生留念。戊
戌十月大千张爰题赠。"
◎莎拉·卡希尔提供

　　高居翰与王季迁、翁万戈、张大千、吴冠中等许多中国学者和艺术家
都有交往（图 1-3、图 1-4），他常表示自己在这些交往中受益匪浅。或许是为了
让他心爱的书卷和资料能够来到最渴求它们的读者身边，又或者是为了回
报他毕生激情的牵系之处——中国和中国艺术，高居翰晚年将自己的藏书
和研究资料悉数捐赠给坐落在杭州西湖畔的中国美术学院，共计图书 2000
余册、幻灯片 3500 多张、图片 13 500 多幅和系列讲座视频 2 套，建立了"高
居翰图书馆"，成为他留给中国的一份宝贵遗产。

　　这份遗产让高居翰在去世后仍与中国保持着物理上的联系。浏览高居
翰的藏书，能够深切体会到他对中国艺术关注的广度与深度，而这也是高
居翰对中国艺术研究最重要的贡献——他极大地拓展了中国艺术所涉及的
题材。他这种开疆拓土的学术态度，使许多从前被学者忽略的中国绘画门
类展现在世人面前，其中最重要的，就包括园林绘画。

2.《止园图》与实景画

　　高居翰的中国园林绘画研究，以《止园图》及其作者张宏为焦点，他对
《止园图》的兴趣贯穿其学术生涯的始终。他在 1996 年的一篇文章里，详

细讲述了自己与《止园图》的初次相遇。20 世纪 50 年代高居翰在博物馆看到完整的《止园图》册，他当时不到 30 岁，刚开始修习中国艺术史，致力于理解和吸收中国传统文化精英的理论和观点，并依此解读当时西方人尚知之甚少的文人及文人画。与吴镇、倪瓒、沈周、文徵明这些大家相比，张宏只是一个无名小辈；因此，高居翰虽然敏锐地意识到图中描绘的应是一座真实的园林，但并无精力投入太多关注。

随着高居翰在中国绘画领域研究的逐渐深入，他越来越认识到《止园图》的特殊地位。1960 年，经由喜龙仁推荐，他撰写出版了《图说中国绘画史》（*Chinese Painting: A Pictorial History*），此书成为美国学子修习中国艺术史的必读教材。1976 年和 1978 年，他先后出版了中国晚期绘画研究五卷本系列的前两册——《隔江山色：元代绘画》（*Hills Beyond a River: Chinese Painting of the Yuan Dynasty*, 1279—1368）和《江岸送别：明代初期与中期绘画》（*Chinese Painting of the Early and Middle Ming Dynasty*, 1368—1580），这两部著作结合传统画论观点和西方视觉分析方法解读了众多名家画作，鲜活深入地展示了元明以来的画史变迁，奠定了高居翰的学术地位。1979 年他开始撰写第三册《晚明绘画》，并接受哈佛大学诺顿讲座[2]之邀，讲授晚明清初的中国绘画。

晚明正是张宏创作《止园图》的时代。当时已过"知天命"之年的高居翰，思想发生了很大变化。他开始有意识地从"那些既传统、且已广为人所认定的中国思考模式中抽离出来"[3]，重新评价中国画家的艺术成就。张宏由此再次进入他的视野，《止园图》则被他选为体现晚明绘画"充满了变化、活力与复杂性"的时代精神的典范之作。

20 世纪 50 年代以来《止园图》历经辗转，近 30 年间多次分合。高居翰初次看到它们之后不久，拥有这套图册的画商沃尔特·霍赫施塔特（Walter Hochstadter）留下自己喜欢的八幅，将其余十二幅卖给麻省剑桥的收藏家理查德·霍巴特（Richard Hobart）。这是有记载以来这套图册第一次被拆散。霍赫施塔特手中的八幅，在 1954 年的一次中国山水画展上展出过[4]，继而被瑞士的弗兰克·凡诺蒂博士（Franco Vannotti）买走；霍巴特的十二

[2] 哈佛大学诺顿讲座创始于 1925 年，主题为"最广泛意义上的诗学"，文学家 T.S. 艾略特、博尔赫斯、卡尔维诺、艾柯和帕慕克，建筑史学家吉迪翁，建筑师查尔斯·伊姆斯，艺术史学家高居翰等都曾受邀主讲。讲座结束之后，他们的讲稿大多直接出版，影响深远。

[3] 高居翰.气势撼人：17 世纪中国绘画中的自然与风格·致中文读者[M].北京：生活·读书·新知三联书店，2009：5.

[4] Sherman Lee. Chinese Landscape Painting[M]. Cleveland: Cleveland Museum of Art, 1954.

幅则在他去世后传给了女儿梅布尔·布兰登女士（Mabel Brandon）。后来，霍赫施塔特又从布兰登女士手中购回十二幅中的八幅，布兰登女士也留下了她最喜欢的四幅。其后，出于对张宏的浓厚兴趣，高居翰买下了霍赫施塔特手中的六幅，藏在景元斋；其余两幅被洛杉矶郡立美术馆（Los Angeles County Museum of Art）购藏。20世纪80年代，凡诺蒂手中的八幅被柏林东亚艺术博物馆（Museum für Ostiatische Kunst in Berlin），今柏林亚洲艺术博物馆（Museum für Asiatische Kunst）收藏[5]。因此，当高居翰重新对《止园图》投以关注时，这套图册分藏在四处：柏林东亚艺术博物馆八幅、景元斋六幅、布兰登四幅、洛杉矶郡立美术馆两幅。

高居翰的哈佛诺顿讲座采用中国的世界观——阴阳二元论来切入中国绘画：一端是在绘画中追寻自然化的倾向，另一端则是趋向于将绘画定型。这两股力势互相激荡，而衍生出其他诸流，直到"万物"形成。

这是一种极具想象力又充满诗意的宏大结构，高居翰以张宏作为前者的代表，董其昌作为后者的代表，两人共同奠定了这一二元结构，并构成前两讲的主题：一是"张宏与具象山水之极限"，二是"董其昌与对传统之认可"。将此前名不见经传的画家张宏，与有"集大成"之誉的董其昌相提并论，甚至置于董其昌之前，高居翰的此一论断可谓新奇而大胆。[6]

高居翰注意到中国山水画有表现特定实景的一派，张宏正是此派的卓越传人。早期魏晋的山水画根源于对特定实景的描绘，到五代和北宋一变而为体现宇宙宏观的主题，但仍能看到不同山水的地理特性，于是有关中的范宽风格、南京的董源风格、山东的李成风格（图1-5），他们构成了晚明画家表现具象山水的早期渊源。元代赵孟頫的《鹊华秋色图》、黄公望的《富春山居图》、王蒙的《具区林屋图》（图1-6），虽然与实景差别较大，但仍可确认它们与所绘风景之间某种确切而重要的关系。进入明代，对地方风景的描绘成为苏州画家之所长，沈周和文徵明等绘画大家都致力于表现苏州内外的名胜古迹；这类作品的暗示性超过描写性，景致间的距离往往被压缩或拉伸以顺应绘画风格的要求，主要借助知名的寺庙、桥梁和宝塔等标志性景观，唤起观者对历史、文学和宗教的联想，这些绘画由此超越了

[5] 《止园图》的收藏历程参见高居翰个人网站的文章：http://jamescahill. info/the-writings-of-james-cahill/responses-a-reminiscences/184-62- a-collector-i-did-like-and-why.

[6] 洪再新指出，通过高居翰的研究，张宏最终"以其特殊的风格，成为17世纪最重要的艺术代表，和董昌平分秋色"，而高居翰的研究也由此"体现出整个中国画研究的水平，成为世界文化研究的有机组成部分"。这引发人们思考，面对中国古代艺术，我们应该看什么，从何处着眼，以及如何来解读。见：洪再新. 他山之石的参照意义：从《气势撼人》谈海外中国艺术研究[N]. 中国美术报，2019-4-24.

↑图 1-5
—————
（五代）李成《晴峦萧寺图》
⊙美国纳尔逊美术馆藏

→图 1-6
—————
（元）王蒙《具区林屋图》
⊙台北"故宫博物院"藏

对景物的再现，而成为意义的载体。

张宏的具象山水既植根于这一脉络，又作出了重要突破，体现在两个方面：一是与早期或同时期其他画家不同，他描绘的未必是各地的著名景致，因此观者无法借助熟悉的景物，而必须通过张宏的图画，唤起身临其境的体验；二是张宏的笔法和构图，常有推翻成规之势。高居翰列举张宏的《栖霞山图》（图1-7），指出传统山水画里的树木一般谦立一旁，以不遮掩视线为原则，《栖霞山图》的树丛却掩映住山腰的轮廓，观者必须先穿过树丛方能找到通往寺庙之路。如此忠实地再现视觉经验，以至于牺牲了主题和构图的明晰性，在传统绘画里极为罕见。通过将观察自然的心得融入作画过程中，张宏创造出一套表现自然形象的新法则，这些都突出地体现在《止园图》中。

高居翰将宋代以来的中国绘画史，视作一系列文字型画家（Word-men）与形象型画家（Image-men）之间对抗的历史，苏东坡、赵孟頫、董其昌代表了前者，张择端、李嵩、张宏代表了后者。虽然自元代以来忠实摹写视觉所见便一直遭到主流话语的贬抑，但摹写物象永远是绘画最基本的特征，若不能以形写神，得神忘形就只是空谈。张宏选择了以具象再现作为创作宗旨，他将线条与类似于点彩派的水墨、色彩结合起来，形象地描绘出各种易为人感知的形象。《止园图》中潋滟的池水、峥嵘的湖石以及枝叶繁茂的树木，使他笔下的景致具有了一种不同于西方透视画却又超乎寻常的真实感。

需要强调的是，《止园图》并非仅仅是框选景致并将它们如实画下。同所有画家一样，张宏也要经过剪裁和取舍。张宏与传统画家都是从自然中撷取素材，在这一点上他们并无不同。两者的分歧在于：后者让自然景致屈服于行之有年的构图与风格，张宏则是逐步修正那些既有的成规，直到它们贴近视觉景象为止。由于他用心彻底，成果卓著，最终使得其原先所依赖的技法来源几乎变得无关紧要。观者的视界与精神完全被画中内容吸引，浑然忘却技法与传统的存在。跟董其昌的"无一笔无出处"相比，张宏选择了一条相反的道路，由此出发，开拓出中国绘画新的可能性。

高居翰对张宏的成就评价极高，称赞他的画是中国绘画"描述性自然主义"的高峰。

然而，张宏笔下的止园是否真的存在呢？高居翰曾多方搜求考证，但始终无法确定止园的主人是谁。如果止园只是一座画家想象的园林，《止园图》并非根据实景创作，那么高居翰基于这套图册展开的理论建

1 —— 追 寻
跨越时空的对话

图 1-7
（明）张宏，《栖霞山图》（局部）
⊙台北"故宫博物院"藏

构，就不过是缺乏根基的空中楼阁。

3. 止园研究的双重困境

　　高居翰深信《止园图》所记录的是一座历史上的真实园林。但与苏州拙政园、无锡寄畅园这些有幸保存至今的园林不同，止园早已湮没在历史长河中。高居翰既不知道止园的主人是谁，也无法确定止园的位置，学者和公众又深受中国绘画崇尚写意、不重写实的影响，因而他的观点也就难以令人信服。

　　20世纪70年代高居翰决定研究《止园图》时，主要面临两项困难。一是当时这套图册已被拆散，分藏在德国和美国的美术馆和私人手里。他只能看到景元斋和柏林东亚艺术博物馆的十四幅，另外六幅则秘不示人，不易接触。《止园图》二十幅是一个整体，无法看到整套图册，限制了将它们作为一座园林完整记录的研究。

　　另一重更大的困难是当时中美之间的文化交流很少，他无法前来中国考察园林，只能通过日本园林来想象。而且，在美国研究中国的园林画，既难以查阅中国收藏的丰富资料，也没有机会与中国的园林学者对话。基于对中国绘画和画家的熟悉，高居翰查到苏州画家周天球（1514—1595）号止园居士，周天球的《兰花图》上钤有"止园居士"印，张宏也是苏州画家，因此高居翰推测止园或许是周天球的同名庭园。但由于缺少其他佐证，这只能作为推测，无法坐实。

　　20世纪70年代是中美关系发展的关键时期。1972年美国总统尼克松访华，在北京停留七天，被称为"改变世界的一周"，中美关系得到了极大改善，中美学者也逐渐恢复了接触。除了著名的"乒乓外交"，这一时期美国对中国的园林也产生了兴趣，纽约大都会美术馆希望建造一座中国庭园"明轩"，作为亚洲部的核心空间。1977年，亚洲部主任方闻访问中国，与同济大学的园林学者陈从周共同考察苏州园林，选中网师园"殿春簃"作为建造明轩的范本。1978年陈从周应邀前往纽约，协助建造"明轩"，这是中美园林文化交流史上的一桩大事^(图1-8)。高居翰正是在这一时期遇到陈从周，有机会与中国园林学者讨论《止园图》。

图 1-8

纽约大都会美术馆明轩庭园
⊙ WestportWiki 摄影

高居翰后来在信中写道：

> 中国首席园林专家陈从周来美时，我给他看
> 了《止园图》，他非常兴奋，称赞这是对一座中国
> 园林杰作的最佳视觉呈现，而且正是在中国园林
> 最辉煌的时代。

高居翰热情地将手中的十四幅册页复制图片赠送给陈从周。1984 年，
美国敦巴顿橡树园（Dumbarton Oaks）计划筹办一场中国明代园林研讨会，
高居翰提议邀请陈从周参加（图 1-9）。他希望与陈从周合作撰写一篇论文，
从绘画和园林两种学术角度探讨《止园图》。遗憾的是，由于当时中美之
间通信不畅，美方只能通过使馆辗转进行联络。不知因何原因，美方的多
封信函都没有收到回复，未能联系到陈从周。当时在美国的中国园林研究
者人数寥寥，尽管高居翰数次热心协助组织，终未能促成这场国际研讨会。
高居翰只好继续独自研究《止园图》。

1996 年，高居翰联合洛杉矶郡立美术馆和柏林东亚艺术博物馆，举办
了名为"张宏《止园图》——再现一座 17 世纪的中国园林"的展览。他与

图 1-9

高居翰写给橡树园负责人的信件

洛杉矶郡立美术馆的亚洲部策展人李关德霞 (June Li) 找齐了分藏在各处的二十幅《止园图》，这是它们被拆散近五十年后首次完整地呈现在世人面前。

高居翰为展览撰写了专文，他通过精读图像，将各分图描绘的景致在全景图上一一标出 (图 1-10)。这次展览让人们认识到，《止园图》各幅之间存在密切的联系，失去任何一幅，都会极大地破坏这套图册的完整性。展览结束后，高居翰协助洛杉矶郡立美术馆购买到私人收藏的十二幅册页，其他八幅藏在柏林东亚艺术博物馆，自此，二十幅册页全部归公立机构所

图 1-10

1996 年洛杉矶郡立美术馆
"张宏《止园图》展"画册

有，学者和公众能够便利地接触到全部图册，解决了当初高居翰面临的第一重困难。

由于中美之间文化信息交流的滞后，这次展览在中国没有引起太多关注。但获得高居翰的赠图后，陈从周一直对止园保持着密切的关注。陈从周毕生致力于收集中国的名园史料，最终编撰成《园综》一书，收录了历代的322篇园记，是研究中国园林最重要的文献集成之一。在《园综》的开篇，陈从周刊登了高居翰赠送他的14幅《止园图》黑白复制图片，这是《园综》收录的唯一一套园林影像，可见它们在他心目中的地位。

陈从周的学生刘天华在《园综》后记里谈到，陈从周编写《园综》时，主张不对史料进行注释，让人们自行翻阅、解读，所以书中并未提到《止园图》的来龙去脉，甚至没有将其列入目录。《园综》在1995年已编撰完成，却因种种原因耽搁下来，直到2004年才出版。这一蹉跎，让《止园图》与中国园林学者的相遇又晚了十年。

《园综》是学者研习中国园林的必备图书。每当人们翻开此书或阅读余暇，展看玩味书前的《止园图》时，不免会被勾起一丝好奇：这套神秘的图画描绘的是哪座园林？图中的景致藏着怎样的玄机？

4. 从图画回到园林

2010年，园林学家曹汛在中国国家图书馆发现吴亮《止园集》，是国内仅存的孤本。他立刻将《止园集》与在《园综》上看到的《止园图》联系起来。《止园集》共800多页，卷五至卷七为"园居诗"，有《题止园》《真止堂》等数百首诗，卷十七有一篇长达三千字的《止园记》（图1-11）。曹汛细致地比对诗文和图册，判定止园的主人正是文集的作者吴亮，《止园图》所描绘的止园位于吴亮的家乡——江苏常州。

曹汛师从梁思成先生，是中国建筑史、园林史学界的权威，曾发表论文数百篇，其中《略论我国古代园林叠山艺术的发展演变》《略论我国古典园林诗情画意的发生发展》，以及他对计成、张南垣、叶洮和戈裕良等造园名家的论证，都是园林研究的经典之作。曹汛以擅长攻解学术难题和考断无头公案著称，他能发现止园的新线索，与其数十年的深厚积淀密不可分。曹汛称赞《止园图》的艺术水平很高，他根据园记内容推断，这套图

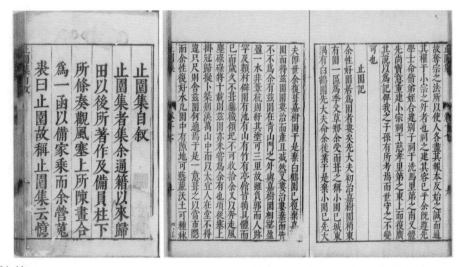

图 1-11

吴亮《止园集》书影之《止园集自叙》和
《止园记》

册绝不止 14 幅，希望能够看到全部作品，嘱托我们帮忙留意。

2010 年三联书店刚推出"高居翰作品系列"，我们在《气势撼人》和《山外山》中读到关于张宏与《止园图》的长篇讨论。曹汛也从 1990 年出版的《艺苑掇英》第 41 期上看到高居翰对《止园图》的介绍。他提议我们直接与高居翰邮件联系，询问图册的信息。

高居翰听闻寻得止园园主的消息非常欣喜。他回信说，虽然《山外山》和《气势撼人》写于多年以前，但他从未停止对止园的关注。园记的发现实在是一件令他兴奋的事情，如果有研究需要，他很愿意提供完整图册的电子文件。此时距离他与陈从周的交往已过去 30 多年，他终于再次同中国的园林学者建立起联系。

一个月后高居翰给我们寄来一包资料。除了全套的《止园图》复制件和 1996 年洛杉矶郡立美术馆的展览图录，还有两张光盘和 400 多页文献材料，光盘里有他历年收集的园林绘画图像。高居翰提议以止园为核心联合展开研究，合作完成一部园林绘画著作。2012 年，《不朽的林泉——中国古代园林绘画》出版，成为国内外首部探讨园林绘画的学术专著。

高居翰在序言里将这本书称为"远程合作"的产物：一方面是空间上的遥远，虽然两年间我们与他往返了近百封邮件，讨论书的框架，推敲文字，挑选图片，但直到图书出版，双方还尚未谋面；另一方面是时间上的间隔，高居翰的著述在多年前就已完成，我们的部分则刚刚写就。这部专著本身，就是一段"跨越时空的对话"。

通过这次合作研究，止园逐渐显露出真面目。2011 年，我们根据园记、园图的信息和现场的地形，确定了止园的具体位置。吴亮《止园记》提到止园位于常州青山门外，《止园图》描绘了城门和城墙，我们在地图上顺着城门旧址搜寻，发现《止园图》描绘的河道轮廓依然保存在城市肌理中^(图 1-12)。

↑图 1-12

止园遗址卫星地图
⊙ 2014 年

→图 1-13

止园遗址现状
⊙ 黄晓摄

遗憾的是，由于发现得太晚，大部分园址已被开发为商业居住区，仅保留下一部分滨河公园^(图 1-13)。高居翰得知止园遗址的情况颇为感慨。他曾经畅想发现遗址后，"如果有足够的资金、水源和花石等，借助张宏留下的图像信息，完全可以较为精确地重新构筑止园"。但残酷的现实终结了他几十年来怀有的宏伟愿景。他遗憾地表示，这一愿景或许只能保存在一个不合时宜的老人心中，古老的诗意园居已无缘重现。

然而高居翰播下的种子已经落地生根。《不朽的林泉——中国古代园林绘画》出版后，激发了国内对于园林画这一课题的全新关注。2013 年，浙江城建园林设计院的沈子炎先生根据《止园图》制作了止园数字模型。我们将模型图片发给高居翰，他高兴地把它们发布在自己的网站上。2015

图 1-14

止园精雕模型
⊙中国园林博物馆藏

年，中国园林博物馆选定止园制作精雕模型，作为明代江南私家园林的代表，与馆藏的清代北方皇家园林的代表——圆明园模型并列。

止园模型由非遗技艺传承人、微雕大师阚三喜制作，我们受邀主持学术研究，以求最大限度地忠实再现这座历史名园（图 1-14）。2017 年，止园模型正式展出，《消失的园林——明代常州止园》一书同期出版。从 20 世纪50 年代开始，跨越近 70 年的时光，在中美学人和文博机构的共同努力下，不但确定了止园的主人和旧址，园林也以模型的方式重现人间，完成了从绘画向园林的跨越。

5. 永恒的梦境

止园模型长 5.4 米，宽 4.4 米，采用紫檀、黄花梨、青田石等珍贵材料制成，几乎占据了中国园林博物馆的一个展厅。2014 年 2 月 14 日高居翰去世，此后止园模型才制作完成。

2018 年春，宜兴博物馆馆长邢娟到中国园林博物馆参观，指出止园主人吴亮正是当代书画家吴欢的先祖。我们在吴欢家中看到了十册本的《北渠吴氏宗谱》，吴亮为北渠吴氏第九世，吴欢的祖父吴瀛（吴景瀛）为第十九世。同样出现在宗谱中的，还有著名画家吴冠中的父亲吴炳泽（第十八世）。20 世纪 80 年代高居翰曾参加吴冠中的画展，一起合影，并撰写了《吴冠中的绘画风格与技法》一文。他绝不会料到，这位被他誉为"将中西文化融会贯通"的艺术大师，竟与自己一直追寻的止园有如此深厚的渊源。

2018 年 12 月，中国园林博物馆和北京林业大学联合主办了"高居翰与止园——中美园林文化交流国际研讨会"。高居翰的女儿、学生，吴氏家族的后人，以及研究绘画和园林的中外学者汇聚一堂，共同纪念高居翰为中美文化交流作出的卓越贡献（图 1-15）。

图 1-15

2018 年 12 月，美国洛杉矶郡给为止园作出贡献的个人和机构颁发荣誉证书。
左起：任向东、柯一诺（Einor Cervone）、周堂、曹汛、斯基普（Sweeney Skip）、布朗（Kendall Brown）、吴欢、莎拉·卡希尔、黄晓、洪再新、刘珊珊、孔纨

2019 年 10 月，止园旧址所在的常州筹备举办了"止园归来"艺术展，邀请当地的艺术家采用乱针绣、烙铁画、斧劈石等非遗工艺，围绕止园展开艺术创作，迎接曾被遗忘的历史名园回归故乡。

作为见证止园研究的青年一代，我们夫妇常常谈起止园的幸运与不幸，或偶然与必然。止园未能保存下来，与狮子林、拙政园、寄畅园等古代名园相比，颇为不幸。然而它在最辉煌、最灿烂的时刻，由张宏将园貌完整地绘到图中，却又是一种幸运。如果我们寻觅明朝的园林，止园是最原汁

原味的一座，借助绘画挣脱了岁月的摧残。《止园图》流散到海外分藏多处无法完璧，是一种不幸。但张宏由此得遇高居翰这位知音，获得与其成就相称的评价，在画史上占据一席之地，却又是一种幸运。

高居翰遇到《止园图》属于偶然，与高居翰仅有一面之缘的陈从周将《止园图》带回国内也是偶然，曹汛在浩如烟海的文献中发现《止园集》更是偶然。其间有太多挫折，太多错过。然而跨越这漫长的时光，让所有偶然凝结为必然的，是高居翰对《止园图》一片痴心的坚持。

如今《止园图》分藏在美国和德国，止园模型和遗址位于北京和常州，它们共同孕育着新的止园故事。止园的故事宛如一个梦境，有着梦境才有的无限可能，园林与绘画，中国与西方，过去与现在……各种界限与隔阂都被打破，交流与合作得以展开。《不朽的林泉》是高居翰最后一部著作，他的园林绘画研究开辟了一个新的领域，给后人留下了丰富的素材和无尽的线索。

以《止园图》为代表的园林绘画记录了中国古人的艺术创造和生活理想，吸引着我们长久地注视凝想，借以重返那些古老而永恒的梦境。

2

名园

咫尺桃源可问津

咫尺桃源可问津，
墙头红树拥残春。
故园自有成蹊处，
不学渔郎欲避秦。

——吴亮《桃坞》

1. 避世桃花源

公元 1610 年，明代万历三十八年，巡按大同宣府御史吴亮任期已满，他向朝廷提交了述职报告和告休的奏章。奏章已得到批复，但继任者却迟迟不到，吴亮心急如焚。

吴亮（1562—1624），又名吴宗亮，字采于，号严所，出生在江苏常州。不久前他接到家书，母亲毛氏（1540—1611）身体病弱，念子心切，倚门望归。吴亮的父亲吴中行（1540—1594）卒于万历二十二年（1594），已去世 16 年；长兄吴宗雍（1559—1591）卒于万历十九年（1591），时间更早。吴亮虽是次子，但近 20 年来实为家中长子。母子连心，已年过七旬的寡母令他加倍挂念。

9 年前的万历二十九年（1601）吴亮考中进士，授中书舍人，此后历任河南主考、湖广道监察御史和巡视北城九门监法等职，1608 年冬他接到巡按大同宣府御史的调令，要到远在塞外的边境任职。

出行之前，吴亮特地请了几天假返回常州，第二年是母亲七十大寿，到时他未必能回家，希望提前为母亲贺寿。毛氏为儿子的远行忧心忡忡，但她还是喝下寿酒，对吴亮说："不觞，无以安游子心。"几天后吴亮整装出发，毛氏一路送到云阳。吴亮后来在《先太宜人状》中回忆这次分别："母送之云阳，泪簌簌下。曰：'儿为天子使，至荣幸。顾子身绝塞，举目无亲，奈何？'泣而别。迨出关，若隔世矣。"

1610 年吴亮任职期满，他心怀雀跃，上了告休回乡的奏章，但很久才得到批复。更令他心焦的是，左等右等，继任者竟"逡巡不至"。吴亮"念母春秋高，观风望云辄心悸"，最后他决定不再等待，拼上个人的前途，挂冠拂衣而归。"归见吾母，喜可知也。"这份喜悦的代价，是他很快被剥夺了一切官职。

对于削官夺职，吴亮早有心理准备。宦游十年，他早就渴望远离朝堂纷争，退隐山林。他理想的隐居之地是"荆溪万山中"。"荆溪"是宜兴的别称，位于太湖西岸，那里不仅林泉秀美，而且是吴亮的祖居地。不过吴亮权衡再三，没有返回宜兴，而是选择了常州城北的一处旧园，拓建为隐居之所，题作"止园"。

吴亮素有林泉之好，此前已建造过多座园林。早年他父亲吴中行在常州城北建造嘉树园，吴亮接手了四叔吴同行（1550—1594）位于嘉树园东的小园；后来他又在常州城东建造白鹤园。1594 年吴中行去世，吴亮接手嘉树园，修葺后供母亲毛氏居住，自己在一水相望的对岸新建一园，就是后来止园的前身。

吴亮《止园记》追忆了自己多年造园的历程："园屡治而产且减，然又屡治屡弃而皆不为余有"，十多年间他建造了四座园林，耗费家产无数，却皆未归本人所有。他最后选定止园作为终老之所："兹园在青山门之外，与嘉树园相望。盈盈一水，非苇杭则纡其涂可三里，故虽负郭而人迹罕及。"这一选址主要的考量，便是靠近母亲居住的嘉树园。止园与嘉树园隔水相望，便于吴亮奉养母亲，晨昏定省，无疑是极为理想的选择。即《止园记》所称：

> 顷从塞上挂冠归，拟卜筑荆溪万山中，而以
> 太宜人在堂，不得违咫尺，则舍兹园何适焉。于
> 是一意葺之，以当市隐。

止园位于常州城北青山门外。明代常州府城修筑于洪武年间，共有七座城门、四座水门，其中北门称青山门。青山门外的护城河被长堤隔为新城濠和旧城濠，在长堤靠近青山门处有一座圆形的瓮城。出青山门，向北有木桥连接瓮城，穿过瓮城，又有木桥通向北面的直街。如果向东出瓮城，沿长堤可去往嘉树园。止园在北边，与瓮城和嘉树园隔水相望。

止园周围有三条河流交汇：南侧是东西流向的关河（即旧城濠），西侧有从西北汇入的通济河，以及从东北汇入的网头河（即北塘河），水系纵横^{（图2-1）}。

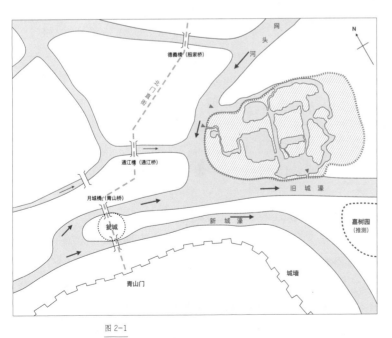

图 2-1

止园、嘉树园位置示意图
⊙周宏俊、黄晓绘

43

城门、瓮城、长堤、河流构成了止园的外围环境，深刻影响和塑造了止园的气质。青山门与瓮城作为交通枢纽，汇集了水陆两路的人流，河流间帆船往来交织，长堤上行人络绎不绝。在张宏"止园全景图"中可以看到一排排停泊在瓮城边的船只，瓮城北部的直街则是明代常州最繁华的街市，相当于苏州阊门外的山塘街（图2-2）。

图 2-2
《止园图》第一开"止园全景图"中的
直街（左）与瓮城（右）
⊙柏林亚洲艺术博物馆藏

青山门外一带是常州最热闹的公共区域之一。但一水相隔的止园，却是一处内向幽静的私密场所。如何在公共区域营造一处私密场所呢？止园外围的河流与围墙起到了关键作用。开阔的水面将止园与城关隔开，熙熙攘攘的人流可以望见止园，却不易抵达。同时，止园西、南两侧修筑了坚实厚重的石墙，这在江南园林里非常罕见。但从止园选址看，这道石墙非常必要：只有这样才能抵挡三河交汇的冲刷，并为园林提供极佳的防护（图2-3）。

城关的开放热闹与止园的私密幽静，这看似矛盾的两方面，实则基于一致的共同点：除了奉养母亲，止园还是吴亮的避难之所。园林的防护功能以往极少被讨论。吴亮堂弟吴宗达（1576—1636）的后人吴君贻先生整理家族资料，敏锐地指出了止园的这一特点。

吴亮任官的十年间，从1601年到1610年，是晚明党争极为酷烈的时期。吴亮作为东林党的坚定支持者，深度参与到同阉宦及各党的斗争中。万历三十六年（1608）他上《时事艰危贤才衡困疏》，奏请朝廷起用赵南星

图 2-3

《止园图》第一开"止园全景图"与
第二十开"止园回望"中的围墙

（1550—1627）、邹元标（1551—1624）、顾宪成（1550—1612）、钱一本（1546—1617）、高攀龙（1562—1626）等东林党骨干；次年又连上《邪正纷纭安危关系疏》《淮抚不贪清议自在疏》和《抱病闻言平心剖理疏》三疏，支持东林党魁、户部尚书李三才（1552—1623）入阁。他担任巡按大同宣府御史期间，先后参奏了宣府总兵王国栋（1606—1610 年在任）、前宣府总兵董一元（1585—1587 年在任）和前大同总兵麻承恩（？—1621，1602 年在任）等将官。总兵是明代镇守地方的最高军事长官，手握实权，亲信众多。吴亮秉性刚介，耿直敢言，得罪了许多人。他对此心知肚明，在《止园集自叙》中剖析自己：

> 嫉恶太严，矫枉失正，我且未惬，而谓人能
> 堪乎？宵壬因而侧目，债帅为之腐心。

心怀叵测、惯于构陷他人者称"宵壬"，通过贿赂手段取得高位者称"债帅"。吴亮《废将冒粮事关军饷疏》参奏董一元、马孔英、马林、麻贵、麻承恩等，向前宣大总督郑汝璧（1546—1607）行贿，这些人就是他所称的"宵壬"和"债帅"，个个手握重兵。吴亮担任巡按御史期满后，休假的奏章久

久得不到批复，批复后继任者又迟迟不到，既是由于万历朝后期皇帝怠于朝政，更是因为遭到敌对者的阻挠和打压。

吴亮最终因擅离职守被免官，但其敌对者的目的远不止此。吴亮在任期间，已察觉到人身的威胁。这种威胁在他革职回乡后并未解除。因此止园的修建不只为了寄情山水，还有避难与防护的功能。止园邻近人头攒动的城关、繁华喧闹的街市，园外有坚实的围墙和宽广的水面，前者的开放热闹与后者的私密幽静，都有助于保障他在园中的安全。

这种避难意图在吴亮的《答公周庭》信中得到了印证。公鼐（1558—1626），字孝与，号周庭，官至礼部右侍郎，是东林党的主要成员。他与吴亮是万历二十九年（1601）同榜进士[1]，其父公家臣（1532—1583）与吴亮父亲吴中行是隆庆五年（1571）同榜进士，两家世代交好。万历四十四年（1616）公鼐担任左谕德，第二年遭到手下中伤构陷，吴亮在信中劝说他："丁巳之春，闻仁兄几为左右手所中。暂养时晦，以避狂氛。"可见当时官场倾轧之酷烈。此时吴亮已隐居止园多年，信中又说：

> 不肖弟泉石之癖已痼膏肓，魏阙之思杳如梦寐。聊从负郭别构小园，稍图偃息以毕此生。但觉天地之阔，日月之长，不知风波之从何处来也。

他邀请公鼐到常州，一起躲避风波，并已在园中备好迎候之所："敝乡小小田宅时时有之，但不知仁兄所需若干金之产？必欲卜居，更须相时成事，正未可逾度也。仁兄倘肯命吕安千里之车，弟亦何难虚公孙一区之宅耶？"

吴亮的担心绝非杞人忧天。被他参奏的麻承恩罢官后，于万历四十年（1612）起复原官，继任援辽总兵，手握重权。他曾支持的李三才则入阁失败，引退回乡，于万历四十三年（1615）遭到弹劾，贬为平民。随着顾宪成的去世（1612），吏部尚书孙丕扬（1531—1614）和首辅叶向高（1559—1627）先后辞官（1612年与1614年），东林党人面临着全面的溃败。吴亮《答公周庭》将当时的局面形容为"漏舟败屋，薄海皇皇，违之一邦，亦复如是。近忧远虑，此又高明之士宜择地而蹈之时矣"。

面对纷乱如麻的朝局，吴亮需要一处避世的桃源。

---

[1] 吴亮《止园集》卷一有《与公孝与敬与都门话旧》《公敬与下第东归》等诗，作于万历二十九年（1601）考中进士入京之后。公鼐《问次斋稿》卷十四有《毗陵吴采于，总角同研席，绝音三十年矣。辛丑联榜，旧欢宛然，诗以志之》。

2. 致敬陶渊明

明代天启元年（1621），新皇帝朱由校登基次年，吴亮整理刊行了自己的文集，收录他"通籍以来，归田以后所著作"，也就是 1601 年中进士以来和 1610 年归隐以后，20 多年间所作的诗文奏章等。由于居住的园林称止园，他将文集命名为《止园集》。

吴亮在《止园集自叙》中反思了早年的为官生涯：

> 余职在言路，勤于纠邀，横口所出，有好尽
> 之累。赖主上明圣及于宽政，仅以微罪免，不膏
> 斧锧为幸。良厚犹不知止，尚复何觊？又余之以
> 止名园，而以止园名吾集之意也。

他担任御史期间，耿介直言，无所避忌，幸赖皇帝宽宏大量，只将自己免官，未加刑罚。作为臣子自然应该知道进退，适可而止。吴亮说，这就是止园和《止园集》名称的由来。

但吴亮对"止"的重视远不止此，他自称"止园居士"，止园的三座主堂称为真止堂、坐止堂和清止堂（图2-4）。吴亮的 11 个儿子，长子吴宽思号众止，次子吴柔思号徽止，三子吴恭思号安止，四子吴敬思号钦止，五子吴毅思号仁止，六子吴直思号清止，七子吴简思号明止，八子吴刚思号见止，九子吴疆思号康止，十子吴栗思号实止，十一子吴止思号艮止，每个人的名号都含有"止"字。邀请张宏绘制《止园图》的"徽止词宗"，就是他的次子吴柔思。吴亮第十一子吴止思号艮止，艮为八卦之一，《周易·象》曰："艮，止也。时止则止，时行则行；动

图 2-4

吴亮《止园集自叙》作于真止堂，
钤"吴氏采于""止园居士"印
◎中国国家图书馆藏

静不失其时，其道光明。艮其止，止其所也。"吴止思的名号相当于含有三个"止"字，作为吴亮最小的儿子，倒也名副其实。

吴亮对"止"字的阐释，兼有严肃和诙谐两面，都体现在他为此园撰写的第一首诗——《题止园》里，诗曰：

> 大道无停辙，宣尼岂不仕。
> 当其适去时，可以止则止。
> 陶公滃荡人，亦觉止为美。
> 偶然弃官去，投迹在田里。
> 定省愿无违，逍遥情未已。
> 更有会心处，黟然契林水。
> 但得止中趣，荣名如敝屣。

诗中提到两个人物，前者严肃，后者诙谐。前者是孔子，他在西汉年间被追谥为"宣尼公"，诗中称作"宣尼"。孔子曾出仕做官，后来离开官场，在《论语·先进篇》谈论为臣的原则："所谓大臣者，以道事君，不可则止。"吴亮归隐前多次担任御史一职，主要职责是监察官吏，忠言进谏，却因此遭到打压并被迫辞官，于是他决定效仿孔子，"可以止则止"，辞职不干。另一位以辞官著称的是陶渊明，他不甘为五斗米折腰，封起官印绶带，归隐田园。吴亮羡慕陶渊明的淡泊潇洒，同样弃官拂衣而归。除了效法两位先贤，他在诗中还提到归隐的现实考虑——既可奉养母亲，晨昏定省，又能会心林水，怡然自得，尽孝自娱，两不相误。

孔子是天下读书人的先师和榜样，司马迁引用《诗经·车辖》"高山仰止，景行行止"赞美他，吴亮建造止园以孔子为表率，也是怀着这份"高山仰止"的敬意，体现出端庄严肃的一面。然而"至圣先师"固然可敬，却不免令人敬而远之；吴亮更感亲近的是陶渊明，止园直接取自陶渊明的一首名诗，体现出诙谐幽默的一面。

这首诗是陶渊明的《止酒》，诗曰：

> 居止次城邑，逍遥自闲止。
> 坐止高荫下，步止荜门里。
> 好味止园葵，大欢止稚子。
> 平生不止酒，止酒情无喜。
> 暮止不安寝，晨止不能起。

日日欲止之，营卫止不理。

徒知止不乐，未知止利己。

始觉止为善，今朝真止矣。

从此一止去，将止扶桑涘。

清颜止宿容，奚止千万祀。

　　《止酒》诗的主旨是戒酒，一共 20 句，标题和各句都含有"止"字，独树一帜。晚明诗人张自烈（1597—1673）称赞此诗："错落二十个'止'字，有奇致。"[2] 魏晋是一个崇尚药与酒的时代，陶渊明更是好酒之人，平常几乎无日不饮，诗文几乎篇篇有酒[3]。这样一个人忽然要戒酒，而且一本正经写了首《止酒》诗，令人不禁疑惑惊诧。诗中每句都含"止"字，态度坚决，令人不好不信。但读者心中不免猜疑：陶渊明究竟遭遇了什么？为何要如此写诗呢？

　　萧统《陶渊明传》提到陶渊明担任彭泽令期间，得到三顷（古代 1 顷为 100 亩）公田。陶渊明命令全部种上用于酿酒的秫，"吾常得醉于酒足矣！"他的妻子坚决反对，要求全部栽种可以吃的粳。博弈的结果，陶渊明只肯让出 50 亩粳田，其余两顷 50 亩全部种秫。小吴亮 30 余岁的晚明画家陈洪绶（1598—1652）创作了一套《陶渊明故事图》，描绘了陶渊明转头摆手，拒绝种粳的形象，陶妻则指着空空的米桶，忧心忡忡（图2-5）。我们知道，后来果然如陶妻所料，他们一家食不果腹，箪瓢屡空，甚至沦落到出门乞

图 2-5
————
图 2-5 陈洪绶《陶渊明故事图》
之"种秫"
◎火奴鲁鲁艺术博物馆（Honolulu
Museum of Art）藏

　　[2]　张自烈：《笺注陶渊明集》卷三，崇祯十七年（1644）刻本。

　　[3]　萧统《陶渊明集序》："有疑陶渊明诗篇篇有酒，吾观其意不在酒，亦寄酒为迹者也。"

食的境地。得罪妻子是要付出代价的，这首《止酒》诗，非常像陶渊明写给妻子的保证书，一个个"止"字，仿佛他不断重复的戒酒誓言："以后不喝了。再也不喝了。真的不喝了。"

陶渊明这首《止酒》诗，风格独特，言词诙谐，表现了他一贯的旷达和幽默，读之令人忍俊不禁。历代的效仿之作迭出不穷，如宋代有梅尧臣（1002—1060）的《拟陶潜止酒》，苏轼（1037—1101）的《和陶止酒》，苏辙（1039—1112）的《次韵子瞻和陶公止酒》，刘一止（1078—1161）的《家侄季高作诗止酒戏赋二首》，薛季宣（1134—1173）的《止斋和七五兄次渊明止酒诗韵》，杨万里（1127—1206）、张栻（1133—1180）、辛弃疾（1140—1207）都有《止酒》诗。陈与义（1090—1139）有一首《诸公和渊明止酒诗因同赋》，可知宋人还经常聚在一起共同唱和此诗。

在吴亮所处的明代，《止酒》诗同样广受追捧：一代文宗李东阳（1447—1516）有《体斋止酒用陶韵因叠韵问之》与《答杨太常止酒用陶韵二首》，分别是跟朋友傅瀚（1435—1502）与杨一清（1454—1530）唱和，吴俨（1457—1519）的《国贤示和陶止酒诗因次其韵》是与朋友邵宝（1460—1527）唱和，还有刘崧（1321—1381）的《续止酒篇》和孙承恩（1481—1561）的《和陶靖节止酒》等，不胜枚举。

吴亮《题止园》称"陶公澹荡人，亦觉止为美"，止园正厅真止堂取自《止酒》的"今朝真止矣"，坐止堂取自《止酒》的"坐止高荫下"。他不仅用诗文，而且用整座园林向陶渊明致敬，可谓别出心裁。

后人在竞相效法的同时，也开始争论：陶渊明承诺戒酒，是真戒还是假戒？所谓《止酒》，是真止，还是假止？对这位饮酒成癖的资深酒鬼，大部分人自然是不信。刘一止诗曰："渊明赋《止酒》，止酒未尝止"；孙承恩诗曰："陶翁诗《止酒》，而实未尝止"；郝经（1222—1275）诗曰："载读《止酒》诗，陶公亦吾欺"……可知酒徒的止酒，正如烟民的戒烟，如果相信就太天真了。因此，陶渊明不会戒酒，这是没有疑义的。《止酒》诗中的"止"，由此引发出更丰富的联想和思辨。

宋元诗人俞德邻（1232—1293）认为，《止酒》的"止"有似于"绵蛮黄鸟，止于丘隅"的"止"，其义并非"禁止"，而是"栖止"。诗中的"居止城邑，坐止高荫，步止荜门，味止园葵，欢止稚子，皆止其所止也。而平生乃不能止于酒焉：暮止则寝不安，晨止则起不能，日日欲止之，则营卫不理，是岂涸世全身之道哉？"[4] 也就是说，酒像诗里提到的城邑、高荫、荜门、园葵和稚子一样，是陶渊明身心所止之处，而不是他要禁止之物。

[4] 俞德邻：《佩韦斋辑闻》卷二，中华书局，1985。

明代张自烈说："渊明会心在'止'字，如人私有所嗜，言之津津不置口也。'平生不止酒'一句尤奇，无往不止，所不止者独酒耳。不止之止，寓意更恬，此当于言外得之。"[5]清代温汝能（1748—1811）说："止之为义甚大，人能随遇而安，即得所止。渊明能饮能止，非役于物，非知道者不能也。"[6]两人的观点都与俞德邻相同。

陶渊明的《止酒》诗，其实是他玩的文字游戏：儒家提倡"止于至善"，他的理想则是"止于美酒"；他不但不要戒酒，而且要与美酒相伴，不变不止。未知淳朴的陶妻，是否会被文字游戏欺骗，以为丈夫真的会戒酒？

然而，《止酒》诗能够穿越时空，勾起不同时代的共鸣，当然不只是因为机智和诙谐。有学者指出，"在《止酒》诗那幽默、谐谑而轻松的风格中，蕴蓄着非常严肃、正大而崇高的思想意旨，……用20个蝉联而出的'止'字传达多元的文化观念"[7]。《止酒》诗几乎涵盖了中国古代"止"义的方方面面，其核心便是融合儒道的"知止"观。

"知止"是儒道思想的交汇点。儒家经典《大学》开篇曰："大学之道，在明明德，在亲民，在止于至善。知止而后有定，定而后能静，静而后能安，安而后能虑，虑而后能得。""知止"，是为人治学的起点。《老子·四十四章》曰："知足不辱，知止不殆，可以长久。"《庄子·德充符》曰："人莫鉴于流水，而鉴于止水。唯止能止众止。"

儒道思想皆包含在陶渊明的《止酒》诗里。明代方良永（1454—1528）评论称："予尝读靖节先生《止酒》诗，于世味纷华，一切屏去，然后知靖节所以知止者，以澹泊为之宗也。"[8]晚明儒学大师刘宗周（1578—1645）评论称："知止，斯真止矣。真止，斯真圣矣。"[9]陶渊明嗜好饮酒，创作过无数《饮酒》诗；但只有加入这首《止酒》诗，他的诗酒生涯和人格境界，才算圆满。

吴亮止园同样融合了儒道两家的思想。他的《题止园》诗首先致敬的便是儒家至圣先师孔子；其长子吴宽思号众止，取自《庄子》的"唯止能止众止"，与号为艮止的幼子吴止思首尾相应。陶渊明《止酒》有20个"止"字，吴亮则有止园居士、真止堂、坐止堂、清止堂和11个以"止"为号的儿子。

[5] 张自烈：《笺注陶渊明集》卷三，崇祯十七年（1644）刻本。

[6] 温汝能：《陶诗汇评》卷三，嘉庆十二年（1807）刊本。

[7] 范子烨：《潇洒的庄严与幽默的崇高——论陶渊明的"〈止酒〉体"及其思想意旨》，《中山大学学报（社会科学版）》，2014年第4期10-17页。

[8] 方良永：《题黄子尧知止诗卷》，载《方简肃公文集》卷七，万历八年（1580）刻本。

[9] 刘宗周：《陶石梁今是堂文集序》，载《刘藏山集》卷十，乾隆十七年（1752）刻本。

陶渊明因妻子而作《止酒》，吴亮的儿子皆为妻妾所生；妻妾构成吴亮营造止园的暗线，与母亲所代表的明线相呼应。

陶渊明《止酒》与吴亮止园更具深度且耐人寻味的契合在于：无日不饮酒的陶渊明写了《止酒》，"为园者屡矣"的吴亮则建造了止园。两人的饮酒与造园，到底止还是不止？这着实是一个问题。两人都没有给出答案，而是任由读者与游客揣摩想象。

中国文化发展到晚明，已拥有无比深厚的积淀，成为可供造园汲取不尽的源泉。高居翰《山外山》指出，晚明的绘画比中国以往任何一个时代都更关心过去的传统，画家们常以错综复杂的方式，与传统画史建立起关联，可将之称作"艺术史性绘画"。[10] 晚明园林同样如此。明人造园时纷纷引借前贤名士的故事或诗文，将数千年的隐逸文化荟萃到一园之中，漫步其间，抚景如对其人，仿佛在展看一幅幅生动的隐逸画卷。[11] 这种意象再现的解释学式创作，泯灭了古、今的时间间隔，园主与古人的精神世界在园中相遇相惬相融，生动诠释了中国园林作为精神栖居之所的本质。[12]

吴亮止园同样汇集了众多前贤名士，后面我们会看到，园中有老子、孔子、庄子、屈原、潘岳、袁粲、仲长统、司马昱、张九龄、王维、李白、杜甫、王安石、苏东坡、高启……他们使整座园林充溢着浓郁的文人气息。山林与高士，相得益彰。不过，这些人物多与园中的一景或两景有关。只有一个人物贯穿了止园的始终，托身于诸多景致之间，成为吴亮园居无时不在的陪伴。这个人就是陶渊明。

止园，是吴亮远离尘嚣的桃花源（图2-6）。

3. 东区与外区

晚明造园家计成为吴亮四弟吴玄（1565—1625后）设计了东第园，他更为突出的成就，是写作了造园名著《园冶》。《园冶》主张造园选址应在清幽偏僻之地："凡结林园，无分村郭，地偏为胜。"从唐代白居易《池上篇》

[10] 高居翰：《山外山》，生活·读书·新知三联书店，2009，第8-12页。

[11] 黄晓、刘珊珊：《明代后期寄畅园历史沿革考》，《建筑史》2012年第1期，第112-135页。

[12] 庄岳：《数典宁须述古则，行时偶以志今游——中国古代园林创作的解释学传统》，天津大学博士学位论文，2006，第79页。

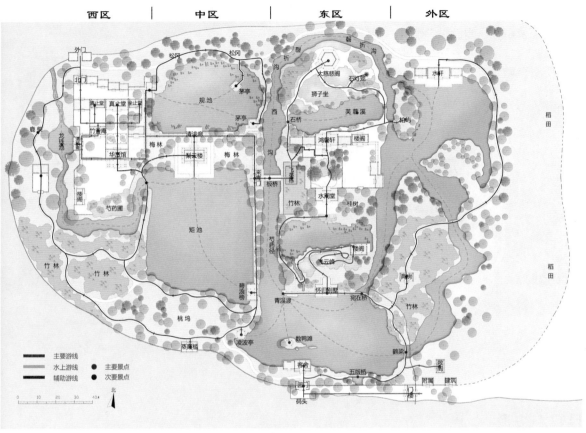

图 2-6

止园游线图，分为东区、中区、西区和外区四部分。
图中红色为《止园记》介绍的游线，黑色为辅助
游线，粉色虚线为水上游线
⊙薛欣君、黄晓绘

提倡"勿谓土狭，勿谓地偏。足以容膝，足以息肩"以来，对质朴天然、幽静野逸的环境追求，逐渐成为私家园林的主流。但止园的选址却一反常规，靠近拥挤喧闹的城关和街市。因此吴亮首先需要平衡的，就是熙来攘往的人流与宁静内敛的园林之间的矛盾。

止园周围纵横交织的水系，有效地化解了这对矛盾。新旧城濠与网头河，把止园与城关、街市隔开，形成一道天然的边界。从街市和青山门去往止园只有一条道路，就是出瓮城向东，沿新旧城濠间的长堤一路东行（图 2-7）；看到一座桥后，向北跨过旧城濠，然后折回，向西再走一段。这条路有三里多长，蜿蜒迂回，吴亮在《止园记》中满意地表示：止园"虽负郭而人迹罕及"，能够走近园林的人很少。即使有人走上三里多地，绕到了止园附近，仍然无法轻易入园。止园东南角有一座两层的门楼，由健仆把守，围墙一

直延伸到门楼南侧的河中,防卫森严^(图2-8)。至于吴亮和亲友们去往止园,通常都是乘船,只需渡过"盈盈一水",便可到达。

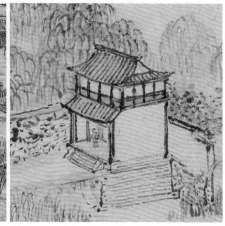

←图 2-7

《止园图》第一开"止园全景图"中的河道与长堤

→图 2-8

《止园图》第二开"园门一带"的二层门楼

· 园 门 与 客 舍

《止园图》第二开描绘了止园正门,坐北朝南,只有一间,简朴低矮,不事张扬。门前平地向前伸出"凸"字形的码头,南侧有台阶通向水面。码头东边停泊着一艘双篷船,只有艄公坐在船内,客人已经登岸走进门里。这位客人穿着红色官服,头戴官帽,一个童子在门内躬首迎接。第一开止园全景图也画了这艘双篷船,形制相同,不过停在码头西边^(图2-9)。

除了码头和船只,园门附近还有许多柳树。柳树是江南水乡的寻常景致,江干湖畔,遍地可见。但种在止园门口,却多了一重不寻常的寓意。陶渊明又称五柳先生,他的《五柳先生传》说:"先生不知何许人也,亦不详其姓字。宅边有五柳树,因以为号焉。"吴亮在门前种柳,可使游人在入园之先就留意到止园与陶渊明的关联。

吴亮这一意图,被张宏细腻地传递出来。《止园图》第二开描绘了两片柳树。一片沿着长堤一路排开,这道长堤是河水多年冲刷而成,积之有年,堤上所植皆为古柳,因此画中柳树枝干粗壮,叶条繁茂^(图2-10)。止园门外也有一片柳树,细干柔枝,显然是近年新植,一副弱柳拂风之态。二者对比,

图 2-9

《止园图》第二开"园门一带"（左）与第一开"止园全景图"
的入口、码头、船只与新柳（右）

图 2-10

《止园图》第二开"园门一带"的长堤古柳
⊙洛杉矶郡立美术馆藏

吴亮借柳树致敬陶渊明之意，便昭然若揭。

进入园门向北，是一座三开间的客舍，其西有座小耳房，可提供茶水和点心。这座客舍位于水池南岸，拥有很好的视野，访客可在此喝茶休息，一边等待童子入园通报主人，一边眺望周围的风景。池中有数鸭滩，东岸是大片的竹林，北岸是怀归别墅。亭桥廊榭，令人应接不暇。

这座客舍是控制园中访客的第三道关卡。第一道是园外东南角的两层门楼，可挡住不相干的行人。第二道是园门，由童子决定是否放入来客。童子无法定夺者便邀入客舍，添水奉茶，通报主人。若是不受欢迎的不速之客，主人就会称病或假装外出，拒绝接待；只有那些相得甚欢的亲友，才有机会进入园中继续畅游。因此，这座客舍才是止园内外真正的分界。古人若迎实拒、折冲圆融的处世智慧，在一座小小的客舍中，展露无遗。

继续游园有两种方式：一是舟游，二是陆游。客舍北侧或有台阶通向水面，可在此乘舟在水上游园。吴亮《止园记》介绍的是陆上游线："入门即为池，沿池而东，为桥五版。"出了客舍沿水池南岸向东走，由吴亮《入园门至板桥》诗题可知，会先跨过一座桥，称作"五版桥"。池水在此向南穿桥而过，并通过暗渠流到园外，是止园的一处出水口。这处水口位于东南角，属于八卦的"巽"位。古代许多城市水系的下水口都设在这个方位，并常常建造具有锁水意味的风水塔。因此，止园东南角的两层门楼不只可以阻挡行人，还具有闭锁水口的风水功能。

过桥继续向东，道路缓缓升起，穿过一道围墙上的小门，通向一座台地上的敞阁，《止园记》称："递高而为台，可眺远。"《止园图》第一开和第三开都描绘了这座房屋。它的位置较高，户牖向西敞开，两个人坐在屋内桌旁，一边聊天，一边悠闲地眺望风景（图2-11）。值得留意的是，两幅图都画出了敞阁西侧的虎皮围墙。可知这座房屋取景虽佳，却处于止园外围，与园内有所区隔。吴亮诗文都没有提及它的名字，只笼统地称作"台"，供人登高眺远。

· 鹤 梁 与 宛 在 桥

从台地下来返回池边，向北跨过一座高高架起的木桥，抵达水池东岸。《止园记》称："稍北，复折而东，为曲桥，楣曰鹤梁。……白鸟鹤鹤，每从曲桥渡而与之偕，此鹤梁所由名也。"《止园图》第一开、第三开和第四开都能看到这座木桥，取名"鹤梁"（图2-12）。吴亮《鹤梁》诗曰：

> 嚣嚣云中鹤，飘飘沙上鸥。
> 羽毛看独立，聊与尔同游。

桥边栖息着白鹤，羽翼优美。《孟子·梁惠王上》曰："麀鹿濯濯，白鸟鹤鹤"，以"鹤鹤"形容羽毛洁白。园中白鹤常经此桥飞往数鸭滩，因此桥名"鹤梁"。桥身较高，两侧设有鲜艳的红色栏杆，紧靠桥东是一道虎皮墙，开有拱形门洞。拱起的木桥和拱形的门洞都便于舟船通行，从水路上联系起东区和外区。

"鹤梁"桥北的小路称"曲径"，吴亮《曲径》诗曰：

图 2-11

《止园图》第一开"止园全景图"（左）与第三开
"鹤梁与宛在桥"中台地上的敞阁（右）

图 2-12

《止园图》第三开"鹤梁与宛在桥"（左）与第四开
"怀归别墅"中的木桥"鹤梁"（右）
⊙洛杉矶郡立美术馆藏

> 野竹通幽径，松溪曲曲行。
> 古来无直道，应悉世人情。

  这条道路除了曲径通幽，还被赋予了人世艰难的寓意。道路西侧临池，东侧是蜿蜒的虎皮墙，路边点缀着几丛修竹，水竹相映，青翠可人。虎皮墙偏北开辟小门，门后的土丘上种植大片的竹林，深幽森翳。一座三开间的斋房，建在竹林中央的土丘高处。这座房屋是《止园图》第三开的主景。此图采用 V 字形构图，左侧为开阔的池水，从下部穿过鹤梁桥与虎皮墙，与右上方的溪流相汇。这两处水面托起中央的三角形陆地，陆地中央是掩映在竹林间的斋房，位置十分醒目。然而由于处在围墙的外侧，属于外区，吴亮诗文也没有提及这座房屋的名字（图 2-13）。

图 2-13

《止园图》第一开"止园全景图"、第三
开"鹤梁与宛在桥"与第四开"怀归别墅"
中的曲径与竹林

  沿曲径向北，尽头又有一座木桥，名为"宛在桥"，又称"斜桥"^{（图2-14）}。曲径南北的这两座桥，南侧的鹤梁桥较高较陡，便于舟船通行；北侧的宛在桥则较平较缓，跨越的水面更为宽阔。吴亮《由曲径至宛在桥》诗曰：

> 伊人宛在斯，道路阻且右。
> 溯回欲从之，褰裳不能就。
> 怅望秋水长，甘芳令人漱。

  桥名取自《诗经·蒹葭》："蒹葭苍苍，白露为霜。所谓伊人，在水一方。溯洄从之，道阻且长。溯游从之，宛在水中央。"吴亮《斜桥》诗又曰：

> 杜若满芳洲，盈盈不得语。
> 蜿蜒长虹垂，牵牛渺何许。

  化用"迢迢牵牛星，皎皎河汉女。盈盈一水间，脉脉不得语"的诗意，

图 2-14

《止园图》第三开"鹤梁与宛在桥"与第
四开"怀归别墅"中的宛在桥

将此桥所跨的水面比作银河。小桥对面无论是在水一方的窈窕伊人,还是
相隔银河的杜若芳洲,都是令人向往的美好彼岸。

宛在桥是止园的一处关键节点,穿过此桥就进入止园东区的核心区域。
这片区域南起怀归别墅,北至大慈悲阁,四面环水,宛如一处遗世独立的
世外仙境。从东面进入其中的唯一通道,就是宛在桥,可视为吴亮设置的
第四道关卡。

· 怀 归 别 墅

穿过宛在桥抵达水池北岸。居中临水的是一座三开间硬山顶建筑,称
作"怀归别墅",两侧出游廊,东侧两间,西侧五间。怀归别墅"当水之北面,
而又负山",处于山水之间,是一座位置显要的堂屋,也是入园以来首座
主体建筑。

《止园图》第四开描绘了一位白衣文士在堂内凭栏而立,池南的客舍、
数鸭滩、五版桥,池东的敞阁、鹤梁桥、竹林,池西的碧浪榜、凌波亭,
各色景致,尽收眼底。堂内一角有一名童子,借着陪伴主人之机,也得以
饱览美景。怀归别墅北面有一座太湖石大假山,图中可以看到高耸的轮廓,
巍峨大气(图2-15)。吴亮《怀归别墅》诗曰:

> 曰归归未得,将毋意何如。……
> 卜筑聊开径,怡然奉板舆。

←图 2-15
　　《止园图》第四开中的怀归别墅
→图 2-16
　　陈洪绶《陶渊明故事图》之"归去"
　　⊙火奴鲁鲁艺术博物馆藏

　　可知堂名取自陶渊明的《归去来兮辞》:"归去来兮,田园将芜,胡不归?……僮仆欢迎,稚子候门。三径就荒,松菊犹存。"陈洪绶《陶渊明故事图》"归去"中的陶渊明衣袖飘飘,施施然而归(图2-16)。吴亮在怀归别墅所向往的,便是如陶渊明这般潇洒归来,他在堂内扶栏而立,正可效仿陶渊明"临清流而赋诗"。

　　怀归别墅西侧的五间游廊通向水边,尽头是一处码头,名为"青溪渡"。因此,从水上也能到达怀归别墅。《止园记》称:

> 迤西为廊五楹,而穷于水,作石蹬数级,曰
> 青溪渡。隔水桃源,当有渔郎来问津耳。池中有
> 滩曰数鸭,畜白鸭十数头游息其上。白鸟鹤鹤,
> 每从曲桥渡而与之偕,此鹤梁所由名也。

　　从青溪渡可去往许多地方,《止园记》主要提到三处:池西的桃坞、池中的数鸭滩和池东的鹤梁桥。在此地登舟,漂泊西东,俨然而生"舟遥遥以轻扬,风飘飘而吹衣"之意。其中最引人遐思的是数鸭滩。从《止园图》第四开看,这是一座浮在水上的小岛,岛上有座尖尖的四角亭,旁边一人

独坐在船头垂钓（图2-17）。第四开共有三个人物：怀归别墅中的文士、童子和数鸭滩旁的钓叟。从形象上看，吴亮应该是那位文士，站在主厅眺望，临池虽有诸多风景，但细看他的身形和目光，却朝向那个钓叟，透出无限向往。"小舟从此逝，江海寄余生"，一座孤岛，一叶扁舟，寄托了古今多少文士的江湖梦。

穿过怀归别墅向北，有一座卷棚顶小抱厦，南面与怀归别墅相连，其他三面开敞，东西两面有鹅颈美人靠可供倚坐，北面有台阶下到庭院（图2-18）。

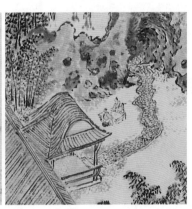

←图2-17
《止园图》第四开"怀归别墅"中的数鸭滩飞云峰

→图2-18
《止园图》第五开"飞云峰"中的抱厦敞轩
◎柏林亚洲艺术博物馆藏

抱厦北侧是一座湖石大假山，名为"飞云峰"，写仿杭州灵隐寺的飞来峰。吴亮《由别墅小轩过石门历芍药径》诗曰：

开轩一何敞，在乎山水间。

诗题称这座抱厦为小轩，向北面对山峰，其南的怀归别墅则前临水池，两者恰在山水之间。坐在抱厦里观赏飞云峰，湖石峥嵘而起，高不见顶，周围林木茂密，修竹森森，虽是人工假山，却有置身于天然山林之感。假山南侧的湖石悬垂而下，宛如钟乳，形成半开敞的洞穴，险不可攀，更增强了假山高耸的气势（图2-19）。两名文士并未待在敞轩里，而是坐在其北山石环绕的庭院内，静对品茶，感受周围的山林气息。他们身边有一条石子小路，蜿蜒通向庭院西北角的山洞，即吴亮诗题所称的"石门"。

穿过石门向北，是一条山石夹峙的道路，吴亮《止园记》称："山右架

苏轼 ——《石钟山记》

大石侧立千尺，如猛兽奇鬼，森然欲搏人。

吴亮 ——《度石梁陟飞云峰》

小山何盘陀，逶迤不盈步。
侧身度青霭，介然得微路。
疏峰抗高云，云阴莽回互。
徘徊抚孤松，恍惚生烟雾。
樛枝结菁葱，群萳借丹腰。
回展窅如迷，一步一回顾。

图2-19

《止园图》第五开中的飞云峰假山

62

石为门，由西稍折而北，径旁缀石为栏，种木芍药数本。"这条路称作"芍药径"，两侧用山石砌出花台，台内栽种木芍药。前引吴亮诗曰：

> 侧径既盘纡，伏狼屹当关。
>
> 名花夹两城，吹动春风颜。
>
> 荒涂横蓑葹，呼童荷锄删。
>
> 点缀数小峰，文锦何斑斑。
>
> 径傍胜未尽，缓步还跻攀。

走在芍药径里，春风拂面，花香扑鼻，满眼惬意景致。但路中常横生出恶草，即诗中说的"蓑葹"，语出屈原《离骚》："薋蓑葹以盈室兮，判独离而不服"。这些恶草象征了官场中的奸党佞臣，吴亮派童子把它们毫不留情地铲除。芍药径的尽头树立一座石峰，宛如蹲伏的雄狮，把守着关隘。走出关口就来到池边，眼前豁然开朗。沿池也点缀了一些湖石，彩色的锦鲤穿梭其间。而最惊奇的体验，是绕着飞云峰走过半圈，至此猛然发现，这座巍峨高耸的假山，原来有道路可以攀登。对于飞云峰的探险这才刚刚开始^{（图 2-20）}。

登山的入口位于假山北面的东侧。从一道石梁下穿过，有蹬道可拾级而上，宛如螺旋楼梯般旋转180°，将游人带到石梁上方。跨过石梁，是一处开敞的山间台地，东低西高，缓缓升起。在《止园图》第五开中能看到此地有两张圆凳，行人可在此休息，眺览周边的风景。台上耸起两座主峰，峰头亦有石梁相连，宛如翕张的蟹螯，威风凛凛。沿主峰向西，道路渐渐收窄，绕到峰后再次放宽，路旁栽着一株松树，与主峰争高。继续向东，

图 2-20

《止园图》第六开"对望飞云峰"中的狮峰、飞云峰和楼阁
◎洛杉矶郡立美术馆藏

63

山势渐趋平缓，从这里可以俯瞰怀归别墅北边的抱厦和庭院。道路尽头耸起一座小峰，在主峰与小峰之间，有路与北侧的登山之路汇合，同时也可进到东面的楼阁上层。这是一座两层歇山顶建筑，跨在假山与水池之间，底部悬空，池水延入其后环绕着山脚。《止园记》提到："循东陉而下，得石峡"，可知飞云峰东面还有蹬道可下到底层。这处石峡西南通向飞云峰南侧的悬岩，东北连接绕到楼阁南侧的溪水，形成山环水绕之势。

飞云峰是止园入园以来的第一处造景高潮。整座假山的营造及其游观体验极为精彩，将在第三章重点讨论。这里先提一处造景细节。飞云峰用太湖石叠成，从假山的分类看属于石山。石山的优点是"能在很小的地段上展现咫尺山林的局面、幻化千岩万壑的气势"[13]，缺点则是基本不用土，很难种植花木；这两点在飞云峰中都有体现。虽然如此，《止园图》第六开却在山间画了一棵松树，树冠还要超过主峰，见出地位之不凡。吴亮《止园记》称："陟山颠有松可抚。"《度石梁陟飞云峰》诗曰："徘徊抚孤松，恍惚生烟雾。"证实了他确实在极难种植花木的石山上栽了一棵松树。

与门前的柳树一样，飞云峰的松树也同陶渊明有关。陶渊明《归去来兮辞》有一对名句："景翳翳以将入，抚孤松而盘桓"。宋代以来的画家常描绘陶渊明与松树共处的场景（图2-21）。吴亮大费周章地栽种松树，正是为了效仿陶渊明"徘徊抚孤松"。这样一来，怀归别墅与飞云峰的孤松，便将"归来"的主题坐实，成为止园与门前五柳的有力呼应。

图 2-21

《止园图》第六开"对望飞云峰"（左）与北宋《陶渊明归隐图》（右，弗利尔美术馆藏）中的孤松

[13] 周维权：《中国古典园林史》（第三版），清华大学出版社，2008，第 27 页。

· 水 周 堂

《止园图》第六开水池对岸的楼阁二层，有一位白衣文士凭栏而立，俯览园景。画面下方近岸的平台上也有两位文士和一名童子，三人的目光都望向楼阁里的白衣文士，平台上摆着四张圆凳，似乎在召唤他前来雅集（图2-22）。画面下方这处平台是一座建筑的前台，即《止园图》第七开的主景，止园东区的主堂——水周堂。图中的几个人物，哪个是园主吴亮呢？他们微妙的身形和视线，透露了怎样的讯息？

图 2-22

《止园图》第六开"对望飞云峰"中楼阁二层与下方平台上的人物

水周堂位于飞云峰北面，两者隔池相对。从飞云峰下来，东西两侧都有窄窄的长堤通向北岸。《止园记》称：

> 盘旋而西，复合前径。径穷而为篱，锦峰旁插，
> 丛桂森列，有堂三楹曰水周。

沿飞云峰西边的芍药径，循长堤一路向北，尽头是一道篱墙，墙内绿竹猗猗，旁边丛桂森森。在桂丛中央，是一座三开间的主厅，称作"水周堂"（图2-23）。

《止园记》形容水周堂称："前见南山，山下有池莳菌苢，四外皆水环

图 2-23
《止园图》第七开"水周堂"的竹林、
丛桂与水周堂
◎柏林亚洲艺术博物馆藏

之，故取《楚骚》语。"在堂内可以望见南边的飞云峰假山，山下的水池栽植荷花，外围四周皆有水环绕，因此取《楚辞》之语题作水周堂。从造景角度看，此堂临池对山，视野开阔，为园林主堂的典型布局；"前见南山"，隐含陶渊明《饮酒》诗"悠然见南山"之意。

同时，堂名也寓有多重含意，以与主堂的地位相匹配。吴亮《水周堂》诗曰：

> 满地江湖堪寄傲，连天滟潋不关愁。
> 倘逢渔父遥相问，肯作湘累泽畔游？

《渔父》是《楚辞》中的名篇，记录了渔父和屈原的问答。屈原表示，"宁赴湘流，葬身于江鱼之腹中"，也不肯与秽浊的俗世同流合污。"湘流"就是吴亮诗中的"湘累泽畔"。但结合"水周"二字的出处，这个"湘"字除了象征品行高洁，还有一层内涵，委婉地表达了吴亮儿女情长的一面，揭示出止园造景所隐藏的暗线。

"水周"二字取自屈原的《九歌·湘君》:"鸟次兮屋上,水周兮堂下。"《湘君》是屈原代湘夫人写的一首思念夫君、盼夫归来的楚辞。辞曰:

君不行兮夷犹,蹇谁留兮中洲?……望夫君
兮未来,吹参差兮谁思?

图 2-24
《止园图》第七开"水周堂"
池中的小舟与女子

辞中的湘夫人反复惦念:"徘徊在外、迟疑不归的夫君,到底是被谁留在了中洲之地呢?"《止园图》第七开水周堂的堂前堂内,空空如也,暗示了夫君久出不归。图中仅见的人物是池上小舟里的两名女子,她们挽着高高的发髻,一人立身划桨,一人似在俯身采摘(图2-24)。

这是《止园图》里唯一一幅只绘有女子形象的图画。舟上女子的形象恰与湘夫人相合。《湘君》诗曰:

桂棹兮兰枻,斫冰兮积雪。
采薛荔兮水中,搴芙蓉兮木末。

湘夫人等待湘君时,正是荡舟水上,以桂木为桨,以木兰为舷。她想到水中采集薛荔,到树上摘取荷花,然而这两件事,都如想见夫君一般徒劳。传说中的湘君是虞舜,湘夫人则是他的两位妃子,也就是唐尧的两个女儿——娥皇和女英。二妃久盼虞舜不归,为之痛哭流涕,泪染斑竹,称作湘妃竹。[14]后来湘竹、斑竹和湘妃竹便成为相思的代名词。

《止园图》第七开为何以女子为主角?又为何是两名女子?如果她们象征了虞舜的两位妃子,与吴亮又有什么关系?

查阅《北渠吴氏族谱》发现,吴亮先后娶过两任妻子。他先娶蒋氏,为嘉靖四十一年(1562)进士、山东沂州兵备副使蒋致大(1531—1611)之女;后来再娶,也是蒋氏,为邑庠生蒋同章之女。吴亮的两任妻子为何都姓蒋?

[14]（晋）张华《博物志》卷八:"尧之二女,舜之二妃,曰湘夫人。舜崩苍梧,二妃追至,哭帝极哀,泪染于竹,故斑斑如泪痕。"

这是巧合，还是有意为之？

万历八年（1580）吴亮与蒋致大次女蒋氏成婚，两人都生于1562年，这年19岁。吴亮与蒋氏伉俪情深，共同生活了8年，可惜一直没有子女。万历十五年（1587）蒋氏因病去世，年仅26岁，吴亮痛不欲生，决意终生不复娶。母亲毛氏哭着劝他："儿可无妻，吾安能无妇耶？"但吴亮执意不娶，他纳侍女丁氏为妾，生下长子宽思（1591—1636），对母亲说能传香火即可，不必再娶。毛氏只得依他。

万历十六年（1588），吴亮三弟吴奕亦丧妻。毛氏再次劝说吴亮："吾可无妇，安能无两妇耶？且而不继，从兄谓何？"如果次子吴亮不娶，三子吴奕也不适合再娶，毛氏怎么能连缺两个儿媳呢？吴亮不愿再抗母亲之命，同意续弦。他提出一个条件："愿得蒋氏之族委禽焉，以无忘死者。"他希望能娶一位元配蒋氏的同族女子，以铭记先妻。毛氏托媒人多方寻觅，终于找到蒋同章之女，与吴亮元配为同宗。

万历十八年（1590）吴亮与刚满14岁的蒋氏（1577—1603）成婚。第二年吴亮高中举人魁首，合家都认为是蒋氏给家族带来了运气。[15]吴亮与继室共同生活了14年，先后生下恭思、敬思、直思三子。万历三十一年（1603）继室蒋氏又卒，年仅27岁，比元配去世时仅长1岁，仿佛是命运对吴亮的残酷捉弄。吴亮元配卒后先是葬在常州城外西南隅，这一年他将元配、继室一起葬到宜兴北渠里，为两人撰写了《赠孺人元配蒋氏墓志铭》《封孺人继室蒋氏墓志铭》，收在《止园集》卷十八。《赠孺人元配蒋氏墓志铭》称："盖不胜源本之思焉。百年相从，乌忍令孺人独也。"将来他是要归葬故乡宜兴的，不能让元配独葬在外。

元配、继室虽是两位蒋氏，在吴亮心中实可合为一人。他评价两任妻子称："吾所娶两蒋孺人，皆淑媛也。"了解了这段因缘，方能理解《止园图》第七开中的人物。小舟上的两名女子，既象征了尧之二女、舜之二妃，也代表了吴亮的两任妻子。

图中两人已收拾好厅堂，此时正到池中采撷荷花莲藕，等待夫君归来。"水周"典出《湘君》，是湘夫人对湘君的思念。对于这番盛情，湘君没有辜负，屈原代他写了《九歌·湘夫人》作为回应。辞曰：

闻佳人兮召予，将腾驾兮偕逝。筑室兮水中，

---

[15] 吴亮《封孺人继室蒋氏墓志铭》提到，继室蒋氏自幼家境贫寒，"然星家每言孺人当富贵。归于我明年为辛卯，余举于乡。太宜人喜且诧曰：'何向者勤渠八年，竟赛志弗逮。而新妇初来得之，岂星家言不谬耶？'"

> 葺之兮荷盖；荪壁兮紫坛，播芳椒兮成堂。桂栋
> 兮兰橑，辛夷楣兮药房；罔薜荔兮为帷，擗蕙櫋
> 兮既张。白玉兮为镇，疏石兰兮为芳；芷葺兮荷屋，
> 缭之兮杜衡。

湘君闻知湘夫人的相思之情，决意飞驰回家共同迁往新居。他在水中建造了新房，以荷叶为屋盖，编荪草为墙壁，用桂木做房梁，结薜荔做帷帐……计划与湘夫人在此长相厮守。止园中的水周堂正是这样一处居所：这座主堂位于水上，池中遍植荷花，堂前丛桂森列，西边篱墙内还有象征湘妃的斑竹。吴亮细心布置出一道道景致，俨然是湘君与湘夫人的深情问答。

关于这番心意，吴亮并未在诗文中明言。1610 年他建造止园时，元配已去世 23 年，继室已去世 7 年，当年的盟誓都成空文，念之心灰。《湘君》与《湘夫人》的背景，是虞舜去世后，两位妃子痛悼虞舜。吴亮的水周堂则反用其意，以夫君的身份纪念两位妻子。吴亮《封孺人继室蒋氏墓志铭》结尾曰："哀哀劬生，母亦劳止。百尔云来，尚念天只。"止园作为吴亮筹划的终老之所，自然应该有两任妻子的一席之地。他把两人放在止园的主堂中，以一种委婉的方式，表达了对妻子的无尽思念。两位蒋氏，成为止园背后"隐藏的人物"。

回头再看《止园图》第六开"对望飞云峰"的几位人物。站在楼阁上的很可能是吴亮，其他人都在堂前等他归来，开筵庆祝。"归来"的主题始于怀归别墅，继而被飞云峰的孤松所强化，最后又在水周堂得到呼应。水周堂与飞云峰的隔池相望，构成了表层的造景维度的关联；两者背后的《九歌·湘夫人》和《归去来兮辞》，则构成了深层的意义维度的关联。这两重关联使各处景致结合得愈加密切而有机。

不过，归与不归的张力仍然没有完全释放。"君不行兮夷犹，蹇谁留兮中洲？"湘夫人的疑惑仍然没有得到解答：牵绊住夫君的到底是什么呢？水周堂的荷花与斑竹都取自《九歌》，但堂前两侧的桂树，除了用于制作船桨和屋梁，还有另一层寓意（图2-25）。吴亮《桂林》诗曰：

> 丛桂森森未可攀，天香万斛满空山。
> 淮南何用频招隐？只恐幽人去不还。

这首诗所对话的，是西汉淮南王刘安（前 179—前 122）门客所作的《招隐士》：

图 2-25

《止园图》第六开“对望飞云峰”与第七开“水周堂”的桂丛

> 桂树丛生兮山之幽，偃蹇连蜷兮枝相缭。山气巃嵸兮石嵯峨，溪谷崭岩兮水曾波。猿狖群啸兮虎豹嗥，攀援桂枝兮聊淹留。……王孙兮归来！山中兮不可以久留。

文中描写的山林，树偃石横，凄凉荒寂，虎啸猿啼，险怪可怖，隐士们只能爬到桂树上躲避猛兽。《招隐士》的主题也是归来，不过并非归隐田园或山林，而是招唤隐士们从山林回归朝堂。吴亮究竟应作何抉择？他到底归还是不归？若是归，归来山林还是归去庙堂？他在诗里只作了陈述，并未给出答案，引人悬想。

水周堂作为止园东区的主堂，其重要性不止体现在布局和造景上，更体现在这些追问和思索中。它们就像《止酒》与止园一样，不断追问止还是不止？若止，止于何处？这些追问促使人反复思考，赋予园林思辨的深度和人生的广度，而非仅仅停留于视觉上的悦目。

· 鸿磐轩

水周堂后门通向北面的庭院。《止园记》称：

> 堂后有玉兰、海桐、橙柏、杂树，皆盘郁。磊石为基，突兀而上，有轩三楹，曰鸿磐。磐上

有青羊石，击之铿然，别有记。南树两峰，一象
蟹螯，镌王弇州绝句，一赭表而碧里，如玉韫石中，
余题曰：金玉其相。后复枕池。蹑石而下，若崖、
若壁、若径，备具苔藓。一石孑然立，曰介石。

这处庭院汇集了大量珍稀花木和奇峰异石，吴亮许多宝贵的收藏都在
这里。花木有玉兰、海桐、橙柏以及其他杂树。《止园图》第七开描绘了
水周堂后面的庭院，形象最突出的是三株叶色翠绿的乔木^{（图2-26）}。第八开
着重刻画了其中的两株，一左一右，姿态雄健，枝干虬曲，冠如伞盖，很
可能是记中所称的"橙柏"^{（图2-27）}。右侧橙柏后方的乔木笔直耸拔，顶部
着叶开花，应该是玉兰^{（图2-28）}。左侧橙柏下部的石台上还有一丛丛红花，
烂漫如锦绣，娇艳动人^{（图2-29）}。

→图2-26

《止园图》第七开"水周堂"
北面庭院的林木

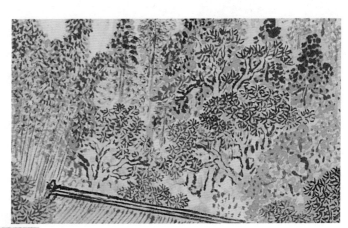

图2-27

《止园图》第八开"鸿磐轩"中的橙柏
⊙柏林亚洲艺术博物馆藏

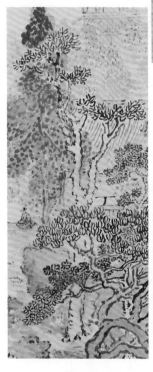

　　这座石台将庭院层层架高，最高处是一座三开间的敞轩，称作"鸿磐轩"。吴亮《鸿磐》诗曰：

鸿鹄摩苍天，徘徊视其翮。
浮云为低昂，须臾万里膈。
鸟鸢自成行，俯啄仰相吓。
局促人间世，所志在于泽。
一举绝四海，不受罗与射。
临流理毛羽，安栖渐磐石。
陋彼枳棘群，逍遥矜所适。
指爪偶然留，冥飞亦无迹。

　　这首诗是吴亮的夫子自道，颇能体现他豪放的诗风。他将自己比作鸿鹄，本应翱翔天际，扶摇于云海之间；无奈却被鸟鸢所妒。这些局促在尘世草泽之间的凡鸟，岂能理解鸿鹄的志向？这只鸿鹄如今栖息在磐石上，对着溪流梳理羽毛，但它并未忘记天外的逍遥之境，有一天还会再次水击而上，培风翱翔。鸿磐轩就像这只鸿鹄，其北为陡峭的崖壁，下临清池，映出它的倒影；其南"突兀而上"的石台，则是它栖息的磐石（图 2-30）。

　　《止园记》提到，鸿磐轩前除了花木，还有峰石。最有特色的是两块，一块称作蟹螯峰，吴亮在石上镌刻了王世贞（1526—1590）的绝句。蟹螯峰是王世贞弇山园东弇山的一景，因"两尖相向"，形如蟹螯而得名。王世贞曾在《弇山园记》中畅想："使我得君山酒满池，以此佐饮，何快如是！"山峰如螯，水池蓄酒，对山临池如持螯饮酒，大快朵颐，这是无数人的饕

↑ 图 2-30
《止园图》第八开"鸿磐轩"庭院

↓ 图 2-31
《止园图》第八开"鸿磐轩"中的青羊石

餐梦想。吴亮《蟹螯峰》诗曰："溪边石蟹小如钱，留得双螯大似拳。把酒持螯浑不解，醒来高枕石头眠。"正是向王世贞和他的弇山园致敬。另一块石头称作"金玉其相"，此石外表赭红，内部碧绿，好像碧玉蕴藏在红石之中，文质秀美。此外，在鸿磐轩后面的崖壁间，还有一块介石。吴亮分别作《韫玉》和《介石》加以题咏。

不过，这三块峰石《止园图》第八开都没有描绘。图中画了另一块石头，置于鸿磐轩内，外形似一只羊，园主盘腿坐在石头旁边，若有所思^(图 2-31)。这块石头叫"青羊石"，大有来头。弄清它的来历，便能理解吴亮这只鸿鹄为何要栖息在此地。

《止园记》称："磐上有青羊石，击之锵然，别有记。"敲击青羊石锵然有声，推测石质属于灵璧石，吴亮为它专门写了一篇记，即《青羊石记》：

> 青羊石者，石之状类羊，其色青，击之铿然有声。其初为蒋太守家物，已归余外舅宪副公西园，已复归余内兄明卿，主三易而姓未改。余治园北门，明卿二守任城，闻而艳之，以石见赠。曰：子有膏肓，请以是盟。余受而实之鸿磐之上，锡以嘉名曰青羊君。夫惟石不可转，今转而属余。自西而北，易蒋而吴，亦有数存焉欤！《玄中记》云："千岁之树，化为青羊。"《神仙传》载："黄初平牧羊金华山，羊化为石。"夫青宁生程，程生马，马生人，造物出入于机，变幻不测类如此，又何疑于眼前之转徙，身外之去留，而得忻失戚乎哉？余拊石而有感，遂书之以补园记之未备，且系之铭。
>
> 铭曰：木化为羊，羊化为石。化化生生，曷其有极？我偕尔兮，野人之居。尔隶我兮，神仙之籍。其斯为庄生之寓言，而老子之遗迹也耶！

青羊石最初属于蒋太守。蒋太守推测是成化八年（1472）进士蒋容，字德夫，他先后担任过蒲州、潞州和潼川州知州，因此称作蒋太守。此石后来传给蒋容的曾孙蒋致大，字汝为，号毅斋，官至山东按察司副使，即吴亮记中说的"余外舅宪副公"。《尔雅·释亲》曰："妻之父为外舅，妻之母为外姑。"可知这位宪副公就是吴亮元配蒋氏的父亲。万历三十九年（1611）蒋致大去世，吴亮作《宪副毅斋蒋翁行状》，收在《止园集》卷十九，提到蒋翁"暇则曳杖逍遥于园亭花竹之间。三径时开，肩舆独往，即二仲罕窥其迹"。蒋致大有一座西园，青羊石当年便置于西园中。蒋致大生前将青羊石转给了蒋明卿。吴亮称蒋明卿为内兄，也就是妻子的哥哥。但蒋明卿并非蒋致大的儿子，而是另有渊源。

万历四十四年（1616），吴亮作《蒋熙庵暨配万宜人偕寿序》为蒋明卿夫妇祝寿，收在《止园集》卷十五。文中提到"万历辛卯余与蒋明卿同举于乡，是年明卿举女，余举子，遂缘旧娅，复缔新姻，迄今二十六年。"可知蒋明卿与吴亮同年中举人，这年他的妻子生下一女，吴亮侧室丁氏生下长子吴宽思（1591—1636），这对子女长大后结为夫妻，使蒋吴两家亲上加亲。

《北渠吴氏族谱》记载吴宽思娶蒋良晋之女，可知蒋明卿就是蒋良晋，号熙庵。[16] 吴亮《宪副毅斋蒋翁行状》提到蒋致大有四个儿子——蒋良臣、蒋良士、蒋佐和蒋良能，其中并无蒋良晋。行状又提到，蒋良晋将其子蒋胤武过继给蒋佐，据此推测他应该是蒋致大的侄子。因此蒋明卿并非吴亮元配蒋氏之兄，吴亮所谓"内兄"，或许是指继室蒋氏之兄，尚有待寻找蒋氏族谱来确证。

这块青羊石可谓蒋氏的传家宝，从蒋太守到蒋致大再到蒋明卿，"主三易而姓未改"，吴亮自然深知它的分量。吴亮《宪副毅斋蒋翁行状》提到："胤武，良晋之子，奉翁命以爱嗣佐者也。"蒋明卿是奉蒋致大之命将儿子过继给蒋佐，很可能是在同一时间，蒋致大将青羊石转给蒋明卿作为感谢，而不是传给自己的儿子。吴亮《青羊石记》称自己建造止园时，蒋明卿正在外做官，"闻而艳之，以石见赠"。然而真实原因并没有如此简单，这块在蒋家传了三代的奇石不会轻易转给吴亮，背后应该有更深层的缘由。

吴亮长子吴宽思娶蒋明卿之女，这是让蒋吴两家亲上加亲的大事，目前已知的诗文并无记载这次结亲是在哪一年。查《北渠吴氏族谱》，发现吴宽思长子吴守澄（1612—1679）生于万历四十年（1612）七月十二日，其母怀胎应在万历三十九年（1611）九月，结亲应在同年或此前一年。1610年吴亮弃官回到常州，长子吴宽思20岁，正当婚嫁之年；因此吴亮应该是在回乡后，同时开始建造止园和操办长子的婚事。为长子聘娶了与其同年的蒋氏之女，不知是否让吴亮有一种轮回之感，回想起与自己同年的元配蒋氏。

这样就可以理解，蒋明卿将青羊石赠给吴亮，并非只是一件简单的礼物，更是作为两家亲谊的见证。赠石时他对吴亮说："子有膏肓，请以是盟。"吴亮则将青羊石郑重地置于鸿磐轩内，并专门作记题诗。

吴亮《青羊石》诗曰：

> 真人紫气出函关，千载青牛去弗还。
> 只有神羊鞭不动，化为白石镇青山。

诗中的"真人"指道家的始祖老子，他乘青牛西出函谷关，不再归来。而蒋家的青羊则化作白石，镇守在青山，指代止园所在的青山门。止园水周堂与鸿磐轩的关系为前堂与后室，前堂以湘君与湘夫人暗喻伉俪情深，

---

[16] 吴中行《赐余堂集》卷十三有为蒋明卿母亲所作《敕封诸太安人蒋母墓志铭》，提到蒋明卿兄长为蒋瑞卿，其父为蒋思董，封主事。

后室则以蒋氏的传家之物作为镇室之宝。"水周"为蒋氏的望归之堂,"鸿磐"为吴亮的安栖之室。纹丝不动的青羊石所象征的,正是蒋吴两家稳如磐石、永世不绝的情谊。

· 大 慈 悲 阁

鸿磐轩位于庭院最高处,其南是逐层架起的平缓石台,其北是俯瞰水池的陡峭崖壁。壁间有石蹬直通水面,《止园记》形容为"蹑石而下,若崖、若壁、若径,备具苔藓",险峻而苍古。这面崖壁与北面的狮子坐假山夹峙而立,营造出壁立幽深的峡谷景致。狮子坐上是止园东区的压轴之景——大慈悲阁。

《止园记》介绍狮子坐与大慈悲阁称:

> 石台层累作岞崿形,曰狮子坐。凡此皆吴门
> 周伯上所构。一丘一壑,自谓过之。微斯人,谁
> 与矣。台址以北为土冈,植梨枣。沿池曲曲多芙
> 蓉,秋深花盛开,望之若锦。峦冈上甃文石为径,
> 从竹中入,有阁翼然,凡三重六面,基崇丈有咫,
> 阁三丈有奇。俯瞰城阓,万井在下,平芜远树,
> 四望莽苍无际。阁虚其中,最上奉观音大士,曰
> 大士慈悲,实太宜人所皈礼者也。前后皆梧竹,
> 有清樾。一沟磐折环其北。

在《止园图》第十开可以看到,从鸿磐轩庭院西门出来,向北穿过一道石桥,就是狮子坐石台(图2-32)。这是一座黄石堆成的假山,石间填以泥土,便于栽种花木。记中提到竹子、梧桐和芙蓉,山北土冈上还有梨树和枣树。狮子坐上最多的是竹子,葱翠如玉,竹林间有一条山径,称作"文石径"。吴亮《由文石径至飞英栋》诗曰:

> 振屧蹑崇冈,修筠碧于玦。
> 中有一径通,宛转乔虹霓。
> 鳞甲忽参差,苍苔互明灭。
> 树杪呈穹阁,玄心蕴如结。

图 2-32
《止园图》第十开中的狮子坐
和大慈悲阁
⊙洛杉矶郡立美术馆藏

　　从竹林石径间穿过，大慈悲阁位于山冈最高处，六角三层，翼然高耸
于树杪之上。石台一角有一枚精巧的石灯笼。竹林、高阁和石灯笼，共同
营造出肃穆庄严的佛国氛围。

　　大慈悲阁是止园的地标性建筑，在园中多处都能看到。前面《止园图》
第七开的水周堂和第八开的鸿磬轩，都画出了远景中的高阁（图2-33）。在林
水潆洄、俨如迷宫的止园中，这座高阁可以让人及时确定方位，不致迷失。
大慈悲阁是《止园记》唯一记出具体尺寸的建筑：阁身高三丈余，下部台

图 2-33

《止园图》第七开"水周堂"
和第八开"鸿磬轩"中的
大慈悲阁远景

基高一丈八寸。按明代 1 营造尺 =0.32 米计算，高度在 14 米左右。高阁内部可以登临，最上面的第三层供奉观音大士像，因此全称为"大士慈悲阁"。吴亮弃官归隐并在常州青山门外建造止园，主因之一便是奉养母亲。止园东区的这座压轴建筑便是献给母亲的参禅礼佛之所。

止园东区有两座假山，南侧的飞云峰写仿杭州飞来峰，北侧的狮子坐也有写仿的原型，即苏州支硎山。

支硎山位于苏州西南，相传为东晋高僧支遁（314—366，字道林）隐居之所，山上有平石"若新发于硎"，支、硎二字即由此而来。山间有唱狮窝、鹤饮泉、马迹石等古迹。南朝时期梁武帝在此建报恩寺，称报恩山；唐朝始建观音寺，又称观音山，香火旺盛。晚明文士归庄（1612—1673）《游华山寒山支硎山记》提到，他曾经"登支硎山，山有观音殿，每至二月，士女进香杂沓"。苏州学者黄省曾（1490—1540）《吴风录》记载："二三月，郡中士女浑聚至支硎观音殿，供香不绝。"吴氏家族的女眷，很有可能也曾到支硎山进香拜观音。

支硎山有个别名，叫岞崿山。晚明张自列《正字通》引《吴志》记载："支硎山，支道林所居，今名岞崿山"。明代"公安派"文坛领袖、担任过吴县（今苏州）知县的袁宏道（1568—1610）曾游览岞崿山，写道：

> 岞崿形如狮子，一名狮山。俗说此山在太湖
> 中，禹治水时，令童男女引出，欲以填水，至鹤
> 邑不复进，因名鹤阜。今西南有两小山，石如卷岞，
> 禹所用牵山也，其说颇不经。余登华山，曾一过
> 其处，巉岩怪石，摩牙怒爪，森森欲攫人，为之
> 屏息股栗。

可知岞崿山还叫狮山，传说原在太湖中，大禹曾试图以此山填水，移至鹤阜而止。鹤阜即今天的何山，因南朝梁代的隐士何求、何点得名。袁宏道所登临的"华山"又名天池山，这两座山都在支硎山附近（图 2-34）。

止园狮子坐对支硎山的写仿，形意皆合。就形而言，狮子坐假山"石台层累作岞崿形"，是取自支硎山的别名岞崿山；山石堆叠以黄石平砌为主，高低起伏，营造出雄狮"摩牙怒爪，森森欲攫人"的气势，行走其间仿佛真的遇见了狮子，令人屏息战栗。就意而言，狮子为观音的坐骑之一，支硎山则是观音的道场之一，日常参拜者络绎不绝，常州、苏州相距不远，吴亮母亲毛氏即使未曾去过，也必然耳闻熟知。吴亮为母亲建大慈悲阁，

图 2-34
（明）文伯仁
《姑苏十景册》之支硎春晓
◎台北"故宫博物院"藏

自然会与母亲商议，选择支硎山作为写仿原型，可谓既贴切又合宜。

在形、意之外，还有一点值得注意。支硎山有吾兴庵、法音庵和来鹤庵等各色小庵，其中化城庵为吴亮好友赵宧光（1559—1625，字凡夫）的隐居地。赵宧光父亲葬在支硎山西南的寒山禅院，他在附近造园为父亲守墓，成为名闻天下的赵氏"寒山千尺雪"。支硎山南侧不远处是天平山，有吴亮另一位好友范允临（1558—1641，字长倩）的天平山庄。吴亮《止园集》卷六收有《天平山谒文正公祠》《赵凡夫园亭》《重过赵凡夫山居》等诗，他建造止园前后多次游赏支硎山、寒山和天平山一带，与两位好友交流切磋，或许这也是他选择写仿支硎山的原因之一。

止园狮子坐是以石带土，周围的花木远比飞云峰丰富。山间最多的是竹子，沿水最多的是芙蓉。芙蓉亦称木莲，八九月开花，山前水池因此得名为芙蓉溪，《止园记》称"秋深花盛开，望之若锦"（图 2-35）。巧合的是，芙蓉也是支硎山的特色花木。明代王宠（1494—1533）《支硎山》诗曰"支硎特俊秀，平地插芙蓉"；画家陆治（1496—1576，字叔平）隐居支硎山，王世贞《寄赠陆丈叔平》诗曰："支硎旧居花似锦，日日青山对高枕。……肯向芙蓉池上游，巾箱杂物皆翁有"，都特意提到支硎山的芙蓉。吴亮《登

图 2-35

《止园图》第十开"大慈悲阁"中的木芙蓉与石拱桥

狮子坐望芙蓉溪》也是将狮子坐与芙蓉溪并提，诗曰：

> 西方有佛国，是名聚窟洲。
> 狮子击狂象，血迸如泉流。
> 海上芙蓉城，蔼若慈云浮。
> 于兹设莲座，皎皎清心修。
> 尘情苦降伏，猛力持戒钩。
> 万累若销荡，诸相无所求。

诗中提到的"聚窟洲"，出自西汉东方朔的《海内十洲记》。十洲是十座仙岛，据说分布在东南西北四处大海中，本来是道家的神话故事。其中聚窟洲位于西海，后来佛教传入中国，人们便以西方的印度为聚窟洲，称作佛国。聚窟洲有"狮子、辟邪、凿齿天鹿"诸多猛兽，排在第一位的就是狮子坐所象形的狮子。

"芙蓉城"则是用宋朝王子高（王迥）梦游芙蓉城的典故。这是一个北宋著名的艳情故事。北宋文人胡微之《芙蓉城传》记载，王迥年少时遇到女子周瑶英，与共衾枕；后来发现周瑶英是仙女，王迥梦中随她去往一处仙境，看到"珍禽佳木，清流怪石，殿阁金碧相照"，其中"有女流道装而出者百余人，立于庭下。俄闻殿上帘卷，有美丈夫一人，朝服凭几。而庭下之女，循次而上"，后来又有"一女郎复登是楼，年可十五，容色娇媚"，名唤芳卿，酷似周瑶英。王迥梦醒后问这处仙境是何地，周曰："芙蓉城也。"又问："芳卿何姓？"周曰："与我同。"芙蓉城是一处女儿之国，但主掌者则是男性，也就是传中讲的"美丈夫"。欧阳修《六一诗话》提到，他的好友石曼卿去世后"主芙蓉城"。

王迥父亲在朝任官，这段艳情故事很快传入宫廷，引起皇帝宋仁宗、宰相晏殊、王安石的关注。很多人作诗撰文传扬，苏轼也为王迥写了《芙蓉城并叙》长诗。苏轼的长诗影响极广，以至他去世后，人们传说他也做了芙蓉城主。王世贞《题王晋卿〈烟江叠嶂图〉苏子瞻歌后仍用苏韵》称："鼎湖髯挂都尉去，学士亦作芙蓉城内仙。"可知在吴亮所处的明代，芙蓉城依然为人所艳称。

芙蓉城是一处仙境，寄托着人们对仙子的向往，但同时也暗示了与仙子的分隔。宋代孔毅父《呈王子高殿丞》诗曰："天上人间事不同，相思何日却相逢。芙蓉城在蓬莱外，海阔波深千万重。"或许此诗更贴近吴亮的心境。芙蓉城的两位仙子都姓周，吴亮的两任妻子则都姓蒋。他在溪边种芙蓉，将狮子坐称为"海上芙蓉城"，使这处佛国圣地兼具了道教的仙境意味，或许也寄寓了他对亡妻的思念。吴亮《芙蓉渚》诗曰：

> 幽怀一掬倚江隈，寒渚云闲梦不来。
> 欲采迢迢隔秋水，好凭明月作良媒。

芙蓉城遥隔秋水，似乎比蓬莱三山更遥远，海阔波深，无从抵达。吴亮只能祈求明月做媒，祈愿有一天也许会在梦中，与日夜思念的妻子重逢。

芙蓉溪的仙境象征和吴亮寄寓的相思之情，丰富了狮子坐的内涵。不过，这一带的主题仍然是佛教与他的母亲。与吴亮妻子关系最密切的，除了吴亮，便是母亲毛氏，他与继室蒋氏也是在母亲催促下成的婚。母亲与妻子，构成止园东区营造的明线与暗线，相辅相成。

狮子坐和芙蓉溪这一山一水，组合成动静相依的两极。一般来说，通常是山静而水动。但根据吴亮《登狮子座望芙蓉溪》的描述，这座假山化作了狮子，与巨象搏斗，惊心动魄；而芙蓉城则漂浮在水上，花开如锦，慈蔼沉静，呈现为富有戏剧性的山动而水静。狮子象征了内心的欲念冲突，最终得以降服平复——这是修持的力量，通过清心禅修，降制住心中的种种狂念；也是母亲的力量，吴亮变动不居的宦游生涯，最终因母亲而沉静下来。

大慈悲阁是止园东区的高潮和收束。吴亮在这一景上寄托良多，除了前引诗文，《止园集》中还有《大慈悲阁偈》《香界》和《水月观》等多篇诗作。在园中游览，从许多位置都能望见这座地标性建筑，大慈悲阁既是指引，

再造纸上桃花源

也是目标。漫步园中，纵览各景为动观；进入狮子坐，登上大慈悲阁则是静观。在阁内可以礼拜观音、静心参禅，可以俯瞰园景、栖意林泉，还可以周望四野，寄情苍茫。大慈悲阁是东区缤纷诸景的收止之处，也是吴亮万千心绪的聚止之所。

吴亮《大慈悲阁偈》曰："我今发菩提，高阁自回响。一室有皈依，十方无遮障。"止园肇始于吴亮因思母而归，大慈悲阁是他为母亲而建。毛氏的念子情深得到了吴亮的回应，他的回应又成就了自己的身心安顿之所。而一旦安顿好身心，便不再忧心祸福，计较得失。大慈悲阁中的"十方无遮障"，既是因为站得高远，更是因为悟得透彻。

· 柏屿

在鸿磐轩与大慈悲阁之间，还有一段饶具趣味的插曲。出鸿磐轩后，《止园记》没有径直写大慈悲阁，而是宕开一笔，称"折而东，得曲涧，履石焉而渡，曰柏屿。古柏数十株，翠色可餐"。从鸿磐轩北侧下到水边，向东行是一条溪涧，涧中设有汀步，通向一座岛屿。岛上种植数十株柏树，苍翠葱茏，称作"柏屿"。吴亮《由鸿磐历曲蹬度柏屿》描述了同一段路程，诗曰：

> 磊砢谢崇丘，轩楹瞰幽壑。
> 石磴故逶迤，岩崖递岞崿。
> 列柏含青晖，檀栾翠成幕。
> 凌寒更葱蒨，迎风岂摇落。
> 上有双飞乌，衔鼓集林薄。
> 岂无台中栖，弄雏自娱乐。

从园记和诗题来看，这座柏屿与鸿磐轩联系密切，显然吴亮并非偶然路过。吴亮另有一首《柏屿》诗，曰："翠霭结丛林，白云抱孤屿。要知台上柏，即是庭前树。"张宏《止园图》第九开描绘了这座柏屿（图2-36），是一座四面环水的小岛，岛上丛列柏树，密植成林，叶色含翠，经霜不凋。各方信息都表明，这座柏屿经过了特意的设计，并非泛泛之景。那么吴亮在去往大慈悲阁之前，为何要专门经过此地呢？

答案藏在"上有双飞乌，衔鼓集林薄"的两只飞乌中。这两句诗用了

2

"义乌衔鼓"的典故。北宋类书《太平御览》卷九百二十引《异苑》称：

> 阳颜以纯孝著闻。后有群乌衔
> 鼓，集颜所居村，乌口皆伤。一境
> 以为颜至孝，故慈乌来萃。衔鼓之
> 兴，故令聋者远闻。

传说东阳有个叫颜乌的年轻人，事亲至孝，父亲死后他以手刨土葬父。这时天上的乌鸦成群飞来，衔土帮忙筑坟，许多鸦嘴都受伤流血。人们认为这是颜乌的孝行感动了天地。吴亮引用的"义乌衔鼓"的典故，是希望天下人即使耳聋者，也能听闻颜乌的孝行。"义乌"这座城市的名称即由此而来。

乌鸦在古代被视为"孝鸟"，明代医圣李时珍（1518—1593）《本草纲目》"慈乌"条记载："此鸟初生，母哺六十日，长则反哺六十日，可谓慈孝矣。"这就是所谓的"乌鸦反哺"。因此吴亮在柏屿种植丛柏，重点还不在柏树的凌寒不凋，而是它们可供慈孝的群乌停集，借此表达自己对母亲的反哺之心。这样一来，在前往母亲礼佛的大慈悲阁之前，先经过柏屿，也就顺理成章。柏屿孤悬在狮子坐东南，两者一大一小，宛如相依为命的母子，将哺育与反哺的主题表达得温婉动人。

关于柏屿，还有一点值得关注，即存在于吴亮诗文与张宏《止园图》之间的张力。这二者的大部分园中场景都完全契合，但有部分景致并不相合。《止园图》第九开描绘了柏屿，不过只占据了画面左上方的一角，是一处配景。画面中央是一座水池，与前面鹤梁桥下的水系相通。池南有一座山岛，种了好几排树木。池北是一座三开间的水榭，两侧各带耳房，前方有一座"凸"字形的月台。一位文士在屋内伏案读书，堂外水天一色，开阔疏朗（图2-37）。

图中的水池、山岛和水榭，从构图上看都比偏居西北的柏屿更像主景，但吴亮的诗文却并未提到它们。这种情况不是第一次出现，前面《止园图》第三开建在台地上的敞阁、第四开位于画面中央的竹林和斋房，都是张宏做了重点刻画，而吴亮却未作描述。这些景致形成了止园诗文与绘画图像之间的张力。

鉴于吴亮《止园记》作于 1610 年，张宏《止园图》绘于 1627 年，二者不一致的原因之一，或许是这些年间止园有所拓建。另外一个可能是，《止园图》第三开、第四开、第九开的台地敞阁、竹林斋房和山岛水榭都被隔离在东区之外，通过虎皮墙或溪水，与核心景区保持了距离。显然吴亮并未将这片区域与东区同等看待，因此将其称作"外区"更合适。《止园记》提到"依村辟园"，止园北、西、南三面环水，唯一与陆地相接的便是东面的村庄；有了这处外区，便可弥补薄弱之处，增强东区的防卫和安全。

止园可划分为东区、中区、西区和外区四部分^{（图2-6）}。东区的设计自成一体。《止园记》介绍狮子坐之后称"凡此皆吴门周伯上所构"，特地提到了造园匠师周伯上，东区各景皆由他规划营造。东区的设计确有一气呵成之感，秩序井然而又层次分明，大致可分为四个段落。

第一段是园门与客舍一带，为迎宾与待客之所，主角是来访的亲友。第二段是怀归别墅与飞云峰一带，以园主的归来为主题，主角是吴亮本人。第三段是水周堂与鸿磐轩一带，具有更多家庭的色彩，主角是吴亮的妻室。第四段是大慈悲阁与柏屿一带，主题为母子间的深情，主角是吴亮的母亲。这四个段落被三处水面分开，由外而内，层层深入。吴亮生活与精神的诸多方面，都得到妥帖的安排。

外区构成东区的防卫。就东区而言，本身也有内外之分。南面的园门、客舍、鹤梁和曲径为外，仅以宛在桥与内部相通，颇有"一夫当关，万夫莫开"之势。从怀归别墅到大慈悲阁，俨然是三座四面环水、彼此联络的岛屿。怀归别墅所在的南岛和大慈悲阁所在的北岛分立于中岛两端，中岛最核心的建筑是鸿磐轩。鸿磐轩高墙深院，踞于台上，吴亮以此作为"后室"，布置象征蒋吴盟誓的青羊石，成为东区最安全的所在。

最后值得一提的是环绕在北岛狮子坐周围的河流，称作"磐折沟"。"磐折"二字出自《周礼·考工记》："磐氏为磐，倨句一矩有半"，在古代具有非常丰富的寓意。^[17]中国早期制作的石磐，两条边呈 135°夹角，为 90°加 45°，即所谓"一矩有半"，称作"磐折"。这个概念随即被引

[17] 闻人军：《"磐折"的起源和演变》《再论"磐折"》，载《考工司南：中国古代科技名物论集》，上海古籍出版社，2017，第 122-140 页。

入车人制作农具、工匠制作大鼓和匠人开凿沟渠中。《考工记》记载，"车人为耒，……倨句磬折，谓之中地"，"韗人为皋鼓，长寻有四尺，鼓四尺，倨句磬折"，"匠人为沟洫，……凡行奠水，磬折以参伍"，都是指弯折成一个较大的角度，类似今天说的钝角。后来"磬折"又被引申为各种事物的弯折，最常见的是形容人屈身弯腰。《礼记·曲礼》要求臣子在君主面前应"立则磬折垂佩"，《庄子·渔父》描述孔子见渔父，"渔父杖拿逆立，而夫子曲要磬折，言拜而应"，"磬折"或表示屈己事人，或表示躬身致敬。

在自然山水和人工园林中，人们常以"磬折"形容水系的弯曲。明代心学名家王阳明（1472—1529）称赞皖南的齐云山为"岩高及云表，溪环疑磬折"；吴亮崇敬的王世贞弇山园中有一条磬折沟，"黄石为砌，清流湾环可鉴"。止园磬折沟融合了人身与水形两方面的寓意，作为东区的收官之景，与前面的开园之景相呼应，别有深意。吴亮《磬折沟》诗曰：

> 九曲清溪独木桥，苍梧翠竹雨潇潇。
> 河干已作涟漪想，肯向人间浪折腰。

这条磬折沟幽曲清澈，长桥独架，易守难渡。沿水两岸梧竹摇曳，雨露飘洒，苍翠如洗。水面上浮动的涟漪，勾起人的莼鲈之思，林泉之意。面对此情此景，谁还愿意为名利向俗世折腰？在这里，吴亮再次回到他心仪的陶渊明。陶渊明不为五斗米折腰，高赋归去来。止园以"五柳"开篇，此处以"磬折"收尾，形成完整的闭环。"舟遥遥以轻扬，风飘飘而吹衣"，告别朝堂纷争，自在逍遥于烟水之间，才是理想的人生归宿。

4. 中区与西区

大慈悲阁平面为六边形，阁门位于西南侧。这座高阁面西而立，朝向佛祖所在的西方天竺，同时也将游线导向位于西边的中区。《止园记》称："径右折，拾级而下，过石桥，为飞英栋。"从大慈悲阁沿着狮子坐山间的文石径下山，跨过石桥回到鸿磬轩西侧，其南有一处花房，编篱作围墙，名为"飞英栋"。吴亮《由文石径至飞英栋》题咏这处场景称："窈窕得平桥，银池界玉埒。落英恋柔条，瓣瓣飞琼屑。"《止园图》第十一开描绘了飞英栋，其南修竹猗猗，是前面见过的水周堂西面的竹林^{（图2-38）}。

飞英栋是一处花房，仍然属于东区。止园有芍药、牡丹、荷花、芙蓉、桃梅、杏桂等各色花木，它们的幼苗都可以在这里培育。吴亮《飞英栋》诗曰：

> 一春花事尽芳菲，开到荼蘼几片飞。
> 花落尊前须痛饮，野夫近已典朝衣。

飞英栋是育花之所，也是赏花之地，每到春日，群芳烂漫，芳菲无尽，任人次第观赏。吴亮诗中戏称，日日对花饮酒，不知欠下多少酒债，索性把上朝的衣冠都典当了换酒，从此安心做个村夫野老。

飞英栋西面是一道开阔的水渠，称"西沟"，《止园记》形容其为"园东偏一长堑也"，可知此渠既长又深，俨然是可据可守的堑濠。水上架有一座木板平桥，穿过木桥，便抵达止园中区的正门——来青门。

· 来青门

来青门坐西朝东，是一座两层的高大门楼，下部有宽阔的台基，既显高耸，又耐河水冲刷。《止园图》中的来青门户牖皆闭，更增添了几分守卫森严的威仪^{（图2-39）}。《止园记》介绍此门称：

> 自西沟渡板桥为来青门，取王荆公语。吾邑
> 无名山，芳茂、安阳小山东峙，适当兹门，天日晴美，
> 隐隐若送青来，取其意而已。

"来青"二字取自王安石的《书湖阴先生壁》："一水护田将绿绕，两山排闼送青来。"常州地势平坦，缺少苏州虎丘、杭州灵隐那样的名山。吴亮介绍的两座山，一座是芳茂山，位于常州城东，芳茂为古称，因东晋曹操的后裔、右将军曹横葬在此地，又称横山。另一座是安阳山，因西周安阳侯周赟而得名，位于常州东南、无锡城西，严格来说属于无锡。明代无锡县隶属常州府，所以吴亮把它也算作常州的名山。芳茂山距离止园约20千米，安阳山距离止园约40千米，都不算近，只有天气晴朗的日子，登上来青门二层，才能望见两山"隐隐若送青来"。不过虽然只是隐隐望见，开阔

图 2-38

《止园图》第十一开"来青门"
中的飞英栋
⊙洛杉矶郡立美术馆藏

↗图 2-39

《止园图》第十一开中的来青门

→图 2-40

《止园图》第十一开"来青门"中
规池东南角的茅亭

的视野仍然拓宽了止园的气象。

穿过来青门进入止园中区，包括中央的梨云楼、北面的规池和南面的矩池三部分。《止园图》第十一开描绘了来青门南侧的游廊，一直通向处在矩池东南角的碧浪榜水轩，北边规池的东南角则点缀了一座四角茅亭，掩映在林木下^{（图2-40）}。这里先来看位于中央的梨云楼。

· 中坻 · 梨 云 楼

梨云楼是止园中区乃至整座止园最重要的建筑。

陶渊明作《止酒》诗是因他以地种秫，导致家中无米。这一触怒贤妻的任性之举，吴亮在止园中也有效仿，即《止园记》提到的：

> 余性复好水，凡园中有隙地可艺蔬，沃土可
> 种秫者，悉弃之以为涛池，故兹园独以水胜。

他比陶渊明更为不羁，将园中可以种植蔬菜和秫稻的大量土地，都开挖成水池，营造出汪洋无际的水景。梨云楼所在的中坻，就是《止园记》所称的"沃土可种秫者也"。中坻留下来的土地，吴亮全部种上梅树，梅林

间的房屋称"梨云楼",取自苏轼的《西江月·梅花》"高情已逐晓云空。不与梨花同梦",虽称梨云,实际咏的是梅花。

梨云楼是《止园记》介绍文字最长的一景,吴亮还为此景创作了集《离骚》辞句而成的《北渚中坻》、七言排律《梨云楼》和七言律诗《梅花九首和高太史韵》,皆为长篇,对梨云楼的激赏之情溢于言表。《止园记》解释了吴亮不惜工费、开池种梅的原因:

> 居恒寤寐,玄墓之梅不可以勾股计,花发时香闻数十里。清人幽士每入山寻春,轮蹄之下,狼藉如雪。吾邑苦无梅,即有之不盈亩,南郭播间偶得数株,好事者辄称梅园,狂走如鹜。东郭外有桃数亩,二三月间,游人如蚁。然无奈沉湎之狼戾,恶少之摧折,正恐数年之后,无梅并无桃矣。余笑谓诸季,吾不难岁损百斛酿,为吾邑一洗罗浮之耻,且延玄都一线乎。

吴亮爱梅。《止园集》卷六有《送尔绳侄玄墓观梅兼谒大士》《观梅雨阻范长倩招集虎丘晚酌》《和范夫人观梅有怀二首》《香雪堂次韵》等诗。他赏梅的一处主要场所是苏州西南的邓尉山,因东汉太尉邓禹(公元 2—58)而得名。山有两峰,北峰即邓尉山,南峰称玄墓山,因东晋刺史郁泰玄葬在此地而得名。两山都是苏州的赏梅胜地,邓尉香雪、玄墓探梅,名闻天下(图 2-41)。吴亮经常前来游玩,曾与侄子吴则思(1581—1621,字尔绳)、好友范允临、范妻徐媛(1560—1620)咏梅唱和。

他回到常州后,仍然对邓尉、玄墓"香闻数十里"的梅花念念不忘。但常州却没什么梅花,偶尔有好事者在城南发现几株,强行称作"梅园",引来满城士女奔走围观。常州也罕见桃花,仅城东植有几亩,每年二三月,游人涌聚如蚁。常州的梅与桃都远远无法满足邑人的观赏热情,而且由于稀缺,霸占、抢夺、摧折等不堪之事屡屡发生。吴亮担心几年下来,常州连眼前这

图 2-41

(明)文伯仁《姑苏十景册》之邓尉观梅
◎台北"故宫博物院"藏

点桃、梅也保不住。于是他对家中兄弟夸下海口，决定用种秫酿酒的土地
栽梅种桃，为常州"一洗罗浮之耻，且延玄都一线"。《止园记》介绍了他
雷厉风行的手段：

> 于是弃田而凿池，池之土累而成冈，水之胜广，
> 而冈之崇几与山埒。前池如矩，后池如规之半，
> 冈横亘而叁分之。南树桃数百，花时繁艳，即远
> 望足饱吾目。北植松竹梧柳，以障市氛。中树梅
> 亦以百计，皆取其干老枝樛，可拱而把者。苍苔
> 鳞错，绿竹丛映，古香寒色，时时袭巾裾而乱袍履。
> 仅可当玄墓一席地，而以吾邑得之，将无诧雪山
> 琼岛耶？

　　吴亮挖掉了中坻的大片土地，将泥土在北岸堆成山冈。整治之后，山
水各自的特点都更为突出：水面格外宽广，山冈则如真山一般高耸。他在
山冈间种上数百株梅树，精心挑选品种，都是老干虬枝、粗可拱抱的古梅。
冈南的水池开凿成矩形，池南栽种数百株桃树；冈北的水池开凿成半圆形，
池北栽种松竹梧柳。
　　《止园图》第十二开描绘了中坻的梅林（图2-42）。树下苔藓覆地，旁边

图 2-42
《止园图》第十二开"梨云楼"中的梅树
⊙柏林亚洲艺术博物馆藏

89

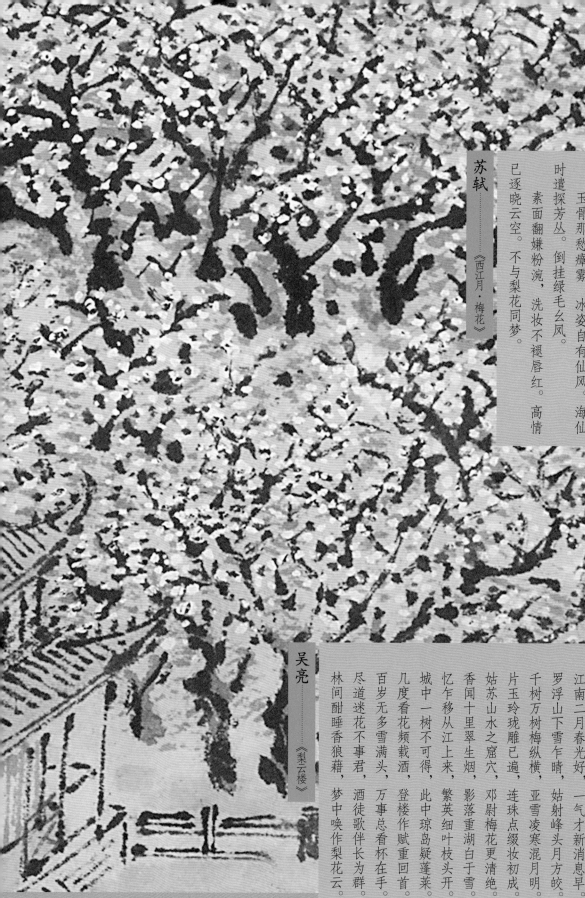

图 2-43

《止园图》第十二开"梨云楼"中的梅树

修竹掩映，衬托得梅林苍古清逸、香郁艳绝，营造出高启《梅花九首》"寒依疏影萧萧竹，春掩残香漠漠苔"的诗意。吴亮《玄墓雨、止园雪对梅有怀二首》将止园和玄墓的梅花并称，诗曰："邓尉山前梅似雪，剡溪兴尽且回舟。止园不腆春风在，咫尺罗浮作卧游。"他很清楚园中虽有数百株梅树，相对于邓尉、玄墓来说，不过区区一席之地；但对于常州士民而言，却不啻为雪山琼岛，足以媲美蓬壶仙境（图2-43）。

《止园图》第十二开右上角画出了来青门（图2-44），二层西侧中央的门洞敞开，悬挂着张开的帷幕，方便在楼上欣赏烂漫如雪的梅花。与前一开东向关闭的户牖不同，来青门西侧的敞门和帷幕淡化了森严之感，增添了闲雅之趣。

第十二开画面的中央，是中区的主体建筑——梨云楼（图2-45）。《止园记》称：

> 梅间构楼三楹，曰梨云，取坡公梦中语。前筑平台二重，叠石为楯。

↑ 图2-44

《止园图》第十二开"梨云楼"中的来青门

↓ 图2-45

《止园图》第十二开中的梨云楼

这座梨云楼虽仅有三开间，但一层出周围廊，屋身分为上、下两层，屋顶采用古代最繁复的歇山顶，下部除了自带的台基，还有两层石砌的平台，北面以短廊与清浅廊丁字相接。梨云楼、石台与长廊组合成一个整体，体量巨大，庄严气派。水周堂为东区的主堂，大慈悲阁为东区的高潮，梨云楼则综合了两者的身份，不但成为止园中区，甚至也是整座止园的主堂与高潮。

梨云楼面西的游廊上设有美人靠，图中红衣者应为吴亮，正面向友人介绍，身后的小童亦面向里侧，点头附和；白衣友人则望向梅花，惊艳于满眼的冰魂玉魄。盛放的梅花确实是园内最值得夸耀、最令人赞叹之景。梨云楼东面对称的位置应该也有美人靠，凭栏倚坐贴近梅林，眼前明艳可赏，鼻中芳香可闻，伸手香雪可触。

侧面的游廊、临水的平台和幽静的楼

内，各有不同的赏梅体验。而集合了诸种体验，更能凸显梨云楼主堂地位的是其二层，《止园记》写道：

> 一登楼无论得全梅之胜，而堞如栉，濠如练，渔网如幕，帆樯往来，旁午如织，可尽收之。睥睨中台，复朗旷临池，可作水月观，宜月；而群卉高下，纷籍如错绣，宜花；百雉千甍，与园之峰树横斜参列如积玉，宜雪；雨中春树，濛濛茸茸，轻修乍飞，水纹如縠，宜雨；修篁琮琮，与阁铃丁丁成韵，互答如拊石，宜风。

登上梨云楼二层，视觉上，既可俯瞰周围的梅林全景，又能遥望远处鳞次栉比的城堞和素静如练的池濠：岸边渔网密布，联接成幕，水上舟船往来，帆樯如织；园林内外的美景尽收眼底，构成空间的近与远。感受上，高大的石台与开阔的水池，便于欣赏月之圆缺；梨云楼两侧有梅花，楼北池塘植荷花，池南对岸种桃花，西南方栽竹林，便于观赏花之四时；北岸的梅花与雪相映，莹澈如玉，宜赏冬雪；南岸的桃花，遇雨而娇，红艳飘零，宜对春雨；西南的修竹，风摇成韵，与铃互答，宜听秋风，构成时间的往与复。观者在梨云楼中体验到的，是一个时空合一的完整宇宙。梨云楼无可置疑的全园主宰地位由此确立。

最后，在造园意境之外，梨云楼还寄托了吴亮深刻的思考和深切的情感。吴亮《止园集》卷五《梨云楼》诗后为《梅花九首和高太史韵》。高太史即明初诗人高启（1336—1373），字季迪，曾参修《元史》，人称高太史。常州史学名家赵翼（1727—1814）称赞高启为"（明代）开国诗人第一"，高启作有《梅花九首》，被赞为咏梅绝唱，后世唱和者无数。毛泽东著名的《卜算子·咏梅》，也与高启此诗有关。

吴亮曾向家中兄弟夸口种梅，梅树成林后兄弟几人集会庆祝，活动之一便是唱和高启的梅花诗。除了吴亮的九首诗作，今天还能看到吴亮三弟吴奕（1564—1619）《观复堂续集》卷三的《舟中和高季迪梅花诗九首》，及其堂弟吴宗达（1575—1635）《焕亭存稿》卷二的《和高季迪太史梅花九首》。

吴亮的《梅花九首和高太史韵》寓意丰富，致敬了众多先贤。其一"何郎欲问春消息，探取琼枝几处开"，致敬南朝诗人何逊（约480—518）的《扬州法曹梅花盛开》；其二"曲传出塞秦关外，赋就闲居洛水前"，致敬西晋文士潘岳（247—300）的《闲居赋》；其三"吹残莫怨风前笛，兴尽空回雪里舟"，用东晋名士王徽之（338—386）"雪夜访戴"的典故；其五"幽人不用频招隐，客散淮南桂树丛"，用西汉淮南王刘安（前179年—前122年）《招隐士》的典故；其七"几见天涯春草绿，王孙隔岁未曾归"，化用唐朝诗人王维（701—761）的"春草年年绿，王孙归不归"；其八"问年惟有松偕老，开径还同菊未荒"，化用东晋名士陶渊明（365—427）的"三径就荒，松菊犹存"……止园各景的述古意象，以梨云楼最为密集，众多的意象将梨云楼与更为广阔的时空联系起来，同眼前之景构成复合的多重宇宙。

吴亮这组咏梅诗意境阔大，沉郁顿挫，非常契合梨云楼的主堂地位。然而，这些仍然并非梨云楼的全部。东区的水周堂、鸿磐轩、芙蓉溪都与吴亮的妻子有关，这座梨云楼也不例外，同样寄托了他对妻子的纪念。

梨云楼所在的中坻被称为"沃土可种秫者也"，所用典故本身便指向陶渊明和他的妻子。进一步透露吴亮心迹的是梨云楼的命名。楼名取自苏轼的《西江月·梅花》："高情已逐晓云空。不与梨花同梦。"苏轼这首词是怀念侍妾王朝云（1062—1096）的悼亡之作，词中的"晓云"与"朝云"同义，这个富有代表意味的"云"字，被吴亮特意采入"梨云楼"中。

吴亮《梅花九首和高太史韵》的第四首，婉约清丽，展露了他内心潜藏的情思。诗曰：

> 阑珊翠袖湿檀痕，罗帐香销玉自温。
> 暮雨晓云疑隔世，高山流水信孤村。
> 谁怜岁晚标风韵，宁恋春宵借月魂。
> 为问韶华能几许，漫随桃李倚朱门。

整首诗都是对美好女性的怀念，"疑隔世""借月魂"皆蕴含着美人香消玉殒的伤感。苏轼悼念的红颜知己王朝云去世时仅34岁，苏轼词中以"晓云"代替"朝云"，吴亮此诗则直接用"晓云"。他的两任妻子，一位卒于26岁，一位卒于27岁，苏轼的悼亡词，无疑会勾起吴亮深深的共鸣。梨云楼"取坡公梦中语"，苏轼只能在梦中见到朝云，吴亮也只能在梦中见到亡妻。

吴亮通过水周堂、芙蓉溪和梨云楼向两位妻子再三致意，可谓一往情深。止园作为他晚年的栖身之所，只有得到爱妻的陪伴，才能真正安顿身心，哪怕这种陪伴只是在精神上或梦境中。

吴亮　　　《梅花九首和高太史韵》

其一

冰雪为姿玉作台，孤根偏向岁寒栽。
沉吟东阁诗难和，怅望南州信不来。
脂粉任教擎翠柳，香魂独自傍苍苔。
何郎欲问春消息，探取琼枝几处开。

其二

山中宰相地行仙，一片冰心断俗缘。
青眼窥人空岁月，白头知己各风烟。
曲传出塞秦关外，赋就闲居洛水前。
漂泊不须愁日暮，料无离恨到江天。

其三

几欲裁书向陇头，疏枝冷叶不堪收。
吹残莫怨风前笛，兴尽空回雪里舟。
寂寞孤山偏野趣，嵯峨巫岫乱乡愁。
素衣一洗缁尘色，悔却当年紫陌游。

其四

阑珊翠袖湿檀痕，罗帐香销玉自温。
暮雨晓云疑隔世，高山流水信孤村。
谁怜岁晚标风韵，宁恋春宵借月魂。
为问韶华能几许，漫随桃李倚朱门。

其五

缥缈群仙下雪宫，瑶台一望路难通。
云迷庾岭家何在，月落罗浮色已空。
漠漠暗香清浅外，潇潇疏影有无中。
幽人不用频招隐，客散淮南桂树丛。

其六

自到青山绝世尘，但将白眼对时人。
翠微独傲千寻雪，红艳能消几度春。
岂怪渔郎音信杳，却嫌驴背往来频。
无言那识溪边路，寂寂花时冷太真。

其七

枯藤瘦竹倦相依，不向玄冥怅夕晖。
江上孤舟云树渺，尊前双鬓雪花飞。
所思百尔情犹密，其实三兮落渐稀。
几见天涯春草绿，王孙隔岁未曾归。

其八

风吹玉律动初阳，仙客乘春还故乡。
拂去尚留衣上雪，含来偏带署中香。
问年惟有松偕老，开径还同菊未荒。
诗似冰壶聊比兴，可堪一字挟秋霜。

其九

素心无处觅相知，驿使空劳赠折枝。
总为凌寒坚晚节，肯因送暖动春思。
美人明月今何夕，处士清风彼一时。
不忝惠连芳草句，新篇写入棣华诗。

· 规池 · 清浅廊

由梨云楼向北，穿过一段南北向的连廊通向水边的游廊，三者构成"工"字形的格局。临水的游廊称作"清浅廊"，吴亮《清浅廊》诗曰：

> 一泓清浅汇方塘，几树梅花护曲廊。
> 倚遍阑干明月上，半帘春雪散寒香。

清浅廊得名于北宋诗人林逋（967—1028）的咏梅名句"疏影横斜水清浅，暗香浮动月黄昏"，游廊南侧便是盛开如雪的梅林，北侧是一座水池，临池种有柳树。不过诗中所称"方塘"实际是半圆形，即《止园记》说的"后

图 2-46

《止园图》第十二开"梨云楼"（左）与
第十三开"规池"中的清浅廊（右）

池如规之半"。《止园图》第十二开描绘了池北弧形的岸线，岸边有几排树木，分叉点较高，应该是梧桐和松柏，即《止园记》提到的"北植松竹梧柳，以障市氛"，树后还有连绵的矮墙，共同为园林提供了遮障和围护（图 2-46）。

吴亮诗中称清浅廊为"曲廊"，与"方塘"一样，都属于文学的修辞。《止园记》称："从楼后循陛而东，为廊二十二楹，曰清浅。……自清浅廊而西，凡三折，为廊十二楹"，可知这段长廊多达 34 间，从图中可以看到，它横亘在水池南岸，成为"规之半"的那道直弦，是直廊而非曲廊。

清浅廊中央与梨云楼相对的部位，向北伸出一座平台，高架在水上，是俯瞰池面风光的佳处。《止园图》第十三开描绘的是夏日景致，池中荷叶如盖，莲叶田田，绽放的红荷与白莲高低相映，娇艳动人（图 2-47）。梨云

图 2-47

《止园图》第十三开的视地景致

◎洛杉矶郡立美术馆藏

楼两侧是冬日的梅花，南侧对岸是春天的桃花，西南方是秋日的竹林，如今加上北面夏季的荷花，便凑足了四时之景。

清浅廊的平台离水面较高，欣赏荷花更舒适的位置是在池中。规池北岸有一架轻盈的木桥，凌波而渡，宛转通向池中的孤亭。亭子采用茅草顶，用黑瓦压脊，极富野趣。亭身四面开敞，三面围有护栏，吴亮与友人宽衣袒腹，箕踞而坐，一边摇着蒲扇，一边欣赏池中的莲荷，随性而自得。荷池纳凉，无疑是盛夏酷暑最惬意的雅事^{（图2-48）}。

这处规池显然还可以行舟。水池西岸的建筑立在石台之上，台前池岸参差，适合建造上下船的码头^{（图2-49）}。此外，在连接茅亭的折桥上也可以

→图 2-48

　《止园图》第十三开规池中的茅亭

↓图 2-49

　《止园图》第十三开规池西岸的屋舍

登舟。小舟联系起池边各景，省去了步履之劳。泛舟池上，荷花映目，芳香扑鼻，兼可采撷莲藕，大快朵颐，可谓人生至乐。

· 矩 池 · 桃 坞

以清浅廊为纽带，止园中区和西区的建筑基本都被游廊联系起来，成为两区有别于东区和外区的一大特色。从梨云楼沿清浅廊向东，转而向南折回到来青门。来青门南侧又有长廊，共20间，高低起伏，如长虹垂带一般，通向东南角的水榭，名为"碧浪榜"。《止园记》介绍这段场景称：

（清浅廊）折而南，渡来青门，若长虹垂带，
又为廊二十楹，而穷于沟。沟宛转与两溪合，轩
一楹跨其上，曰碧浪榜。画栋迤逦，朱栏萦回，
十步一曲，或起或伏，极窈窕之致。

《止园图》第一开、第四开和第十四开都描绘了碧浪榜水榭（图2-50）。
这是一座东西向的敞轩，两侧都有美人靠，向东可隔水眺望怀归别墅和数
鸭滩，向西可就近欣赏山坞的桃花；轩北连接长廊，轩南通向桃花林；同
时又处在中区矩池和东区西沟的汇合处，兼具水闸的功能，沟通起两区的
水系。碧浪榜在水、陆两方面，都是一处至关重要的纽带。

碧浪榜西南，是梨云楼隔池所对的主景——桃坞，《止园记》称：

又南为小阜，高倍冈，结亭曰凌波。自亭左
折而西，由竹径入古绥山路，令人有玉洞真人之思。

桃坞也是用池土堆成，比梨云楼所在的土冈还高一倍，土质肥沃，栽
种了数百株桃树。《止园图》第十四开下部画出梨云楼前面的两层平台，
上部描绘了桃坞春日花开的景致，满山红树，烂漫夺目（图2-51）。吴亮将此
地比作陶渊明的桃花源，其《桃坞》诗曰："咫尺桃源可问津，墙头红树拥
残春。故园自有成蹊处，不学渔郎欲避秦。"从东区的青溪渡或中区的梨
云楼，都可乘坐小舟来访，做一刻忘怀尘俗的桃源中人。

《止园图》桃坞的背后，也就是山的南侧，露出两座建筑的屋顶，东
边是凌波亭，西边是蒸霞槛。陶渊明的桃花源被视为世外仙境，桃坞边的
凌波亭也被赋予了种种仙境意象。吴亮《凌波》诗曰：

两水悬双镜，孤亭傍五城。
凌波有罗袜，试听步虚声。

凌波亭所依傍的"五城"，典出东方朔《海内十洲记·昆仑》："（天墉）
城上安金台五所，玉楼十二所。"昆仑山的"五城十二楼"指代仙人的居所，
启发了诗仙李白（701—762）对仙境的浪漫想象："天上白玉京，十二楼五
城。仙人抚我顶，结发受长生。"进而也成就了吴亮的凌波亭。此外，"凌
波"与"罗袜"都是指代美丽绝伦的洛神仙子，典出建安才子曹植（192—
232）的《洛神赋》："凌波微步，罗袜生尘。"吴亮诗里最后的"步虚声"

也跟曹植有关。南朝宋刘敬叔《异苑》记载："陈思王游山，忽闻空里颂经声。清远遒亮，解音者则而写之，为神仙声。道士效之，作步虚声也。"陈思王是曹植的谥号，他在山间游玩时听见道士们诵经礼赞，其声韵宛如缥缈众仙步行于虚空之中。止园的凌波亭既临水又依山，兼具洛神仙子与昆仑神山两重意境，令人神往。

出凌波亭向西，穿过一段竹径进入"古绥山路"。东晋干宝（约282—351）《搜神记》记载，有人追随西周仙人葛由"上绥山。绥山多桃，在峨眉山西南，高无极也。随之者不复还，皆得仙道。故里谚曰：'得绥山一桃，虽不能仙，亦足以豪。'"吴亮将此路称作"古绥山路"，暗喻进入仙境之路，由此入山，所见的桃子便不再是凡品，而是可以得道飞升的仙桃。

《止园记》又称：

> 花间构小楼三楹，曰蒸霞槛。北负山，南临
> 大河，红树当前，流水在下，每诵太白"杳然"之句，
> 真觉"别有天地非人间"矣。

在烂漫的桃花丛中，是一座三开间的楼阁，称作"蒸霞槛"；桃花满山，云蒸霞蔚，美不胜收。《止园图》第一开从正面描绘了蒸霞槛，其北依附

图 2-52

《止园图》第一开"止园全景图"
中的蒸霞槛

桃坞山冈，向南俯临城濠水系，高踞于护城河之上，气势宏伟（图2-52）。吴亮每到此地，便情不自禁吟诵起李白的《山中问答》："问余何意栖碧山，笑而不答心自闲。桃花流水杳然去，别有天地非人间。"这是李白描写桃花源最美的一首诗。在山林间看桃花随溪水滔滔而去，愈觉心境安闲。这样一处不似人间的天地，自然便是世外的桃源。

矩池南岸的桃坞，可谓桃花源主题的集中表达，作为主堂梨云楼最重要的对景，这里代表了吴亮心之所向的仙境。

邻近桃坞，在矩池西南岸，又是另一番景象。《止园记》称：

> 左亦有崇冈，陟而南，可数百赤，当东西两
> 水间，竹影波光，相为掩映。昔简文入华林园，曰：
> "会心处不必在远，翳然林水，便自有濠濮间想也。"

园记的视角是从梨云楼出发，"左"疑应为"右"，梨云楼右侧也即西侧有一段长堤，通向南面的竹林。《止园图》第十五开描绘了这片竹林，高耸挺拔，苍翠绵密（图2-53）。竹林两侧都有水环绕：西侧是引水入园的溪流，狭曲清幽；东侧是开阔的矩池，碧波浩渺。此地竹影波光互相掩映，令吴亮联想到东晋简文帝司马昱（320—372）的华林园，仿佛鸟兽禽鱼，自来亲人，令人陶醉于翳然林水之间。

图 2-53

《止园图》第十五开矩池西岸
的竹林
⊙洛杉矶郡立美术馆藏

· 华 滋 馆

从梨云楼向西，或从矩池西南岸的竹林向北，走过一道木拱桥，又有一座园门。穿过此门便进入止园西区。除了《止园图》第一开的全景图，从第十二开到第十五开都描绘了这处入口。此门虽小，却承担着分隔中、西两区的重要功能（图2-54）。

西区在止园四区里面积最小，但建筑最为密集，是吴亮日常起居的生活场所。华滋馆属于起居区的前庭，《止园记》介绍此景称：

> 自清浅廊而西，凡三折，为廊十二楹。折而西，
> 为馆三楹，曰华滋，取张曲江语。右轩左舍，南
> 向旷然一广除，分畦接畛，遍莳芳药百本。春深
> 着花，如锦帐平铺，绣茵横展，烂然盈目。客凭

第十二开

第十三开

第十四开

第十五开

图2-54

《止园图》第十二开至第十五开中的西区入口，
由此可进入华滋馆

栏艳之，辄诧谓余："此何必减季伦金谷？"余谢
不敢当。其隙以紫茄、白芥、鸿荟、罂粟之属辅之，
则老圃之能事也。

　　沿清浅廊向西，一路通往华滋馆。从止园全景图看，这是一座两层歇
山顶建筑，南侧接出两层的敞轩，敞轩二楼屋檐下围有遮阴的帐幔，室内
布置桌凳，营造出舒适的半室外空间。一楼装饰着华丽的栏杆，有童子洒
扫打理，似在为园主和友人到楼中酌酒赏景做准备。止园的几座主体建筑，
东区的大慈悲阁最高大，中区的梨云楼最壮观，西区的华滋馆最华丽，各
具特色。华滋馆两侧都有游廊，向东连接清浅廊，向西再折向南通往一座
两层的小楼，东西朝向，可眺望园外的风光，后面还会提到。华滋馆庭院西、
北为建筑与游廊，东、南为虎皮墙与山石，人工和自然相映成趣，共同围
合起整座庭院^{（图 2-55）}。

图 2-55
《止园图》第十六开、第二十开与第一开中的华滋馆

　　华滋馆的名称取自唐朝名相张九龄（672—740）的《苏侍郎紫薇庭各赋
一物得芍药》，诗曰：

仙禁生红药，微芳不自持。
幸因清切地，还遇艳阳时。
名见桐君篆，香闻郑国诗。
孤根若可用，非直爱华滋。

　　张九龄咏的是芍药，将芍药的华贵美艳称作"华滋"。华滋馆东南角
的山石花台上，栽种的正是芍药，有数百株之多，每年春季开花，艳丽如
锦绣，烂漫若云霞。西晋名士石崇（249—300）金谷园有丝锦铺就的步障，

绵延数十里，为后世所艳称。来访的客人对吴亮称赞：此地足可媲美金谷园！吴亮谦逊地表示，不敢比拟先贤。他请花农在山石间点缀了紫茄、白芥、鸿荟、罂粟诸花，红白相映，愈增芳姿^{（图2-56）}。

图 2-56

《止园图》第十六开"华滋馆"
中的芍药栏
⊙柏林亚洲艺术博物馆藏

芍药在诸花中属于"爱情之花"。《诗经·溱洧》曰："维士与女，伊其相谑，赠之以芍药。"从先秦开始，芍药便是男女相赠、表达爱意的信物。吴亮《芍药栏》诗曰："当阶红药烂春朝，露浥风翻茜未消。士女若将相谑赠，牡丹应让一分娇。"正是取《诗经·溱洧》的男女相赠之意。有趣的是，《止园图》第十六开里在芍药栏前赏花的，恰好是三位女性。其中一位走近花丛，俯首采撷；另外两位顾盼凝视，意态关切。与第七开"水周堂"一样，这幅图中吴亮也没有出现，只有三位女性。她们衣袖飘飘，婀娜多姿，令人联想到曹植笔下的洛神仙子。

· 鹿 柴 · 竹 香 庵

华滋馆庭院东、南、西三侧被溪水环绕，西面隔水是一片土丘，古树丛生，畜养着麋鹿，称作"鹿柴"。吴亮诗文详细介绍了这一带的景致。《止园记》称：

（华滋馆）西有池曰龙珠，三面距河，北带
沟水若抱，形如珠在龙颔下，想以此得名。近浚
外壕，遂塞水口，而积土且成阜，中多古木，木
末有藤花下垂，春来斐亹可玩。余高其垣与水界，
曰鹿柴，而畜群鹿于其中，求友鸣麚，或腾或倚，
牲牲者亦将自忘其为柴矣。

    这条溪流是止园的一处入水口，从西北角入园，在华滋馆西侧汇成池塘。整条水系宛如虬曲的蟠龙，池塘则有似龙颔之珠，因此称作"龙珠池"。池边景致既美，又兼具蓄水沉沙的实用功能。吴亮后来修浚入园水系，将沉积的肥沃泥土堆到西岸，在土山间栽种花木，古木郁郁葱葱，盘绕的紫藤悬垂下来，有如珠帘。这一带东侧是曲折的水系，西侧是高高的垣墙，围隔出一片与世隔绝的化外之地。

    "鹿柴"与王维辋川别业的景致同名。吴亮不但借用其名，还真在此放养了一群麋鹿。群鹿在林下奔腾徙倚，游伴交鸣，短暂地忘却了身处藩篱之中。麋鹿显然是吴亮的自我写照。《止园记》的"牲牲者"取自《诗经·桑柔》："瞻彼中林，牲牲其鹿。朋友已谮，不胥以谷。人亦有言，进退维谷。"莽莽丛林中的群鹿看似嬉游欢畅，实际却遭到朋友同僚的谮毁；何去何从，进退维谷。

    吴亮《鹿柴》诗道明了自己的心迹："麋鹿不已驯，性本在山泽。局促殊可怜，何以脱缠栅。"他对栅墙内麋鹿的同情，宛然夫子自道：自己生

图 2-57

《止园图》第一开与第二十开中的鹿柴

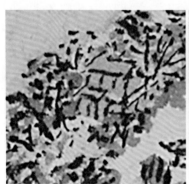

性野犷不可羁驯，本应生活在山林川泽之间，如今暂栖于这局促的方寸之地，期盼有一天能摆脱禁锢，无拘无束。吴亮的自由性情，连园中的一隅之地尚嫌逼仄，对官场朝堂上的繁文缛节自然更是不堪忍受。

    吴亮诗文对"鹿柴"的描述具体而详实，不过张宏《止园图》并未专门

刻画，只在其他图中附带涉及。图中这一带绘有一座寺庵模样的小院。王维辋川别业的鹿柴靠近宫槐陌，与寺庵接近，有《宫槐陌》诗曰："应门但迎扫，畏有山僧来"，恰与此景意境相合（图2-57）。

由华滋馆向北是竹香庵庭院，院西有座小斋，西临龙珠池，可以俯瞰水景和对岸的竹林。《止园记》称：

> 水上竹林修茂，构庵三楹曰竹香。小山巉然，古松倚之如盖，一峰苍秀，相传为古廉石。庭前香橼一株，秋实累累如缀金，名庵或取二义，然杜工部咏竹云"风吹细细香"，则竹亦未尝不香也。庵右小斋二楹，三面皆受竹，曰清籁。窗西袭龙珠之胜，时招麋鹿与之游。余集唐句云："树深时见鹿，藤蔓曲垂蛇"，可为此地写照。

竹香庵是一座三开间建筑，庵前景致异常丰富：院里堆筑了一座小山，巉然高耸，山边配以亭亭如盖的古松，山上立有苍古灵秀的廉石。吴亮《古廉石》诗曰："何如压载郁林守，留得廉名直至今。"可知此石暗喻三国东吴的郁林太守陆绩，他曾以巨石压船还家，不载贿礼，成为廉洁奉公、两袖清风的表率。庭前还有一株香橼，秋季果实累累，金碧流香。竹香庵的名称便得自对岸的竹林和庭前的香橼。吴亮引杜甫《严郑公宅同咏竹》的"雨洗娟娟净，风吹细细香"，称赞竹本身亦带清香，与古廉石共同构成园主清正刚廉品格的象征。

图2-58

"止园全景图"中的竹香庵与清籁斋

院西的小斋称"清籁斋"，下临龙珠池，三面被竹环绕，竹韵悠扬，宛如天籁。在此不但可以临池赏竹，还能招唤对岸的麋鹿，李白"树深时见鹿"、杜甫"藤蔓曲垂蛇"的诗中之景，宛在眼前。与鹿柴相似，张宏"止园全景图"也只描绘了竹香庵庭院的轮廓。但从吴亮和杜甫的诗文中，可以感受到更多生动的细节（图2-58）。

止园西区的各景中，鹿柴出自王维的辋川别业，竹香庵提到了李白和杜甫，前边的华滋馆出自张九龄——吴亮在这里致敬了盛唐最著名的几位诗人。其中最重要的，还要数杜甫。吴亮《竹香庵五首》全部集杜诗而成，

五首五律，共 40 句。杜甫的品格显然更符合清竹和廉石所象征的刚正与清
廉。诗曰：

旁舍连高竹，风吹细细香。
兴来犹杖履，地僻懒衣裳。
易识浮生理，应耽野趣长。
谁能更拘束，白日到羲皇。

畎亩孤城外，村中好客稀。
自须开竹径，重肯叹柴扉。
筋力苏摧折，荣华有是非。
浮名寻已已，不厌北山薇。

去郭轻楹敞，无营地转幽。
众香深黯黯，野竹独修修。
茅屋还堪赋，桃源何处求。
欲浮江海去，从此具扁舟。

春来常早起，步屧过东篱。
放逐宁违性，幽偏得自怡。
美花多映竹，曲水细通池。
渐喜交游绝，闻樽独酌迟。

门径从榛塞，知予懒是真。
自多亲棣萼，幸各对松筠。
生意甘衰白，虚怀任屈伸。
修纤无限竹，处处待高人。

杜甫诗中提到毗邻城外的田园村居，依傍屋舍的连绵高竹；桃源清幽，
一舟可渡，花竹映池，穿篱即达……这些诗句穿越数百年的岁月，倒仿佛
是为止园量身打造，描述各景毫无违和之感。止园景致的诗文用典皆贴切
之至，诗意与园境浑然交融，了无痕迹，令人无从分辨吴亮是在园林建成
后择配诗句，还是本来就依照这些诗意造的园林。

· 三 止 堂

吴亮《竹香庵五首》其四曰:"春来常早起,步屧过东篱",虽为集诗,亦写实景。竹香庵靠近吴亮在园中起居的厅堂,清晨早起,举步便可到达。从竹香庵向北,就是止园西区的三座正堂:真止堂、坐止堂和清止堂。

《止园记》介绍三止堂的布局称:"庵后为堂,中三楹曰真止。东二楹在高荫下,曰坐止。西二楹面竹,曰清止,左右以两小楼翼之,斯亦栖

图 2-59

《止园图》第一开"止园全景图"中的真止堂、坐止堂、清止堂与左右小楼

息之隩区也。"与清晰的文字介绍相比,《止园图》对三止堂的描绘并不清晰,仅能从"止园全景图"约略推测三堂的位置:中间较大的那座应为真止堂,三开间;左右类似耳房的是坐止堂和清止堂,只有两开间;继续向外,东侧临水和西侧体量较大的建筑应为左右的小楼(图2-59)。从鹿柴开始,《止园图》提供的信息就非常少。鹿柴、竹香庵和三止堂的布局,都有待进一步探讨。

三止堂的清止堂位于西侧,同清籁斋一样,也是对着大片的竹林,堂名即由此而来。吴亮《清止》诗曰:"萧斋自闲止,独对此君幽。万籁声初寂,苍云满地流。"诗中"此君"用王子猷种竹"何可一日无此君"的典故,"万籁"则呼应了其南的清籁斋。

坐止堂位于东侧,与清止堂对称。《止园记》称坐止堂"在高荫下",与《止园图》第十七开的场景相合(图2-60)。图中北侧画了一座三开间的正堂,堂前有鲜艳的红色方格栏杆;西面是一道游廊,与正堂围合成一处庭院。庭院南侧的山石间种了八株乔木,东边五株,西边三株,错落有致。八株乔木分在两边,留出中央的空隙便于采光通风,同时也展露出堂内的场景,构图自然而巧妙。堂内有两人在木椅上相对而坐,都着正式的官服,一为绯色(四品以上),一为青色(七品以上),头戴乌纱帽,似在认真地商讨谈论(图2-61)。

↓图 2-60

　　《止园图》第十七开"坐止堂"
　　⊙洛杉矶郡立美术馆藏

→图 2-61

　　《止园图》第十七开"坐止堂"中的园主与宾客

　　三止堂正中是真止堂，为止园西区的主堂。从《止园图》第十八开可以看到，真止堂的庭园规整对称：北面是三间正堂，居中开门，两侧为红色的护栏；堂前左右各有两株高大的乔木，相对而立，端整庄严；中间是一条石头铺成的宽敞甬道，向南收窄为土路，由罗帐下的花石间穿过。若从南侧的华滋馆进入，迎面便是这处罗帐下的花石，符合正堂入口"开门见山"的规制(图 2-62)。这处花石用玲珑秀巧的太湖石叠成，湖石间点缀红白粉黄各色花木。盛开的花朵硕大饱满，娇媚动人(图 2-63)。透过四株乔木的枝叶，可窥见主客二人坐在堂内，他们都穿便衣，一着高冠，一仅戴头巾，相对闲谈；倚在栏杆上的童子则望向院中，似被精美的花石吸引。

↑ 图 2-62
《止园图》第十八开"真止堂庭园"
⊙柏林亚洲艺术博物馆藏

↓ 图 2-63
《止园图》第十八开罗帐下的锦绣花石

　　止园的三止堂名称全部出自陶渊明《止酒》诗。吴亮咏清止堂诗曰"萧斋自闲止",化用陶诗的"逍遥自闲止";坐止堂前有八株高大乔木,营造出陶诗"坐止高荫下"的意境;真止堂则取自陶诗的"始觉止为善,今朝真止矣",并以此作为全园的压轴主堂。

　　作为全园主堂,真止堂与陶渊明的关系远不止此。吴亮《真止堂二首》全部集陶诗而成,共44句,表达了他对陶渊明的深深敬意。诗曰:

行止千万端,哀荣无定在。
大象转四时,达人解其会。

109

误落尘网中，荏苒经十载。

山泽久见招，瞻望邈难逮。

怀此颇有年，闻君当先迈。

深谷久应芜，良辰讵可待。

谓人最灵智，鼎鼎百年内。

雷同共誉毁，诗书复何罪。

静念园林好，高莽眇无界。

茅茨已就治，紫芝谁复采。

从此一止去，今日复何悔。

仲蔚爱穷居，长公曾一仕。

趋舍邈异境，不学狂驰子。

少无适俗韵，我实幽居士。

暂与田园疏，久在樊笼里。

禀气寡所谐，志意多所耻。

心念山泽居，竟此岁月驶。

即日弃其官，行行至斯里。

欲留不得住，一往便当已。

聊为陇亩民，且当从黄绮。

寝迹衡门下，素心正如此。

吾生行归休，今朝真止矣。

　　三止堂是止园里点明题旨的建筑。若论规模和景致，它们不及水周堂、大慈悲阁、梨云楼和华滋馆；但就意义而言，却是全园的点睛之笔。三止堂都以"止"命名，吴亮没有将它们安排在游园的高潮处，而是布置在殿后的收尾处，正是为了契合"止"的寓意。《止园记》称："至是吾园之胜穷，吾为园之事毕，而园之观止矣。因以'止'名吾园。"万物繁华，总有尽时。三止堂是吴亮的栖止之地，也是园景的终止之处、观止之所。

· 园 北 门

　　由真止堂向北，游园之旅接近尾声。吴亮《止园记》和止园诗对景致的描写，都止于真止堂。张宏《止园图》则还有两幅，对园景作了完整的描绘和诗意的收束。

《止园图》第十九开描绘了南北层叠的四重屋宇^{（图 2-64）}。最外一重是止园的北门，体量巨大，东西共有五开间：两翼的梢间密实封闭，守卫性强，并可用于存储；两侧的次间北向开窗，西间张着帷幕，东间有人透过窗口，向外眺望河景；中央一间是入口，门户退在深处，有台阶直通水面。门外泊着一艘空船，园主和来宾可在此登岸，直接进入西区。

园门东侧沿着曲折的河岸有一排屋舍，参差错落。偌大一座止园，山重水复，花木繁多，自然会有许多园丁，或许这里便是他们居住的庐舍。庐舍与河面之间，分布着交叉的小径，曲折随宜。一位渔翁坐在一株欹斜的古柳下，他将渔网支在水面上，一手拉着渔线，一边慵懒地打盹。渔翁

图 2-64

止园图》第十九开"园北门"
◎柏林亚洲艺术博物馆藏

的小舟泊在东边水湾里，静谧而闲适。河面上也有一艘小舟，船夫正撑着长篙匆匆驶过。园门东间那人向外眺望的目光，便落在这船夫身上，而船夫也向他回望，使园内的安静与园外的流动，构成生动的对比。

由止园北门顺流而下，向南绕到止园西侧，《止园图》最后一开描绘了从这个角度回望园林的景象，仿佛从园北门离开后依依不舍，继续在周围盘桓流连。此图右上角题有"天启丁卯夏月为徽止词宗写，吴门张宏"，可知是最后一幅。图中描绘的是冬日景致，将游园的结束与四时的序列嵌合起来，同时又隐喻了新的开始——继续向东绕到南岸，便可望见蒸霞槛的桃花和止园正门的新柳，从春天开启新一轮的游园之旅^{（图 2-65）}。

此图描绘了厚重宽实的墙垣、破墙而出的古树、悬垂而下的老藤，墙内矩池西岸的竹林、鹿柴附近的寺庵、龙珠池东的华滋馆和枝干萧条的林

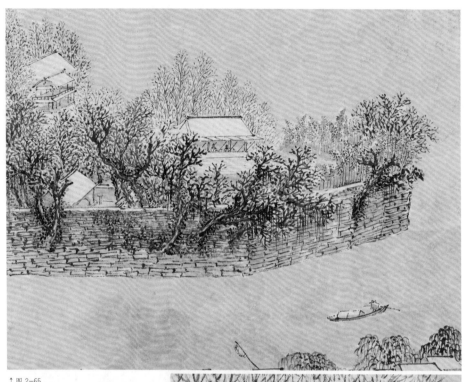

↑图2-65

《止园图》第二十开"止园回望"
⊙洛杉矶郡立美术馆藏

→图2-66

《止园图》第二十开中的楼阁

木，它们全部覆压在冬雪之下，一片静谧。图中有两个人物，园主与宾客
站在华滋馆西南的小楼上，两人撑起帷幔，凭栏远眺，虽是萧瑟的冬季，
却透出旷达与豪迈（图2-66）。

　　平行于园墙的河面上，有一艘孤舟。舟上的渔翁头戴斗笠，寒江独钓。
近岸是青山门瓮城北面的街市，排列着鳞次栉比的房屋，酒店的幌子在迎
风招展，将观者重新带回凡俗尘世。这艘孤舟也出现在第一开全景图中，
仿佛将顺流而下，开启新一轮的游园之旅。

画册和诗文里的止园宛如一处壶中天地，当观者随着画家的笔触和诗人的辞句在园中漫游，时光也随之放缓，似乎已不再流逝；直到从园中出来，才如梦初醒，回到现实。园林内外仿佛使用着两套时间，园中一日，世上千年。就此而言，吴亮的止园正是一处建造在人间的仙境桃源。

5. 相有不相负

止园是在旧园基础上翻修扩建，因此不到一年就建成完工。此前吴亮建造的小园、白鹤园、嘉树园……"屡治屡弃而皆不为余有"，很快就转手他人。对于止园，吴亮有意将其打造为晚年的归隐之所，因此格外经心。在介绍过全园景致后，《止园记》最后一段全面总结了吴亮的造园思想。这段文字包括四层含义，层层推进。起首称：

> 园居士曰："今而后兹园庶几为余有矣。"定省之暇，水泛陆涉；郊坰之外，朝出暮还。抚孤松而浩歌，聆众籁以舒啸；荆扉常掩，俗轨不至；良朋间集，浊醪自倾，而又摘紫房，挂赪鲤以佐之。客有谈时事及世谛语则浮以大白。时而安神闺房，寓目图史，味老氏之止足，希庄叟之逍遥，而闲居如潘岳则慈颜和，独步如袁粲则幽情畅，昌言如仲长统则凌霄汉，高卧如陶靖节则傲羲皇。园居之事殊未可一二数也。

吴亮别号"止园居士"，自称为"园居士"。廿载造园如梦寐，奈何屡造屡弃，他盼望止园能够为己长久所有；但在前面加上"庶几"两字，又透露了他的忐忑和不笃定。园林建成后，他每天清晨去嘉树园向母亲问安，然后或泛舟或步行，到附近的止园游赏；晚间离开止园再向母亲问安，回到城内。朝出暮还，既得天伦之乐，又享园居之趣。他在止园里或徘徊孤松之下，浩然高歌；或静聆天地万籁，舒怀长啸。园门常掩，不接俗客；良朋偶集，相对酌饮，并用紫果和红鲤佐餐。这四种活动都出自东晋陶渊明的《归去来兮辞》："抚孤松而盘桓""登东皋以舒啸""门虽设而常关""引

壶觞以自酌"；紫果和红鲤两种美食，则出自西晋潘岳的《闲居赋》："陆
摘紫房，水挂赪鲤"。吴亮将自己扮成两晋的两位名士，来访的宾客如果
谈及时政或俗务，则持觞劝酒，避而不答。

吴亮在园中扮演的远不止陶渊明和潘岳，还有老子、庄子、袁粲和仲
长统。"老氏之止足"，出自《老子》"知足不辱，知止不殆"；"庄叟之逍遥"，
出自《庄子·逍遥游》"彷徨无为，逍遥寝卧"。"闲居如潘岳"，效法《闲
居赋》在园中为母亲设宴，"寿觞举，慈颜和"；"独步如袁粲"，模仿《宋
书·袁粲传》的"独步园林，诗酒自适"。仲长统著有《昌言》，反对宦官
干政，吴亮支持东林党，同样反对阉宦，退隐后编写了《毗陵人品记》；"凌
霄汉"出自仲长统的名篇《乐志论》。最后是"高卧如陶靖节"，出自陶渊
明《与子俨等疏》："五六月中，北窗下卧，遇凉风暂至，自谓是羲皇上人"。
中国古人不仅常在园中尚友前贤，还会进行角色扮演，如北宋时期司马光
曾在独乐园里扮作七位先贤，出现在不同场景中^{（图 2-67）}。吴亮在止园里也
并非仅与陶渊明等交游作伴，而是俨然化身为陶渊明，在身份和精神上与
古人合为一体。通过这种方式，吴亮既拥有了全部景致，也拥有了景致承
载的全部文化，实现了"兹园庶几为余有矣"的愿望。

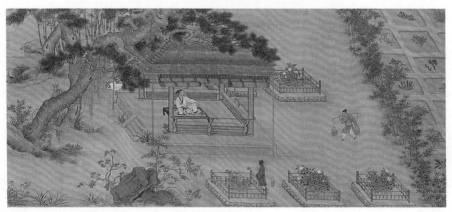

图 2-67

仇英《独乐园图》之浇花亭，司马光
扮成诗人白居易独坐亭中看僮仆浇花
⊙美国克利夫兰美术馆藏

这样一来，止园终于为吴亮所有。但站在止园的角度，吴亮是否是
值得托付之人呢？《止园记》又称：

> 虽然，又恐余之不为兹园有也。夫世故不
> 乏蹈引之士，慷慨遗荣岩穴骄语者，未几而热

中膻途，撄情好爵，坐书空而咄咄，出载质而皇皇，
外寂中喧，先贞后黩，将使岳嘲陇笑，毋宁为草
堂辱耶。

　　急流勇退，归隐山林，宣称扬弃荣华富贵之辈比比皆是。但很多人隐
居未久，便牵挂起高官厚禄，惦念着求官出仕；读书感觉索然无味，居园
心中惶惶不安，外表平和而内心躁动，初始贞洁却终入污秽。这些所谓的
隐士，徒然被山岳嘲笑，为草堂增羞。南朝孔稚珪《北山移文》辛辣地讽刺
了这些人，他们被"南岳献嘲，北陇腾笑，列壑争讥，攒峰竦诮"，成为笑
料。吴亮如何能保证，自己并非这类人呢？
　　为了让止园安心，吴亮郑重地与止园盟誓：

　　　　余自今与兹园盟：有如土不肥，泉不冽，花
不萼，竹不苞，鹤不抱卵，猿不报时，禽鱼不来亲人，
园任之。不然者，罚依金谷，鞠为茂草。如或焚
芰裂荷，诱松欺桂，石无漱，流无枕，鹤无友，
鹿无群，白云无侣，风月无主，余任之。不然者，
请移文如钟山故事，甘谢逋客。夫然后兹园为余有，
余亦为兹园有。

　　誓约一分为二，止园和吴亮各领其半。如果土地不肥沃，泉水不清冽，
鲜花不盛开，修竹不摇曳，鹤不孵卵，猿不鸣啼，鸟兽禽鱼不来亲人，就
要追究止园的责任，它将像金谷园那样，被荒芜废弃；而如果芰荷制成的
隐居服被焚烧撕裂，园中的松树遭到哄诱，桂丛受到欺骗，漱石枕流乏人，
鹤失其友，鹿失其群，白云无伴侣，风月无主人，就要追究吴亮的责任，
将撰写一篇《北山移文》那样的檄文，讨伐他的虚伪。有了这份誓约，吴亮
与止园就能够彼此安心：止园将为吴亮所有，吴亮亦将为止园所有。
　　《止园记》最后称：

　　　　两相有而两不相负，莛轴弗谖，丘壑长保，
无烦捉鼻，若将终身悠哉游哉，虽有他乐，吾不
与易矣。而又乌知夫鸡肋之恋，蜗角之争，腐鼠
之足吓我耶。盖尝读渊明《止酒诗》，其言止者非
一。要其指曰："始觉止为善，今朝真止矣。"此

余所为"真止"名吾堂，而并其名吾园之意也。

吴亮与止园互为主人，两不相负。白居易《池上篇序》称："凡三任所得，四人所与，洎吾不才身，今率为池中物。"欧阳修《六一居士传》称，"吾家藏书一万卷，集录三代以来金石遗文一千卷，有琴一张，有棋一局，而常置酒一壶"，加上自己这个醉翁，"老于此五物之间"，合为"六一"。吴亮与止园同样如此，互为主人便是没有主人。有得即有失，无得则无失，园主与园林交融合一后，便不再会失去彼此。

记中的"迁轴弗谖"出自《诗经·考槃》："考槃在涧，硕人之宽（迁、轴）。独寐寤言，永矢弗谖。"这般美好的林泉之乐，吴亮永远无法忘怀。他决意安居于此，世间再没有其他乐趣可以代替。功名的鸡肋之恋，俗世的蜗角之争，利欲的腐鼠之吓，皆不足以挂怀，他已经找到此生的安定之地。这份安定正如陶渊明《止酒》诗所说："始觉止为善，今朝真止矣。"

相有不相负，相伴以终老。这份盟誓，吴亮已没有机会许给两任妻子，他许给了止园。

3

宗匠

自是胸中具一丘

雀门垂老见交游，谁复醇深似大周。
彩笔曾干新气象，乌巾争识旧风流。
每从林下开三径，自是胸中具一丘。
况有晚菘堪作供，用君家味佐觥筹。

——吴亮《周伯上六十》

1. 畸士周廷策

公元 1612 年，明代万历四十年，吴亮作《周伯上六十》为周廷策祝贺六十大寿。

这是吴亮弃官回到常州的第三年，止园已经建成。止园的总体设计，尤其是东区和外区的营造，都由周廷策主持。吴亮《止园记》写道："凡此皆吴门周伯上所构。一丘一壑，自谓过之。微斯人，谁与矣？"

周廷策（1553—1622 后）字一泉，号伯上，是苏州的造园名家。在中国古代"士农工商"的阶层划分里，园林大多为第一阶层的士绅所有，负责营造的工匠属于第三阶层，地位较低。因此，关于早期的园林，后世一般只知园主，不知工匠。比如谢灵运始宁山居、王维辋川别业、司马光独乐园、倪瓒清閟阁等，今天人们熟悉的都是园林的主人，对于主持建造的匠师则所知甚少。

进入明代以后，状况有所改变。不过明代中期以前的园林，像陶宗仪的南村别墅、吴宽的东庄、王献臣的拙政园等，仍然较少提到工匠。工匠地位的大幅提升和真正改变在晚明，他们跃升为造园最重要的主导者，[1] 计成《园冶》称之为"能主之人"。

晚明造园能手迭出，技艺高超，周廷策正是其中的佼佼者。

吴亮《止园记》并非简单地提到周廷策，而是郑重地将他引为知音。"微斯人，谁与矣？"化用自范仲淹的《岳阳楼记》——"微斯人，吾谁与归？"在这里，吴亮将士大夫的家国天下之情，换成了隐士的泉石膏肓之癖："倘若没有周廷策，我与谁切磋这林泉之乐呢？"

晚明时期，教育的不断普及打破了"士农工商"的文化阶层隔阂，造园匠师不但以其高超的专业技能赢得尊重，而且以其深厚的文化修养与园主平等对话，甚至常以其戏剧性的言行举止引发社会公众的追捧，俨然成为一种"艺术明星"。

周廷策多才多艺，雕塑、绘画、造园等各类艺术，无所不擅。比吴亮稍早的苏州文士张凤翼（1549—1636）称赞为他造园的许晋安为"畸人，有巧思，善设假山"，[2]"畸人"意指特立独行的神奇之人。周廷策亦无愧此

---

[1] 曹汛《略论我国古典园林诗情画意的发生发展》将魏晋以来私家造园的主导者依次分为诗人、画家和造园叠山家："大体上从魏晋到南宋是诗人园的时代，由南宋至元明属画家园，明代以后迄于清末则以职业的造园叠山艺术家即园林建筑家为领袖。这个变化过程，也反映了园林艺术由粗疏到文细、由自发到自觉、由低级到高级的发展进程。"见：曹汛《中国造园艺术》，北京出版社，2019。

[2] 张凤翼《乐志园记》，见：《镇江府志》卷四十六，康熙二十四年（1685）刻本。

称，他在受聘为吴亮建造止园之前，早已名满江南。

顾震涛《吴门表隐》记载：

> 不染尘观音殿……（万历）三十二年，郡绅徐
> 泰时配冯恭人，同男泂、法、瀚重建。得周廷策
> 所塑尤精，并塑地藏王菩萨于后。内殿又塑释迦、
> 文殊、普贤三像，颇伟。管志道记。

建造止园六年前的1604年，苏州士绅徐泰时（1540—1598）的妻子冯
恭人携三个儿子，捐资重建苏州的不染尘观音殿。殿内原有宋代名手所塑
的观音像，"像甚伟妙，脱沙异质，不用土木"，是难得的精品，可惜后
来被毁。有殿不可以无像，冯恭人聘请周廷策重塑了观音像，成为镇殿之宝；
并请他塑地藏王菩萨像和释迦、文殊、普贤诸像，精美绝伦。

塑像之外，周廷策又精于绘画。清代名士沈德潜《周伯上〈画十八学
士图〉记》记载：

> 前明神宗朝广文先生薛虞卿益，命周伯上廷
> 策写《唐文皇十八学士图》，仿内府所藏本也。
> 已又取《唐书》，摘其列传，兼搜采遗事，书之于
> 侧。……伯上吴人，画无院本气。虞卿，文待诏外孙，
> 工八法。此册尤平生注意者。顿挫波砾，几欲上
> 掩待诏，盖薛氏世宝也。

沈德潜是苏州人，他看到的《唐文皇十八学士图》作于明代万历年间，
是文徵明的外孙薛益（字虞卿）聘请周廷策绘制，薛益则将相关的人物故
事题写在旁。薛益书法精妙，周廷策画艺超群，两人的书画合璧，令沈氏
啧啧称赏。

与雕塑和绘画相比，周廷策最精通的，还要数造园叠山。晚明文人徐
树丕《识小录》卷四记载：

> 一泉名廷策，即时臣之子。茹素，画观音，
> 工叠石。太平时江南大家延之作假山，每日束脩
> 一金，遂生息至万。

周廷策吃斋念佛，善画观音，可谓建造止园狮子坐与大慈悲阁的理想人选，想必深得吴亮母亲毛太夫人的欢心，正如六年前他为冯恭人塑观音和菩萨像一样。周廷策为人叠山，酬劳按天计算，每日"一金"，相当可观，从这种市场认可度可想见其技艺之超群。

周廷策的绝学得自家传，[3] 徐树丕特地提到，周廷策是"时臣之子"。他的父亲周秉忠，名声更加响亮。

周秉忠（1537—1629）字时臣，号丹泉，苏州人，与张南阳、计成和张南垣并称为"晚明造园四大家"。其他三人皆以绘画与造园著称，相比之下，周秉忠的才艺更为多样，生平事迹也更具江湖气和戏剧感。

万历三十九年（1611），在周廷策建造止园的第二年，嘉兴名士李日华（1565—1635）与朋友们观赏一件周秉忠制作的鞭竹麈尾。此物质坚色润，形如龙虾，又似莲花，满座惊为异宝。李日华《味水轩日记》是年正月二十三日条记载：

> 夏贾出吴氏鞭竹麈尾传观，其形如闽中龙虾，湾曲相就。其坚如石，其色如黄玉。上端受棕尾处，菌缩龃龉，有类莲花跗者五六茎，真异物也。予二十年前，目睹吴伯度以十二金购于吴人周丹泉。丹泉极有巧思，敦彝琴筑，一经其手，则毁者复完，俗者转雅，吴中一时贵异之。此物乃丹泉得于所交黄冠者。

李日华追忆，二十年前他的好友吴惟贞（字伯度，号凤山）从周秉忠手中购得这件麈尾，花费"十二金"，价格不菲。李日华由物及人，从麈尾的精巧进而赞叹周秉忠的巧思：敦彝等古物，琴筑等乐器，一经其手，则修旧如初，变俗为雅。周秉忠娴熟各类艺术，备受吴中士绅追崇。

晚明文坛"公安派"名家江盈科（1553—1605）担任长洲（今苏州）县令时，曾写信请周秉忠帮忙作画。江盈科《雪涛阁集》卷十三《与周丹泉》称：

> 烦为我作《姑苏明月》一图，寿太府卢公。图中景贵缥缈古淡，不在酿郁。知名笔当自佳耳。数金堪市管城君一醉，不鄙望望。

---

[3] 曹汛《明末清初的苏州叠山名家》介绍了明清之交九位苏州的叠山名家，其中第二位和第三位是周秉忠、周廷策父子。见：曹汛《中国造园艺术》，北京出版社，2019。

这幅画要求描绘苏州的月景，用作给卢太公祝寿。周秉忠属于江盈科治下的百姓，但这位县令并无官威，而是郑重地写信委托，并附上"数金"作为酬劳，对周秉忠非常敬重。

周秉忠为浙江文士屠隆（1543—1605）画过一幅肖像。屠隆作《赠周秉忠歌》，称赞他的画技直追东晋的顾恺之和北宋的李公麟：

> 造化雕万物，修短妍媸无不有。周君寸管尽物态，阴阳元气淋漓走。神在阿堵中，所遇无好丑。既貌香象渡河之金仙，亦写青牛出关之李叟。蔡泽若老妪，张良如好妇。左思形寝陋，潘岳美琼玖。华元号于思（sāi，通"颸"，多须），卢仝笑秃帚。夷光颜如花，德曜首如白。标格风采悉俨然，见者无不为掩口。近来貌我烟霞姿，得吾之神几八九。且谓宜置丘壑中，云冠野服袭气母。周君周君，无乃虎头龙眠之后身，伟哉造化在其手。[4]

周秉忠更为人津津乐道的，是他与常州名士唐鹤征（1538—1619）的一桩逸事。姜绍书《韵石斋笔谈》"定窑鼎记"条记载：

> 定窑鼎，宋器之最精者，成弘间藏于吾邑河庄孙氏曲水山庄，嘉靖间为京口靳尚宝伯龄所得。毗陵唐太常凝庵负博雅名，从靳购之，遂归于唐。唐虽奇玩充牣，此鼎一至，诸品逊席。自是海内评窑器者，必首推唐氏之白定鼎云。吴门周丹泉巧思过人，交于太常，每谒江西之景德镇，仿古式制器，以眩耳食者。纹款色泽咄咄逼真，非精于鉴别，鲜不为鱼目所混。一日，从金阊买舟往江右，道经毗陵晋谒太常，借阅此鼎。以手度其分寸，仍将片楮摹鼎纹袖之，旁观者未识其故。解维以往，半载而旋，袖出一炉云："君家白定炉，我又得其一矣。"唐大骇，以所藏较之，无纤毫疑义。盛以旧炉底盖，宛如辑瑞之合也。询何所自来。周云："余畴昔借观，以手度者，再益审其大小

[4] 屠隆：《栖真馆集》卷三，明万历十八年（1590）刻本。

轻重耳，实仿为之，不相欺也。"太常叹服，售以

四十金，蓄为副本，并藏于家。

　　唐鹤征字元卿，号凝庵，其父为文武双全的一代宗师唐顺之（荆川先生）。唐氏是常州望族，富于收藏，唐鹤征有一件宋代的定窑鼎，为海内孤品，被誉为天下第一，是唐氏的镇宅之宝。他与周秉忠来往颇多，周秉忠常到景德镇仿造古器，手艺精妙，足可乱真。一天，周秉忠从苏州到常州拜访唐鹤征，求观他收藏的定窑鼎。周秉忠观看得十分细致，用手量了鼎的尺寸，还在纸上摹画了鼎面的纹样，周围有人注意到这些举动，但不解其意。此后周秉忠便不见踪影。半年后他再次来到常州，拿出一件古器对唐鹤征说："先生的海内孤品白定炉，我又搜寻到一件。"唐鹤征大惊，将两件鼎炉仔细比较，看起来一模一样。又将新炉放在旧炉底盖上，居然完全契合，丝毫不差。他极为惊骇，询问此鼎从何而来？周秉忠笑答："上次借观先生的古鼎，我用手测了大小和轻重，费时半年仿制了此物，不敢相欺。"唐鹤征为之叹服，花费"四十金"购下这件仿品，作为副本一并收藏。

　　周秉忠仿制造假的功夫可谓炉火纯青，他从年轻时就精于此道。徐树丕《识小录》记载：

　　　　丹泉，名时臣，少无赖。有所假于淮北，官
　　司捕之急，逃之废寺。感寺僧之不拒，与谋兴造。
　　时方积雪盈尺，乃织巨屦，于中夜遍踏远近，凡
　　一二十里。归寺，则以泥泞涂之金刚两足。遂哄
　　传金刚出现，施者云集，不旬日得千金，寺僧厚
　　赠之而归。

　　周秉忠年少时由于造假，甚至遭到官府的追捕，他躲进寺庙逃过一难。为了答谢寺僧，他织了双巨大的鞋子，导演了一出金刚显灵的神异事件，使寺中香火大盛，得到施舍无数。周秉忠的精灵狡黠和不拘细行，由此可见一斑。在这段逸事之后，徐树丕不忘赞叹周秉忠的巧艺："其造作窑器及一切铜漆对象，皆能逼真，而妆塑尤精。"

　　周秉忠烧制的窑器非常出名，称作"周窑"。朱长春《周秉忠陶印谱

跋》[5] 称：

> 世宝用三品，玉、石、金皆天产，而陶埒为四。
> 陶，人工也，致夺天焉。自宁封以来，弥巧弥古弥珍，
> 所传代中诸窑尚哉！吴有周子，而新窑宝埒于古
> 亡辨。然其陶印，周子倡之，古未有也。周子，
> 吴之巧人也，百家书画，无不贯时出戏其绪，时
> 以人夺天作貌邻刺心。为园累山如飞来，削吴治
> 拟于木鸢，陶乃一耳。

宁封子传说是黄帝时期的陶正，被视为制陶的始祖。后世鉴赏陶器，越古老越珍贵，但周秉忠制作的陶器，与古陶不相上下。周秉忠首创了陶印，编写成谱书，为前所未有。朱长春强调，周秉忠才艺极广：他精通各家书画，擅长绘制肖像，咄咄逼真；他造园叠山有如群峰飞来，筑屋造楼技艺精湛，至于制陶，不过是诸艺之一种。

周秉忠的诸多巧艺，以造园叠山规模最大，程序最复杂，地位非凡。他当年为屠隆画好肖像，"且谓宜置丘壑中"，即劝说屠隆造园。不过屠隆虽中万历五年（1577）进士，但后来罢官，纵情诗酒，卖文为生，恐怕尚不及日进斗金的周秉忠富足，自然无力造园。目前已知周秉忠营造的两处园林都在苏州。

一处是位于苏州临顿路南显子巷的惠荫园，是周秉忠为明代太学生归湛初所筑，园中有模仿太湖洞庭西山林屋洞叠筑的"小林屋"水假山（图3-1）。清顺治六年（1649）此园归复社成员韩馨所有，改筑后更名为洽隐园。清康熙四十六年（1707）园林遭火灾，仅存水假山。清乾隆十六年（1751）修复，韩是升《小林屋记》提到："按郡邑志，洽隐园台榭皆周丹泉布画。丹泉名秉忠，字时臣，精绘事，洵非凡手云。"在100多年后，这座硕果仅存的水假山，仍令苏州人赞叹周秉忠的非凡技艺。

第二处是位于苏州阊门外的留园（图3-2），其前身为明代东园，万历二十一年（1593），周秉忠为罢官回乡的太仆寺少卿徐泰时所筑。当时苏州的两位父母官——吴县县令、"公安派"领袖袁宏道（1568—1610）和前文提到的长洲县令江盈科都为东园写了园记，并不约而同地提到周秉忠。

袁宏道《园亭纪略》称：

---

[5]　朱长春：《朱太复乙集》卷二十七，明万历刻本。

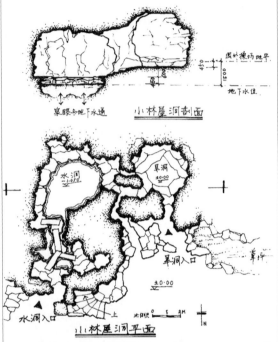

图 3-1
苏州惠荫园水假山（左）及测绘图（右）
⊙顾凯提供

图 3-2
苏州留园五峰仙馆假山
⊙边谦摄

徐同卿园在阊门外下塘，宏丽轩举，前楼后厅，皆可醉客。石屏为周生时臣所堆，高三丈，阔可二十丈，玲珑峭削，如一幅山水横披画，了无断续痕迹，真妙手也。堂侧有土垅甚高，多古木，垅上太湖石一座，名瑞云峰，高三丈余，妍巧甲于江南……范长白又为余言，此石每夜有光烛空，然则石亦神物矣哉。

江盈科《后乐堂记》称：

太仆卿渔浦徐公解组归田，治别业金阊门外二里许。不佞游览其中，顾而乐之，题其堂曰"后乐"，盖取文正公记岳阳楼义云。堂之前为楼三楹，登高骋望，灵崖、天平诸山，若远若近，若起若伏，献奇耸秀，苍翠可掬。楼之下，北向左右隅，各植牡丹、芍药数十本，五色相间，花开如绣。其中为堂，凡三楹，环以周廊，堂墀迤右为径一道。相去步许，植野梅一林，总计若干株。径转仄而东，地高出前堂三尺许，里之巧人周丹泉，为叠怪石作普陀、天台诸峰峦状，石上植红梅数十株，或穿石出，或倚石立，岩树相间，势若拱遇。其中为亭一座，步自亭下，由径右转，有池盈二亩，清涟湛人，可鉴须发。池上为堤长数丈，植红杏百株，间以垂杨，春来丹脸翠眉，绰约交映。堤尽为亭一座，杂植紫薇、木犀、芙蓉、木兰诸奇卉。亭之阳修竹一丛，其地高于亭五尺许，结茅其上，徐公顾不佞曰："此余所构逃禅庵也。"

徐氏家族是周氏父子的重要赞助人。1593年，徐泰时请周秉忠建造东园；1604年，徐妻冯恭人重建不染尘观音殿，聘请周秉忠之子周廷策为观音塑像。徐氏家族为苏州望族，记载周秉忠、周廷策事迹的徐树丕为徐氏后人，其《识小录》称："余家世居阊关外之下塘，甲第连云，大抵皆徐氏有也。"徐家在苏州除了徐泰时的东园，还有徐默川的紫芝园、徐少泉的拙政园，以及徐泰时女婿范允临的天平山庄，俨然造园巨族。

　　徐泰时东园对后来周廷策营造止园很有影响。联系起徐泰时东园和吴亮止园的关键人物，便是范允临。

　　范允临（1558—1641）字长倩，号长白，为范仲淹十七世孙。范允临14岁丧父，15岁丧母，在徐泰时的庇护下成年，后来娶徐泰时的爱女徐媛（1560—1620）。徐媛与赵宧光之妻陆卿子并称"吴门二大家"，为晚明誉满江南的名门闺秀。

　　徐泰时东园的主厅后乐堂，取自范允临先祖范仲淹《岳阳楼记》的名句"先天下之忧而忧，后天下之乐而乐"。万历二十三年（1595）范允临中进士，三年后徐泰时过世，其独子徐溶（1597—？）不满一岁，身后事皆由范允临操办，东园亦由其代管。[6] 万历三十一年（1603）前后，范允临辞官归隐，在范氏祖墓天平山建造天平山庄，与徐媛琴瑟和鸣，悠游于山水林泉之间（图3-3）。

　　范允临之子娶吴亮七弟吴襄之女，范允临《止园记跋》称吴亮为"姻友"。吴亮是天平山庄的座上客，常与范允临夫妇唱和，《止园集》收有《观梅雨阻范长倩招集虎丘晚酌》《稍霁再游虎丘有怀长倩》《天平山谒文正公祠》《和范夫人观梅有怀二首》等诸多诗作。范允临移居天平山时，吴亮作《范长倩卜筑天平携家栖隐奉讯二首》祝贺。范允临精于书法，与董其昌齐名，

图3-3
苏州天平山庄◎黄晓摄

[6]　郭明友：《明代苏州园林史》，中国建筑工业出版社，2013，第177页。

吴亮完成《止园记》后，请范允临书写刻到石上。吴亮为此作《范长倩学宪为园记勒石赋谢四首》，范允临则写了《止园记跋》。[7]

范允临对东园非常熟悉，袁宏道《园亭纪略》提到两人曾一起谈论园内的瑞云峰。万历四十五年（1617）范允临为岳父母作《明太仆寺少卿与浦徐公暨元配董宜人行状》（《轮廖馆集》卷五），介绍徐泰时造园称，"里有善垒奇石者，公令垒为片云奇峰，杂莳花竹，以板舆徜徉其中，呼朋啸饮，令童子歌商风应苹之曲"。这位"善垒奇石者"，便是周秉忠。

徐泰时建造东园在 1593 年，主持其事的周秉忠 57 岁；1604 年徐妻冯恭人重建不染尘观音殿，周秉忠已 68 岁，年事渐高，因此他虽然"妆塑尤精"，还是将塑观音像的任务交给了其子周廷策。1610 年吴亮建造止园时，也是由周廷策出马。鉴于范允临与徐泰时、吴亮的亲密关系，止园建成后吴亮又请他书写园记，并在记中化用范仲淹"微斯人，吾谁与归"的名句评价周廷策，推测在吴亮聘请周廷策的过程中，范允临很可能起到了关键作用。

另一位将吴亮与周秉忠、周廷策父子联系起来的苏州人是文震孟。文震孟（1574—1636）字文起，为文徵明曾孙，天启二年（1622）高中状元，在苏州筑有药圃（今艺圃）；其弟文震亨（1585—1645）著有领袖晚明风雅的《长物志》。文震孟曾为吴亮《名世编》作序，并与吴亮一起为吴宗仪（1558—1624，字象于）《清裕堂集》作序，同吴氏子弟交游颇广。

文震孟《药圃文集》记载："玄觉头陀，吾舅氏丹泉翁所自号也，今年九十矣。聪明强健，不减壮年，子孙满前，皆年六十、五十余，长兄亦几望八，见者皆谓陆地神仙也。"可知周秉忠（号丹泉）是文震孟的舅舅，他的妹妹嫁给文元发（1529—1605），生文震孟[8]。周廷策与文震孟为表兄弟，成为联系周廷策和吴亮的又一条线索。

吴家与周氏父子的第三重联系，来自唐鹤征。吴亮父亲吴中行《赐余堂集》卷十有写给唐鹤征的书信——《与唐凝庵少卿》，唐鹤征答以《与吴复庵书》两封，自称"同邑年弟"；后来他为吴中行撰写《祭吴复庵文》，为吴亮伯父吴可行撰写《翰林院检讨后庵吴公行状》（《翰墨集》卷十），吴亮和堂弟吴宗达都曾写作诗文为唐鹤征祝寿。唐氏、吴氏皆为常州望族，往来密切。周秉忠与唐鹤征的交往，自然会为父子两人在常州的事业打开局面。

周氏父子和吴亮家族之间还有许多关联，如记录周廷策为徐泰时夫人

［7］ 范允临《止园记跋》："此吾姻友吴采于园记，而属不佞临书之石者也。"见：吴亮《止园集》，明天启元年（1621）自刻本。

［8］ 魏向东：《明代〈长物志〉背后，原来文震亨还有这样一位舅舅》，澎湃新闻，2020-11-20.

塑不染尘观音殿佛像的管志道和周秉忠为之画肖像的屠隆，都为吴中行《赐余堂集》写了《赐余堂集叙》。这些人物交织在一起，构成一张错综复杂的社会网络，折射出当时文化艺术背后的运行机制。

16、17 世纪之交的数十年间，是周氏父子纵横江南的时代。晚明造园四大家里的张南阳卒于万历二十四年（1596）之前，张南垣首座有明确记载的造园作品是泰昌元年（1620）为王时敏设计的乐郊园，计成的处女作是天启三年（1623）为吴玄设计的东第园。在张南阳卒后、张南垣和计成逐渐崛起之前的数十年间，江南风雅背后的大匠宗师，正是周氏父子。他们以其精妙绝伦的能工巧艺，赢得士绅名流的敬重和追捧，成为声名赫奕的艺术双星。

1610 年周廷策 58 岁，比当年周秉忠设计东园时仅长一岁，正处于艺术创作的巅峰。这位当世第一流的造园好手，无疑是吴亮打造止园的不二人选。

2. 理水：万顷沦漪，荡胸濯目

吴亮《止园记》依次介绍过各景，最后总结全园称：

> 园亩五十而赢，水得十之四，土石三之，庐舍二之，竹树一之。而园之东垣，割平畴丽之，撤垣而为篱，可十五亩，则明农之初意而全园之概云。

止园占地 50 多亩，加上东边的 15 亩田地，共 65 亩。50 亩园林里，水面最多，占了 4/10，约 20 亩；土石次之，占了 3/10，约 15 亩；建筑第三，占 2/10，约 10 亩；花木最少，占 1/10，约 5 亩。

吴亮这段总结效仿王世贞的《弇山园记》，后者写道："园亩七十而赢，土石得十之四，水三之，室庐二之，竹树一之。"[9] 吴亮采用了相同的结构，但调整了个别字句，以贴合止园的实际。止园的精彩之处，便体现在各大要素的经营中。

[9] 王世贞：《弇山园记》，《弇州四部稿·续稿》卷五十九，文渊阁四库全书。

· 山 水 之 别

　　晚明园林的基本要素通常分为山、水、花木和建筑四类，对应吴亮和王世贞记中的土石、水、竹树和室庐，两人都列举了各要素及其所占的比例。晚明对园林的评价多以这四类要素为标准，并热衷于为它们排列名次。

　　万历二十七年（1599）王稚登为秦燿作《寄畅园记》，时间介于王世贞《弇山园记》（1586）和吴亮《止园记》（1610）之间，他评价寄畅园也采用了同样的标准："大要兹园之胜，在背山临流，如仲长公理所云。故其最在泉，其次石，次竹木花药果蔬，又次堂榭楼台池籞，而淙而涧，而水而汇，则得泉之多而工于为泉者耶。"

　　这三座园林的四要素，排在前两位的都是山和水，弇山园山第一、水第二，止园与寄畅园水第一、山第二；寄畅园将花木列为第三，建筑列为第四；弇山园和止园则将建筑列为第三，花木列为第四^{（表3-1）}。不过，弇山园和止园的花木比重实际并不低。弇山园有惹香径、清音栅、含桃坞、琼瑶坞、芙蓉池等，成片栽种花木；止园桃坞土山上有桃树、狮子坐假山上植芙蓉、书斋丘峦上种竹林；不过其中许多都被计入土石山水之中，以致降低了花木的分量。

表3-1 弇山园、止园、寄畅园四要素对比

园林	弇山园	止园	寄畅园
四大要素	土石得十之四	水得十之四	其最在泉
	水三之	土石三之	其次石
	室庐二之	庐舍二之	次竹木花药果蔬
	竹树一之	竹树一之	又次堂榭楼台池籞

　　山、水和花木偏于自然，建筑则偏于人工，晚明赏园，认为自然胜过人工方为上乘之作。晚明文士邹迪光（1549—1625）《愚公谷乘》有精辟的论述："园林之胜，惟是山与水二物。亡论二者俱无，与有山无水，有水无山，不足称胜。即山旷率而不能收水之情，水径直而不能受山之趣，要无当于奇。虽有琪葩绣树，雕甍峻宇，何足称焉。"园林的主角是山和水，建筑作为配角，只是山水之间的点缀或欣赏山水的处所。

　　按这套标准看，弇山园、寄畅园、止园皆以山、水取胜，构成当时第一流名园的共性。而三座园林里四类要素的不同次序和比重，则形成了它们各具特色的个性。

寄畅园位于惠山，属于山林地，毗邻著名的天下第二泉惠山泉，因此秦耀造园充分利用环境的优势，以水泉取胜，进而堆山置石、栽花种树、点缀建筑，在三座园林里，天然的山林气息最为浓郁^(图3-4)。

弇山园位于太仓城内，止园位于常州城外，一属城市地，一属郊野地，与寄畅园相比都是平地造园，情况更为相近。弇山园享誉江南数十年，被誉为"东南名园之冠"，设计者张南阳是周廷策的前辈匠师，园主王世贞是吴亮的前辈名士。因此当吴亮与周廷策决定联手打造一座天下名园时，从各个角度看，弇山园都更适合作为效法的榜样和超越的目标。

弇山园对止园影响很深。止园的许多景致，如古廉石、蟹螯峰、知津桥、芙蓉池、磬折沟，都取自弇山园的同名之景。鸿磐轩前的蟹螯峰镌刻王世贞的绝句，他是吴亮在园中致敬的唯一一位同时代人。《止园记》与《弇山园记》非常相似，都注重铺叙实景，许多辞句如出一辙，除了它们对于全园的总结，在论及园景时，两者都有宜花、宜月、宜雪、宜雨、宜风、宜暑的概括。更重要的是，王世贞《题弇山园》组诗标题依次为《入弇州园，北抵小祇林，西抵知津桥而止》《入小祇林门至此君轩，穿竹径度清凉界、梵生桥达藏经阁》……吴亮别具一格的体现游览过程的止园组诗《入园门至板桥》《由鹤梁至曲径》等，显然是受此启发。

然而，在强调止园学习弇山园的同时，更需要认识到止园的新创之处。弇山园是止园效法的榜样，也是超越的目标。为此，吴亮和周廷策需要找到一个突破点。这个突破点，就隐藏在吴亮对止园的总结中。

这段总结几乎是对《弇山园记》的原文抄录，但吴亮做了两处微小的改动。一是将弇山园的"七十亩"改为止园的"五十亩"，二是调整了"土石"和"水"的次序和比重——弇山园"土石得十之四"，止园"水得十之四"。前者是两园的具体面积，属于实录；后者改动虽然微小，却非常关键，代表了两座园林不同的风格追求——弇山园重叠山，止园重理水^(图3-5)。

对于明代造园的山、水比重，计成《园冶·村庄地》有一段论述：

> 约十亩之基，须开池者三，曲折有情，疏源
>
> 正可。余七分之地，为垒土者四，高卑无论，栽
>
> 竹相宜。

弇山园"土石得十之四，水三之"，恰与计成介绍的"开池者三"和"垒土者四"相合，表明计成心中的理想范本或即弇山园。但吴亮却反其道而行，调整了山、水的次序和比重，突出了水景的地位。山、水都非常重要，然而重水还是重山，构成止园与弇山园的最大区别。

图3-5

钱穀《小祇园图》中以叠山取胜的王世贞弇山园

⊙台北"故宫博物院"藏

弇山园与止园的山、水之别，与两个因素有关：一是园址，二是园主。

园址决定了水源的多少。弇山园位于城内，周围虽然有方池和清溪，水量终究有限，能够占 3/10，已经相当可观。止园位于城郊，靠近护城河，周围三河交汇，有充沛的水源可用。

园主主导了园林的风格。王世贞号弇州山人，"弇州"出自《山海经·大

荒西经》中的"弇州之山，五彩之鸟仰天，名曰鸣鸟"，是传说中的仙山。王世贞以此寄托对仙境的向往，"仙"乃山中之人，因此弇山园以山林为主。吴亮的性格则是"性复好水"，"凡园中有隙地可艺蔬，沃土可种秫者，悉弃之以为洿池"，止园的水景更为突出。

综合园址的特色和园主的趣味，周廷策因形就势，开土凿池，打造出止园"独以水胜"的江湖气质。

· 独 以 水 胜

理水是止园营造的第一步，也是理解止园艺术风格的关键，主要体现在两方面：一是丰富多样的水体，二是它们组合成的连绵通贯的水系^(图3-6)。

水体占止园的4/10，有各种各样的形态。止园基址较为平坦，没有太大的高差，因此较少瀑布等竖向水体，而是以水平向为主。吴亮诗文提到池、

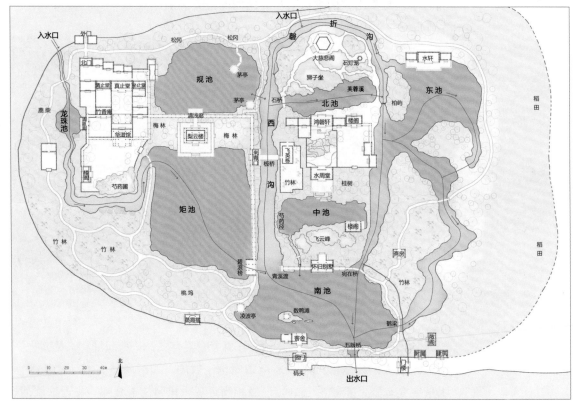

图 3-6

止园水系示意图
⊙戈祎迎、黄晓绘

潭、塘、墼、溪、泽、渠、涧、沟、堑、峡、泉、河、濠、江、湖、岛、屿、矶、滩等，多达 20 余种。

从形态来看，这些水体主要分为两类，一为面式，一为线式。

面式水体的代表是"池"，《止园记》共提到 14 次，远多于其他类型。《止园记》开篇称"依村辟园，有池、有山、有竹、有亭馆，皆粗具体而已"，将"池"作为"水"这一要素的代表。

止园四区共有 7 座水池：东区 3 座，分别在怀归别墅、水周堂和大慈悲阁之前，可称作南池、中池和北池；外区 1 座，在水轩之前，可称作东池；中区 2 座，在梨云楼前后，《止园记》称作"矩池"和"规池"；西区 1 座，在清籁斋之西，《止园记》称作"龙珠池"。

同时，吴亮咏水周堂前的中池称"层轩面面俯清溪，……澄潭草浮识鱼肥"；称大慈悲阁前的北池为"芙蓉溪"，又有诗曰"轩楹瞰幽墼"；咏梨云楼北的规池称"一泓清浅汇方塘"，咏龙珠池周围景致称"性本在山泽""心念山泽居"。可知根据具体形态的不同，有些水池也被称为"潭""塘""墼""泽"，甚至"溪"。但无论作何称呼，它们都可视为面式水体，构成止园水景的主体。

线式水体的代表是"溪"，在吴亮诗文中出现的频率仅次于"池"；前面提到，其至某些水池由于东西狭长，也被称作"溪"。此外，西沟、磬折沟、鹤梁两侧的双渠、通向柏屿的曲涧、分隔中东两区的长堑等都属于线式水体。"河""濠"也属于这一类型，不过是指园外的护城河，不在园内。

吴亮提到的水体中，"泉"属于点式，但《止园记》所谓"泉不冽"，与诗中提到"江""湖"一样，都是虚指。止园地势平坦，似乎并无泉水，也无其他点式水景。至于岛、屿、矶、滩等，则是与理水相关的山石景致。

综合来看，止园理水主要是以溪、涧、沟、渠等线式水体，联络起池、潭、塘、墼等面式水体，在水平向上构成连绵通贯的水系。

整个水系的入水口位于西北角，经由水门入园后形成溪涧，从竹林间穿过，汇入第一座水池——龙珠池。这座水池面积不大，但形状独特，宛如巨龙口中所含的明珠，如此一来，整条水系便仿佛一条虹曲盘踞的巨龙。除了形状有美好的象征寓意，龙珠池的位置也很关键，园外的河水在此汇聚并沉淀泥沙，因此它还有沉沙蓄水的实用功能。

池水向南再次形成溪涧，东转北折，最终汇入东侧开阔的矩池。这段溪涧逐渐放宽，左岸环绕着华滋馆庭院，在溪边舟上可仰望楼阁山石；右岸是连绵不断的翠竹，"竹影波光，相为掩映"，引人兴发庄子观鱼的"濠濮间想"，堪称止园水景里最清幽宛转的一处。

这段溪涧所通向的矩池，则是止园水景里最开阔疏朗的一处。两处水体一线一面，前后相接，构成强烈的对比。溪涧与矩池之间隔以长堤，东北角有一座拱起的木桥，船只可在两侧通行，体验充满戏剧性的空间变化（图 3-7）。

7 座水池里矩池的面积最大。《止园记》称"沃土可种秫者，悉弃之以为洿池"，便是指矩池。其轮廓接近矩形，由此得名，仍带有明代早期方池的印迹，但池岸已随地势略作曲折，带有自然风味。矩池东岸是曲廊垂柳，南岸是丘阜碧桃，西岸为长堤修竹，北岸为楼台梅林，屋宇花木各异，皆倒映在池中，竞芳斗艳。矩池东南角的碧浪榜，是一座兼具水闸功能的轩榭，控制着中、东两区的水流，龙珠池之水经过矩池，从碧浪榜下部汇入东区。

矩池水面虽大，却颇具动感，既是全园水景的中心，也是调蓄水源的中枢。相比之下，梨云楼北侧的规池则以静为主，仅在东南角以暗渠与西沟相通，水量吞吐不大，宁静的水面栽种白莲红荷。梨云楼南北两侧的水池，构成静与动的对比：北侧的规池莲荷摇曳，南侧的矩池舟船往来，相映成趣。同时，北侧规池为半圆形，南侧矩池为方形，天为圆、地为方，梨云楼宛如亘立于天地之间，展示出"万物皆备于我"的主堂气魄。

止园的 7 座水池，除了西侧的 3 座，其他 4 座在东侧。东侧水面宽广，除了从碧浪榜下部引水，应该还有其他水源，推测应在东区北端的磬折沟一带。磬折沟距离外部河流很近，仅一堤之隔，方便通过暗渠引水，补充大量的水源。

这处水源入园后成为磬折沟，向南分为东、西两支，从东、北、西三面环绕着狮子坐。东支汇入柏屿和水轩之间的东池，进而向南绕过竹林和斋房所在的岛屿，最后注入怀归别墅前的南池。西支向南形成分隔中、东两区的西沟，其西有暗渠连通梨云楼北的规池，其东穿过石拱桥汇成芙蓉溪，即北池；这支水系最终也注入怀归别墅前的南池。

南池汇聚了四处水流，水量充沛。全园的出水口，藏在南池东南角的五版桥之后，以暗渠通向园外的长河。五版桥和园外东南角的两层门楼，都具有"锁水"的象征含义。它们与西北角的入水口和龙珠池首尾呼应，构成完备的风水系统。

以西沟长堑和来青门长堤为界，止园东、西两侧俨然各成一体。西侧以矩池为主池，东侧则以南池为主池。西侧的3座水池，矩池与龙珠池水系构成面与线的对比，矩池与规池构成动与静的对比，既突出了作为中心的矩池，又营造出多变的水景。东侧的4座水池《止园记》没有提到池名，从方位来看，南池开阔，中池宁静，北池陡峻，东池疏野，各具特色，串联成多变的游赏体验。

东侧水景的游赏，始于南边的园门。《止园记》称："入门即为池"，穿过园门绕过客舍，所见大池即为南池，"忽作浩荡观，顿忘意局促"。池中有数鸭滩，池边散布桥亭廊榭，怀归别墅、碧浪榜、凌波亭等建筑隔水相望，展示出烟波浩渺的旷远之美。

南池北岸西侧设青溪渡码头，在此登舟北上，沿水经过芍药径、板桥和西沟，向东穿过石拱桥进入陡峻的北池。北池东西狭长，又称"芙蓉溪"，两岸耸峙着悬崖峭壁，舟行其间，宛如置身于深山幽谷。北池层峦叠嶂的高远之美，与南池烟波浩渺的旷远之美形成对比。

中池介于水周堂和飞云峰之间，仅与南池以溪流相通，水量吞吐不大，宁静的水面上栽种莲荷，与南池形成静与动的对比。东池沿岸建筑很少，主要是竹林和丛柏等群植花木，向东过渡到篱外的稻田，以天然朴野的风格与南池的精雅细密形成对比。值得一提的是，东池还兼有灌溉稻田的实用功能，与东南角的出水口一起，成为调蓄水量的措施之一。

20幅《止园图》有16幅描绘了水景，其中9幅描绘了舟船，可见止园水景之丰富。园中溪池是对江南水乡的提炼与再现，形成蔚为大观的水景园特色，同时提供了多样的舟游体验：既有波光云影间的孤舟垂钓，也有浩荡长河中的一苇独航；舟船上的人物，或沧溟空阔，名士扣舷而歌；或幽塘采菱，仙媛婀娜多姿，深得水居之雅韵(图3-8、图2-17、图2-24)。

图 3-8

《止园图》第十一开与第
十五开中的一苇独航与扣
舷而歌

万历三十八年（1610）吴亮的门生马之骐（1580—1631 后）高中榜眼，他给老师的《止园记》作序，精辟地点出止园的精髓："园胜以水，万顷沦涟，荡胸濯目；林水深翳，宛其在濠濮间。楼榭亭台，位置都雅，屋宇无文绣之饰，山石无层垒之痕。视弇州所称缕石铺池，穿钱作坞者，复然殊轨。"

马之骐总结出止园以水取胜的特点：荡胸濯目的万顷之广与林水深翳的濠濮之趣，兼而得之；并将吴亮止园与王世贞弇山园比较，认为两园风格"复然殊轨"，而止园更胜一筹。

止园之建距离弇山园初建（1572 年前后）已接近四十年，造园风尚的变革已在悄然酝酿。对于曾经众口交誉的弇山园，当时逐渐出现批评的声音。晚明小品名家王思任《记修苍浦园序》称："予游赏园林半天下，弇州名甚，云间费甚，布置纵佳，我心不快。""弇州"指弇山园，"云间"指豫园，都是造园大师张南阳的杰作。王思任（1575—1646）以能文善谑著称，他遍游各地园林，认为弇山园和豫园名气虽高、布置虽佳，却勾不起自己的游兴。新一代文人与造园家已开始探索新的营造风格，尝试新的艺术表达，争夺新的时代地位。

正如前面强调的，弇山园重叠山，止园重理水。从施工角度看，弇山园叠山所需要的人工和物力要超出开池许多倍；石料追求洞庭、武康等地的特产，采石、运石都是不小的开支；叠石成山更是一项浩大而复杂的工程。富贵如王世贞，在弇山园建成后，"问囊则已如洗"。相比之下，理水要省力许多，吴亮从未表达过财力不济的苦恼。

在表层山、水之别的背后，更深层的是两园对于人工与自然的不同追求。因此在经济的考量之外，两园风格的不同取向更为关键：弇山园以山取胜，精华是三座假山，峰石之奇、道路之险、洞穴之深，令游者惊心动魄，但不免人工痕迹过重；止园以水取胜，池沼勾连、溪涧纵横、林水深翳，如在濠濮之间，特具天然的纯朴清新（图 3-9）。

累石叠山的人工技艺，到张南阳营造弇山园时已经登峰造极。此后，明代造园艺术越来越重视对自然趣味的追求，周廷策和吴亮决定以水景作为止园的主题特色，在此演变历程中迈出了重要一步，使止园成为继弇山园之后中国造园史上一座新的里程碑。

图 3-9

弇山园的奇峰秀岭
与止园的万顷烟波

3. 建筑：以正为本，以奇为变

理水，或者说经营水景的过程，也是整治地形的过程。与此同时，造园家也在斟酌何处叠山、何处建屋、何处种树，即全园的总体设计。

关于总体设计，东西方古代园林的区别很大。意大利台地园林和法国古典主义园林等西方园林，具有明确的分区、突出的中心、严谨的序列和清晰的轴线，构成完整的总体设计。相比之下，中国园林似乎缺少统一的规划，布局自由，信手拈来，令人捉摸不定，无从把握。那么，中国园林是否有总体设计？在看似随意的造景背后，是否有一贯的规则？

止园的布局尤其是建筑的位置、朝向和相互关系非常独特，揭示了中国园林的造园规则，可概括为"奇正平衡"。

小吴亮40岁的祁彪佳（1602—1645）介绍在绍兴营建寓山园的经验称，"（造园）如良医之治病，攻补互投。如良将之治兵，奇正并用。如名手作画，不使一笔不灵。如名流作文，不使一语不韵"，直接提到了这套原则。"奇正"原为兵家术语，即《孙子·势篇》所称的"战势不过奇正。奇正之变，不可胜穷也"，涉及主客、虚实、攻守等多方面的对立辩证，它们都源出于中国哲学的阴阳变化之理。

止园的布局恰似行军布阵，周廷策通过各要素间的奇正配合，将规则性与灵活性巧妙结合，营造出既和谐有序又自由活泼的居游空间。

· 奇 正 平 衡

奇正平衡在园林四要素的建筑中，体现得最为突出。建筑占止园的2/10，不仅数量可观，某种程度上还成为全园空间的主宰。

"奇"在晚明具有十分积极的含义，几乎成为原创力的代名词，影响到文学、书画、园林等诸多领域。艺术史学者白谦慎《傅山的世界》将晚明的美学追求概括为"尚奇"。[10] 为徐泰时东园撰写园记的袁宏道主张文章应以新奇为要，"文章新奇，无定格式，只要发人所不能发"。戏剧家汤显祖（1550—1617）指出，新奇之文必然出自"奇士"之手，"天下文章所以有生气者，全在奇士"。

晚明众多的园主，如吴亮敬仰的弇山园主王世贞、吴亮称赞为"一代文章标五岳"的愚公谷主邹迪光、有"石痴"之称的勺园主人米万钟（1570—1628）等，都被称作"奇士"。

《园冶》的作者计成也是一位"尚奇"之士。阮大铖《冶叙》称赞他"臆绝灵奇"，在《园冶·自序》中计成自称"性好搜奇""胸中所蕴奇"。计成主张造园应该"探奇近郭"（相地）、"触景生奇"（门窗），山石要"瘦漏生奇"（掇山）、"度奇巧取凿""奇怪万状"（选石）……《园冶》全书共有16处"奇"字，透露出这一概念的重要性。

与"奇"相对的是"正"。"正"代表造园的规则和章法，使造园有章可循，

[10] 白谦慎. 傅山的世界：十七世纪中国书法的嬗变 [M]. 北京：生活·读书·新知三联书店，2006：15-17.

严整有序。"奇"代表造园的自由不拘，是对规则的打破和变通，使园林出其不意，富有生气。两者结合构成"奇正平衡"。以上三者恰好对应《周易》的三层内涵：变易、不易和简易。

"奇"相当于"变易"，探求"变动、变化和变通"之道，对应造园的因地制宜、随机应变等手法；与之相对的"正"相当于"不易"，探求不变之道，对应造园的常规法则和通例。《周易》中"不易"是"变易"的前提："不易"为体，"变易"为用，只有掌握了"不易"之道，才能运用"变易"之法。[11]不易与变易结合，构成"简易"——大道至简，易知易从，为根本性的总则；体现在园林布局中，即作为总则的"奇正平衡"。

《园冶兴造论》阐释了园林建筑布局的总体原则，并在《立基》和《屋宇》两篇展开具体讨论，其他篇目也偶有涉及。这套总体原则的核心，便是"奇正平衡"。

《兴造论》是《园冶》的开篇总论，论述园林的布局称：

> 故凡造作，必先相地立基，然后定其间进，
> 量其广狭。随曲合方，是在主者，能妙于得体合宜。
> 未可拘率。

全文共三句，第一句领起后文的《相地》《立基》和《屋宇》三篇。后两句提出三对原则——"方"与"曲"，"得体"与"合宜"，"拘"与"率"，分别对应"正"与"奇"。

学者们对这些原则多有讨论。孙天正指出："'曲'表示的是基地要素的不规则特征，诸如地势之高低、位置之偏侧、形状之缺损等；'方'表示的是基地要素的规则特征，诸如方向之中正、地盘之平直等。"[12]曹汛总结："'得体'与'合宜'，二者之间具有对立统一的辩证关系，如果掌握不好，过分追求'得体'，而忽略了'合宜'，便是'拘'；过分追求'合宜'，而忽略了'得体'，便是'率'"，造园追求的境界是——"既不可拘泥呆滞，又不可遽率胡来"。[13]

可以说，"随曲合方""得体合宜""未可拘率"三对原则，讨论的都是奇正平衡："方"与"得体"为正，要避免失之于"拘"；"曲"与"合宜"

[11] 陈来. 儒学通论[M]. 贵阳：孔学堂书局，2015：303-308.

[12] 孙天正. 《园冶·兴造论》疑义考辨[J]. 建筑史，2018（02）：129-148.

[13] 曹汛. 《园冶注释》疑义举析[M]∥中国建筑学会建筑历史学术委员会. 建筑历史与理论：第三、四辑（1982-1983年度）. 南京：江苏人民出版社，1984：90-118.

为奇，要避免失之于"率"。这一观点在《园冶·装折》篇得到呼应："曲折有条，端方非额；如端方中须寻曲折，到曲折处还定端方；相间得宜，错综为妙。"奇、正两种手法要相间配合，错综用之，方显奇妙。

在《兴造论》总原则的指导下，《立基》和《屋宇》对建筑布局进行了具体讨论。

《立基》开篇为"概说"，其后依次介绍厅堂基、楼阁基、门楼基、书房基、亭榭基、廊房基和假山基。前 6 种为建筑，最后 1 种为假山，反映了明代园林布局中建筑的重要地位。

《立基》"概说"论述建筑布局的次序和方法：

> 凡园圃立基，定厅堂为主，先乎取景，妙在朝南。……择成馆舍，余构亭台，格式随宜，栽培得致。选向非拘宅相，安门须合厅方。

文中提到四类建筑：厅堂、门屋、馆舍和亭台，对应后面的六种建筑基址，分别体现了正、奇两种精神。

厅堂和门屋是"正"的代表，对应"厅堂基"和"门楼基"。

厅堂作为园林的主体建筑，体量较大，需要首先确定，其位置通常居于中央，优先选择对景和取景，并以坐北朝南为妙。门屋要与厅堂配合，因此位置和朝向也较为中正，即"门楼基"强调的："园林屋宇，虽无方向，惟门楼基，要依厅堂方向，合宜则立。"

厅堂和门屋都是优选坐北朝南，它们确定的朝向将成为其他建筑的参照。其中厅堂通常按照规制，建造五间或三间；不过"厅堂基"指出，这一规制可根据地势的宽窄大小，相应调整为四间、四间半甚至三间半[14]。门屋包括随墙的简易门、有内部空间的门屋和两层的门楼等，后面两种通常随厅堂而定，规则严整；第一种则相对随意，可正可斜。这些规则和调整，共同体现出厅堂、门屋设计"以正为本，正中有奇"的特点。

馆舍和亭台是"奇"的代表，对应楼阁基、书房基、亭榭基和廊房基。

作为两种风格间的过渡，楼阁兼具正、奇两种特点。《园冶·楼阁基》称："楼阁之基，依次序定在厅堂之后，何不立半山半水之间？"楼阁涉及两种情况：一是建在"厅堂之后"，与厅堂的气质相近，属于"正"；不过《园冶》更欣赏第二种，建议将楼阁立在"半山半水之间"，属于"奇"。

---

[14] 《园冶》"厅堂基"："须量地广窄，四间亦可，四间半亦可，再不能展舒，三间半亦可。深奥曲折，通前达后，全在斯半间中，生出幻境也。"

其他三种建筑，书房应"择偏僻处，随便通园，令游人莫知有此"；廊房可"蹑山腰，落水面，任高低曲折，自然断续蜿蜒"；最灵活的要数亭榭，尤其是亭，"通泉竹里，按景山颠；或翠筠茂密之阿，苍松蟠郁之麓；或借濠濮之上，入想观鱼；倘支沧浪之中，非歌濯足"，几乎不受任何拘束，充分体现了"格式随宜，栽培得致"的以奇取胜的精神。

《屋宇》开篇也是"概说"，延续了"奇正平衡"的思想：

> 凡家宅住房，五间三间，循次第而造；惟园
> 林书屋，一室半室，按时景为精。方向随宜，鸠
> 工合见；家居必论，野筑惟因。虽厅堂俱一般，
> 近台榭有别致。

这三句话都是前半句为正，强调家宅住房应按照等级修建，必须注意朝向，遵循通行的规则；后半句为奇，主张园林书屋应随时景变化，讲求因缘际遇，别有情致即可。

《屋宇》依次介绍了门、楼、堂、斋、室、房、馆、楼、台、阁、亭、榭、轩、卷、广、廊16种建筑，皆含有偏正或偏奇的倾向。

正的代表是堂："堂者，当也。谓当正向阳之屋，以取堂堂高显之义"，恰与《立基》篇的"定厅堂为主，……妙在朝南"呼应。奇的代表是亭，"造式无定，……随意合宜则制"，体现了灵活机动的特点。厅堂与亭榭，可谓正与奇的两个极致。这在《立基》篇已有所体现："厅堂基"强调"凡立园林，必当如式"，"亭榭基"则指出"亭安有式，基立无凭"，二者的不变与可变，形成对比的两极。

大致而言，《屋宇》篇的16种建筑，靠前的偏正，靠后的偏奇。不过不宜做出截然僵化的区分，很多建筑具有灵活性，或奇或正需要视情况而定。在单体的基础上，止园建筑的布局进一步诠释了"奇正平衡"的造园规则。

· 以 正 为 本

分区、中心、轴线与序列，都能够为园林带来秩序感。止园占地50多亩，属于大型园林，被划分为东、中、西、外四区，各区皆有居于中心地位的主体建筑，形成严整的轴线和游赏序列（图3-10）。这与许多现存的中国园林

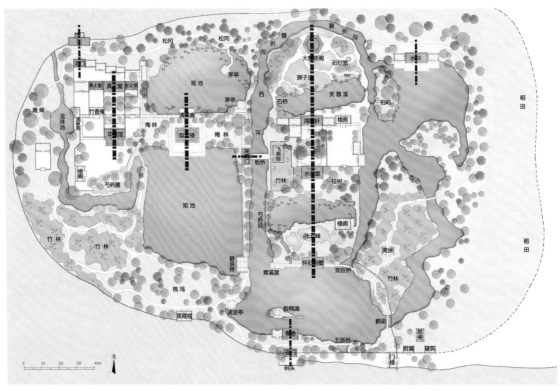

图 3-10

止园建筑布局示意图。深色建筑为各区的厅堂和
门屋,皆居中沿轴线正向布置,格局严整
⊙戈祎迎、黄晓绘

大不相同。

止园体现"正"布局原则的,主要是厅堂和门屋两类建筑。东区有园门、三间屋、怀归别墅、水周堂、鸿磬轩和大慈悲阁,外区有柏屿水轩,中区有来青门和梨云楼,西区有华滋馆、真止堂、坐止堂、清止堂、北门和外门。

这些建筑都采取正方位布置,位置居中,体量较大。从类型上看,基本都可归为厅堂或门屋,有些虽然称作轩阁楼馆,其本质亦为厅堂[15]或门屋。比如大慈悲阁、华滋馆和梨云楼,它们或位于厅堂前后,或本身即属于厅堂,或兼具门屋的功能。

《园冶·立基》强调,造园规划首先是确定厅堂的位置和朝向。

止园东区最核心的建筑是水周堂,周围各要素皆围绕此堂布置。水周堂坐北朝南,堂前两侧对植桂树,气氛庄严;堂南出平台,空间开阔;台前开凿水池,池中栽植荷花,池南叠筑假山。各种要素共同构成隔池望山的格局,

---

[15] 《园冶·屋宇》指出,楼的"造式,如堂高一层者是也",说明部分楼阁本身即为厅堂的变体。

水周堂成为观赏假山的最佳场所，正是园林主堂的经典布局模式（图3-11）。

止园东区轴线上还有三座建筑，通过巧妙的序列安排，衬托出水周堂的主堂地位。

图 3-11

《止园图》第七开水周堂

飞云峰假山南侧为怀归别墅，吴亮《止园记》称其为"堂"，实际可视为水周堂的门屋。怀归别墅西侧有码头，由此舍舟登岸，向北穿屋而过，看到飞云峰为"开门见山"，绕过假山始见到池北主堂。水周堂北的庭院封闭内敛，院内垒石而上，顶部设鸿磐轩，其位置类似于"室"，与水周堂构成"前堂后室"的关系。最北部狮子坐上的大慈悲阁，以高阁作为东区轴线的收束。

以上四座建筑——临水的怀归别墅、台上的水周堂、石上的鸿磐轩和山顶的大慈悲阁——都采用正向布置，位于同一条南北轴线上。它们逐渐高起，符合视觉的审美需求和风水的趋吉心理，共同确立出以水周堂为核心的东区主轴。

与这条主轴呼应，东区南部的园门和三间屋，形成南北向的次轴，但稍稍偏西；东北的柏屿水轩作为外区主堂，成为另一条次轴。二者受到"奇"布局原则的影响，与主轴线东西错开，为严整的东区增添了灵动之感，后面还会讨论。

西区的主体建筑为真止堂，坐北朝南，单层三开间，堂前对植四株树木，对称严整；其南是三间棚架，架内堆叠湖石，石间种植花木，作为正堂的对景（图3-12）。真止堂两侧，东为坐止堂，西为清止堂；虽然称作厅堂，但

↑图 3-12

《止园图》第十八开西区真止堂庭园

→图 3-13

《止园图》第十二开，中央为中区主堂梨云楼，右上角为来青门

受到地形约束，只有两开间，呼应了《园冶·厅堂基》指出的，厅堂可根据地形宽窄调整间数。

真止堂南部是两层的华滋馆，为西区体量最大的建筑。馆前出两层敞轩，即《园冶》介绍的"卷"——"厅堂前欲宽展，所以添设也"。但从立意和位置看，西区主堂是居中的真止堂，两侧以坐止堂、清止堂为辅弼，南侧以湖石花木为对景；南边的华滋馆虽然高大，但只相当于门屋。穿馆而过，看到棚架湖石为"开门见山"，与东区怀归别墅相似。

西区西北角是北门和外门，也采用正向布置，二者相对形成南北轴线；但受地形影响，这条次轴偏在西侧，未与真止堂、华滋馆的主轴重合，从而与东区一样，避免了过于规整造成的"拘"。

最后来看中区的主体建筑——梨云楼，采用两层歇山顶，即《园冶》引《说文解字》所谓的"重屋曰楼"。梨云楼坐北朝南，三开间带周围廊，建在两层石砌平台之上，是全园体量最大的建筑(图 3-13)。楼东的来青门也是一座两层建筑。通常来说，门楼"要依厅堂方向"，来青门也应该坐北朝南；但为了衔接中、东两区并适应所在的地形，来青门的朝向采用坐西朝东，未随梨云楼。来青门向东可以望见远处的芳茂、安阳两山，取"两山排闼送青来"之意，因此虽未做到"妙在朝南"，却符合"先乎取景"的标准，将规则性与灵活性结合起来。

止园东、中、西三区都有一座主体建筑，主宰着各区。将三区合而观之，全园也有一处主堂作为主宰，即中区的梨云楼。

梨云楼的重要性体现在三个方面。一是建筑本体：它是止园最气派的房屋，建在两层石台之上，采用造型繁复的重檐歇山顶，体量巨大，最为醒目。二是周边环境：梨云楼前为矩池，后为规池，空间开阔，占地宽广，可从众多角度观赏，成为当仁不让的舞台主角。三是对景和借景：梨云楼近景有两侧的梅树与规池的荷花，中景有南岸的桃树与竹林，远景有园外的池壕与城堞，取景极为丰富。

吴亮《止园记》描写梨云楼的文字在各景中最长，印证了它在全园的主体地位。在楼中可以近赏梅荷，中对桃竹，远望堞濠，领略风花雪月的自然情致，体验园林内外的壮观之美。

以上几座建筑，基本都是厅堂或门屋，它们共同确立起止园的主轴骨架。就方位而言，三座主堂——水周堂、梨云楼和真止堂都位于各区中心，其他建筑通过轴线或辅翼来突出三者的中心地位。就朝向而言，这些建筑皆采用正方位，除来青门坐西朝东外，其他都是坐北朝南，没有侧斜布置者。就体量而言，这些建筑皆较为巨大，无小巧玲珑者。这三方面都体现出规则、秩序和庄重等"以正为本"的布局原则，为全园奠定了"不易"的基础。

·以奇为变

园林布局的第一步是"定厅堂为主"。确定中心、轴线和序列之后，厅堂所主宰的园林空间，如何能避免呆板拘谨呢？关键要靠第二步——运用"以奇为变"的"变易"之法，打破规则，消解庄重之感。

周廷策先是借助厅堂、门屋等建筑和几座假山，构建起止园的秩序；进而通过楼阁、书房、亭榭、廊房，以及溪池、丘岛和各类花木的穿插，营造出层出不穷的变化，形成人工与自然之间的持续张力。

与"正"相比，《园冶》对"奇"更为重视。其核心精神为随形就势，即《兴造论》强调的"因者，随基势之高下，体形之端正"，体现为《自序》的"依水而上，构亭台错落池面，篆壑飞廊，想出意外"，《相地》的"高方欲就亭台，低凹可开池沼"，《山林地》的"繁花覆地，亭台突池沼而参差"，《城市地》的"架屋随基，浚水坚之石矶；安亭得景，莳花笑以春风"。

园林造景虽变化万千，但主要基于两大既定因素：一是地形高下，二是建筑偏正。厅堂和门屋"以正为本"，与山水地形共同确立起秩序；其他建筑，即《园冶·立基》提到的楼阁、书房、亭榭和廊房，则按照"以奇为变"的原则，"宜亭斯亭，宜榭斯榭"，独出心裁，各造胜境。

《园冶·兴造论》提到布局的第一对原则"随曲合方"。止园东区自南向北共有三处水面，划分出三段空间。这三段空间的建筑布局，展示了对奇正平衡的灵活运用：第一段从园门到怀归别墅，以"随曲"为主，曲中有方；第二段从怀归别墅到鸿磬轩，以"合方"为主，方中有曲；第三段从鸿磬轩到大慈悲阁，大慈悲阁既需收束东区，又要引向中区，体现了方与曲的转换。

第一段围绕中央的南池组景，只有两组三座规则布置的建筑：一是池北的怀归别墅，略具主堂之意；二是池南的园门和三间屋，构成稍稍偏西的南北轴线，与怀归别墅所在的东区主轴错开，这样就在两条轴线间形成微妙的张力，为其他建筑的灵活布置保留了余地。其他建筑皆根据地形或功能自由布置，包括楼阁、书房、亭榭和廊房等，充分展示了"奇"布局的自由特征^(图3-14)。

首先是楼阁，共有三座。第一座是园外东南角的两层角门，形似门楼，它并未布置在居中入口处，而是偏在一侧。这与其功能有关，即前文提到的，类似于城市河流下游的风水塔，具有锁水的趋吉之意。第二座是角楼东北高台上的楼阁，功能为"可眺远"，可知其优先考虑对景，并不在意方向。第三座是南池西南桃坞南侧的蒸霞槛，建在高台上，随园墙走势自然布置，同样不拘方向。《止园记》介绍它"北负山，南临大河，红树当前，流水在下"，在阁内可俯瞰滔滔流水，浩浩汤汤。蒸霞槛位置较高，除了观景，还是园林内外一处重要的对景和借景。

其次是书房。南池东岸沿路有一道虎皮墙，偏北辟有简易的门扉，门内土阜高耸、修竹森森，最高处是一座书房，既不易被人察觉，又能居高借景，契合《园冶·书房基》的建议：书房应"择偏僻处，随便通园，令游人莫知有此。内构斋馆房室，借外景，自然幽雅，深得山林之趣"。这座书房以及与之相配的墙、门，皆随山形水势自然布置，不拘方向。

最后是游廊亭榭。南池北岸怀归别墅的两侧皆出游廊，东侧两间，西侧五间（图中只画出四间），并不对称；西侧的五间随池岸呈曲线形，进一步消解了怀归别墅的规整感。西侧游廊尽头是一处码头，可在此乘舟去

图 3-14

《止园图》中从园门到怀归
别墅一带的建筑布局

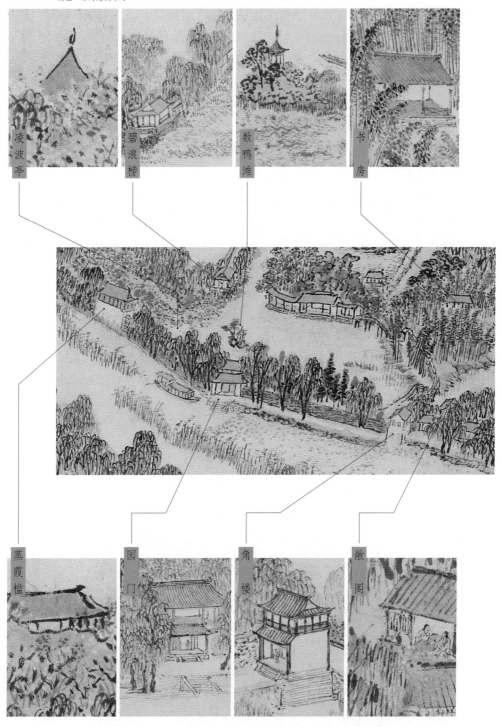

凌波亭

碧浪榜

数鸭滩

书房

蒸霞槛

园门

角楼

敞阁

往池西的亭榭和池中的小岛。池西亭榭为碧浪榜，其北以长廊连接来青门。《园冶·屋宇》指出廊的特点是"宜曲宜长则胜。古之曲廊，俱曲尺曲。今予所构曲廊，之字曲者，随形而弯，依势而曲"。怀归别墅西侧和碧浪榜北侧的游廊，都是计成提倡的之字曲廊。前者较短，特点尚不明显，后者20余间，"十步一曲，或起或伏，极窈窕之致"，宛如长虹垂带，完全契合《园冶·廊房基》形容的"蹑山腰，落水面，任高低曲折，自然断续蜿蜒"，将游廊随形就势的优点发挥到极致。

碧浪榜水榭介于东区和中区水池之间，兼具水闸的功能，符合《园冶·屋宇》对榭的介绍："榭者，借也。借景而成者也。或水边，或花畔，制亦随态"。池西偏南为四角凌波亭，亭前临池，亭后依山，山间"桃坞"遍植桃林。《园冶·亭榭基》称："花间隐榭，水际安亭，斯园林而得致者"，碧浪榜和凌波亭都位于花间水际，布置灵活，别具风致。

更能体现自由风格的是南池中的小岛——数鸭滩及岛上的方亭。这座小岛点缀在池中，不受任何轴线控制，不与任何建筑正对，成为平衡各景的点睛之笔。小岛仿佛可以随波浮动，自由漂移，具有无限的可能，幻化出无尽的妙境。

第二段从怀归别墅到鸿磐轩，以水周堂为核心，主要体现了"合方"的特点。堂前水池的东南角点缀了一座楼阁，偏在一侧，实现了奇正的微妙平衡(图3-15)。止园共有六处楼阁，上节提到的大慈悲阁、华滋馆和梨云楼都可归为厅堂或门屋，采用正布局原则；其他三处楼阁分别位于飞云峰东北、鸿磐轩东侧和华滋馆西南，体量较小，位置略偏，则采用了奇布局原则，

图 3-15

《止园图》第六开中
偏处一角的楼阁

以飞云峰东北的小阁最为典型。

这座楼阁恰好立于《园冶》主张的"半山半水"之间，与山水的结合极为巧妙：池水从东侧绕到其南，形成三面环绕之态；飞云峰靠在西南，可从山间直接进入二楼，不须借助楼梯，即《园冶·楼阁基》提到的"山半拟为平屋"和《阁山》提到的"阁皆四敞也，宜于山侧，坦而可上，便以登眺，何必梯之"。

从水周堂区的整体布局看，这座楼阁的作用非常关键。它位于水池东南角，打破了怀归别墅、飞云峰和水周堂构成的纵向轴线，使这处主堂区既规则严整又富有变化，避免了拘泥呆滞。

第三段从鸿磐轩到大慈悲阁，主景是大慈悲阁，为止园东区南北轴线的终点。从全园布局看，大慈悲阁有两个作用：一是收束东区，二是引向中区。因此它采用六边形平面：南向与怀归别墅、水周堂、鸿磐轩形成的东区主轴正交相对，成为轴线上的一环；入口则开在西南，既与佛阁迎向西方的理念相合，又巧妙地与接下来的中区相衔接。

止园建筑多为四边形，大慈悲阁是唯一一座六边形建筑；它南向面对主轴为"正"，西南开门则为"奇"。与其他建筑或正或奇仅居一端不同，大慈悲阁集奇正于一身，成为止园布局中的转折枢纽（图3-16）。

以上是止园东区的建筑布局，其他各区同样遵循了这套规则。

止园中区以梨云楼作为主堂居中坐镇，前方的两重石台和后部的平直长廊加强了主堂的气势；东侧以来青门作为辅助，坐西朝东以与东区衔接，并与大慈悲阁呼应；二者构成中区的正布局。梨云楼北部规池的两座茅亭，

图 3-16

《止园图》第十开
"大慈悲阁"

南部矩池的碧浪榜及其曲廊、凌波亭和蒸霞槛等，则构成中区的奇布局，构成奇正间的平衡。

止园西区以龙珠水系为界：其东为起居区，以正为主，如真止、坐止、清止三堂、华滋馆、竹香庵、北门和外门等皆为正向布置，但华滋馆西南的楼阁和竹香庵西南的清籁斋邻近水系，灵活布置，打破了规整之感。其西为隐居区，一座僧庵掩映于林木间，以奇为主。

止园建筑布局的奇正平衡体现在多个层面：就单体建筑而言，厅堂和门屋偏正，楼阁、书房、亭榭和廊房偏奇；但厅堂、门屋可灵活变通，楼阁、书房[16]则可能担当厅堂、门屋的角色，甚至大慈悲阁还会集奇正于一身。就群体组合而言，从园门到怀归别墅以奇为主，奇中有正；从怀归别墅到鸿磐轩以正为主，正中有奇；大慈悲阁则完成了奇正调节。

止园建筑布局的奇正平衡原则具有更广泛的适用性。扩展到园林各要素，建筑布局以正为主，正中有奇；假山布局则以奇为主，奇中有正[17]；扩展到宅园关系，住宅布局以正为主，正中有奇；园林布局则以奇为主，奇中有正。奇正平衡提供了一条理解中国古代营造的有效线索。

从哲学层面来看，"奇"体现的是道家的逍遥与自由，"正"体现的是儒家的等级与秩序。道家和儒家思想有如太极的阴阳两面，共同影响着中国园林，渗透到园林布局的各个层面，展示了古代造园对于自由和秩序的追求。这两者既彼此对立，又相互依存，很多时候虽分主次，但缺一不可。它们共同形塑了中国园林的气质，既有章法可依、脉络可寻，又变幻莫测、气象万千。

4. 山林：可望可行，可游可居

在世界三大园林体系里，作为东方代表的中国园林，最具特色的要素是叠山，最能体现造园家功力的也是叠山。因此中国古代造园家又被称作"造园叠山家"，中国的"造园艺术史，也就注定和叠山艺术史同步"。[18]

[16] 《园冶》"书房基"讨论了两种书房的情况：一种建在园内，自由布置，前文已作讨论；另一种单独设置，则"势如前厅堂基"，要按厅堂的规制建造，应该是宁波天一阁这种独立的藏书楼。

[17] 例证之一为《园冶·假山》有9处"奇"字，《园冶·屋宇》仅有1处。具体需作专文讨论。

[18] 曹汛.中国造园艺术概说[M]// 中国造园艺术.北京：北京出版社，2019：4.

吴亮诗文共提到周廷策三次。一次是《止园记》称"凡此皆吴门周伯上所构。一丘一壑，自谓过之。微斯人，谁与矣"，称赞周廷策设计规划的止园东区。一次是作《周伯上六十》，为周廷策祝寿。还有一次是假山完工后，吴亮作《小圃山成赋谢周伯上兼似世于弟二首》，致谢之外，还把周廷策推荐给筹备造园的三弟吴奕。

明代史料提到周秉忠、周廷策父子造园，多是称赞两人的叠山。对于徐泰时东园，袁宏道指出："石屏为周生时臣所堆，高三丈，阔可二十丈，玲珑峭削，如一幅山水横披画，了无断续痕迹，真妙手也。"江盈科提到："里之巧人周丹泉，为叠怪石作普陀、天台诸峰峦状，石上植红梅数十株，或穿石出，或倚石立，岩树相间，势若拱匝。"对于周廷策，徐树丕强调："太平时江南大家延之作假山，每日束脩一金，遂生息至万。"江南的名绅望族竞出高价聘请周廷策，相中的便是他高超的叠山技艺。

止园四大要素里，山仅次于水。但"土石三之，……竹树一之"，山石和林木结合构成"山林"，占到止园的4/10，足以与水景匹敌，奠定了全园绵延葱茏的自然格调。

止园有大、中、小不同规模的各类叠山和置石，湖石山、黄石山、土山、石阶花台和特置石峰，一应俱全。

首先是三组规模较大的山林：一为怀归别墅北侧的飞云峰，以湖石垒叠，点缀一株孤松；二为东区北端的狮子坐，下部用土，上部堆筑黄石，山间栽种梧竹、梨枣、芙蓉；三为中区南侧的桃坞，用池中挖出的泥土堆成，遍植桃树。其次是四组中等规模的庭院叠石：一为鸿磐轩前"磊石为基，突兀而上"的石阶；二为华滋馆前的湖石花台；三为真止堂前罗帐下的花石；四为坐止堂前的土石丘峦。最后，园内还有多处特置的峰石，如鸿磐轩内的青羊石及轩前的蟹螯峰、韫玉峰，以及竹香庵前的古廉石等^{（图3-17）}。

三组大型山林里，桃坞为土山，属于土方平衡的产物，与山体相比，其植物特色更为突出，以"林"取胜。狮子坐是以黄石堆筑的土石山，栽种植物种类较多，但仍呈露出粗犷的石质，山体以横向肌理为主，平稳敦厚，"山""林"构成平衡。飞云峰为全石假山，植物极少，石质玲珑，其竖向的挺拔之感，与狮子坐的横向延展形成对比，以"山"取胜。

止园各处的叠山置石，以飞云峰难度最大，技术含量最高，最能展示周廷策叠山的艺术成就。飞云峰发扬了魏晋以来"小中见大"的叠山传统，是中国叠山第二阶段的精品杰作，同时又呼应了晚明引借画意造园的时代新风。

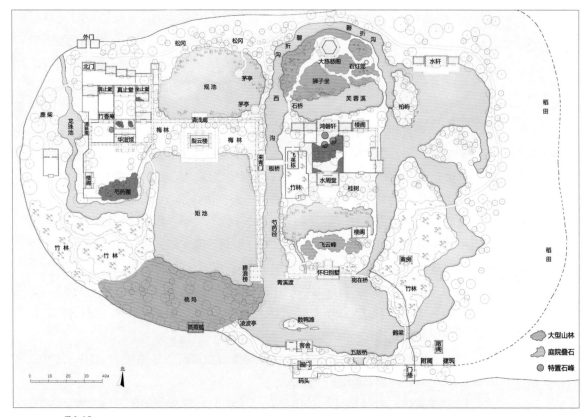

图 3-17

止园叠山置石分布图
⊙戈祎迎、黄晓绘

· 飞 云 峰 与 画 意 游 赏

　　飞云峰位于怀归别墅北侧。游人甫一入园，隔着水池，便能望见别墅
背后耸立的假山。

　　吴亮《小圃山成赋谢周伯上兼似世于弟二首》所咏假山正是飞云峰，
诗曰：

雨过林塘树色新，幽居真厌往来频。

方怜砥柱浑无计，岂谓开山尚有人。

书富宁营二酉室，功超不属五丁神。

一丘足傲终南径，莫使移文诮滥巾。

真隐何须更买山，飞来石磴缓跻攀。

气将崒律千峰上，心自栖迟十亩间。

秀野苍茫开露掌，孤城睥睨对烟鬟。

肯教家弟能同乐，让尔声名遍九寰。

第一首写到，微雨过后，止园气象一新，吴亮频频往来，不厌其烦。颈、颔两联，都是一言吴亮，一赞周廷策。吴亮弃官归来，无法再做朝堂砥柱；幸而遇到周廷策，还可以开山隐居。"二酉"指湖南二酉山的二酉洞，相传为秦始皇焚书之际秦人藏书之处，暗喻吴亮园中富有藏书；"五丁"指传说中先秦的五位勇士，力大无比，曾在秦蜀两国的崇山峻岭间开辟山路，借指开山造园的周廷策。园内成此玲珑一丘，便足以笑傲终南三径，不必再担心《北山移文》讽诮自己是假隐士。

根据第二首诗的"真隐何须更买山，飞来石磴缓跻攀"和山峰的名称，可知飞云峰是写仿杭州灵隐寺的飞来峰。自南宋迁都杭州以后，灵隐寺飞来峰便成为皇家园林和私家园林写仿的样板。[19]吴亮栖游于止园之中，或欣赏高耸凌空的飞云峰，纵览千峰奇峻；或环眺山间的苍茫秀野，遥对孤城雄关。志得意满之余，他向周廷策许下承诺："若能为家弟造园同乐，必将使周君声名传扬九州。"

飞云峰是进入止园后第一处造景高潮，地位突出，充分体现在吴亮的诗文和张宏的画册里。除了《小圃山成赋谢周伯上兼似世于弟二首》，吴亮还有两首专咏飞云峰的五言诗。《由别墅小轩过石门历芍药径》曰：

开轩一何敞，在乎山水间。

侧径既盘纡，伏猊屹当关。

名花夹两城，吹动春风颜。

荒涂横菉葹，呼童荷锄删。

点缀数小峰，文锦何斑斑。

径傍胜未尽，缓步还跻攀。

《度石梁陟飞云峰》曰：

小山何盘陀，逶迤不盈步。

[19] 鲍沁星，李雄. 南宋以来古典园林叠山中的"飞来峰"用典初探[J]. 北京林业大学学报（社会科学版），2012，11（04）：66-70.

> 侧身度青霭，介然得微路。
> 疏峰抗高云，云阴莽回互。
> 徘徊抚孤松，恍惚生烟雾。
> 樛枝结菁葱，群葩借丹腹。
> 回展窅如迷，一步一回顾。

《止园记》对飞云峰也有详细介绍:

> (怀归别墅)当水之北面，而又负山，巧石嵚嶒，
> 势欲飞舞，堂乃在乎山水之间，曰怀归别墅。……
> 山右架石为门，由西稍折而北，径旁缀石为栏，
> 种木芍药数本。径中折，有石若伏猊、若树屏，
> 皆可纪。径右折拾级而上，得石梁可登，陟山颠
> 有松可抚。循东陔而下，得石峡。盘旋而西，复
> 合前径。径穷而为篱，锦峰旁插，丛桂森列，有
> 堂三楹曰水周，前见南山，山下有池莳菡萏，四
> 外皆水环之，故取《楚骚》语。

与丰富的诗文相呼应，张宏《止园图》有四幅涉及飞云峰，在整套图册中出现次数最多；另一出现了四次的景致是大慈悲阁。第一幅是首开"止园全景图"，可借以确定飞云峰在全园的位置；第二幅是第四开"怀归别墅"，描绘了作为别墅背景的飞云峰轮廓；其余两幅则是近观——第五开从怀归别墅上方俯瞰飞云峰南侧，第六开从水周堂前回望飞云峰北侧。

这些诗文和图画从不同的尺度、距离和视角，展示了飞云峰的位置、形象和姿态，可借以绘出飞云峰的平面复原图，全面深入地了解这座假山(图3-18)。

从山体形态看，飞云峰东西向为主山，南北向为起峰和余脉。山势从西南侧发脉，向北逐渐耸起，这段起峰通过一道石门与主山相连。主山下部为宽阔的石台，南北皆有悬岩洞穴，南侧可居，北侧可登。登山的洞口位于主山东北侧石梁的下部，从东面上山，继而盘旋向西跨过石梁，来到一处开敞的、向西缓缓升起的台地，其中设石桌石凳供人停歇；台上耸起两座主峰，峰头亦搭石梁相连，构成整座假山的高潮。沿主峰西行，道路渐渐收窄；绕到峰后空间放宽，栽有孤松，供人盘桓闲步。山势向东渐趋平缓，又耸起一座小峰，作为收束。在主峰与小峰之间，有路与北侧登山

之路汇合，由此向东通往楼阁二层。另有蹬道下到底层，底层西南连接飞
云峰南侧的悬岩，东北俯临绕到楼阁南侧的溪水，即《止园记》提到的石峡。

从环境关系看^(图 3-19)，飞云峰西南为起峰；中部两座主峰俯仰相望，
东侧小峰孑然独立，各具姿态；山体向东连接楼阁，延入丛林，给人余脉

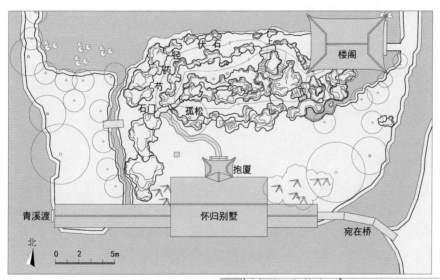

↑图 3-18

飞云峰平面复原示意图
⊙戈祎迎、朱云笛、黄晓绘

→图 3-19

飞云峰环境复原示意图
⊙戈祎迎、朱云笛、黄晓绘

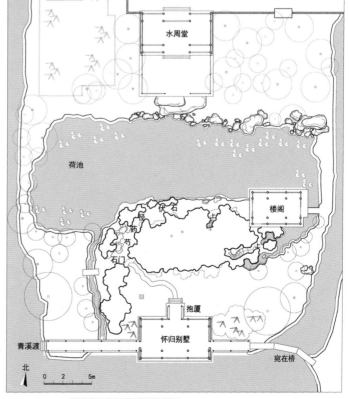

绵延之感。整组山峰南侧与怀归别墅及敞轩、两侧游廊和林木丛竹，构成围合感较强的静谧空间；北侧隔着水池，与水周堂及两侧的桂丛竹林，构成开阔的外向空间。台上居中而立的两座主峰，与怀归别墅和水周堂形成对景，成为支配假山全局的主体。

晚明确立了运用画意指导造园的原则。顾凯指出，晚明叠山注重静态的观赏和动态的游观，使"景"上升为"境"。绘画对于造园两方面的影响恰好与此呼应，分别体现在视觉形式和空间经营两方面：前者的视觉观赏，对应表层的画面与构图的画意欣赏，后者的动态游观，对应深层的游目与骋怀的画意原理。[20]

郭熙《林泉高致》评价山水画称：

> 世之笃论，谓山水有可行者，有可望者，有
> 可游者，有可居者。画凡至此，皆入妙品。

这一准则常被移来品评园林山水。根据观者与园林的关系，下文将郭熙"四可"的顺序微调为可望、可行、可游、可居："可望"是对园林的静态观赏，观者与园林保持着一定距离；"可行"是观者进入园林之中，与园林进行身体性的接触；"可游"在"可行"的基础上融入了更多情感因素，更具有趣味性和精神性；"可居"则是观者栖身于山水之间，融入其中。从可望、可行到可游、可居，观者与园林的距离越来越近，彼此交融，浑然一体。

周廷策营造的飞云峰堪称晚明画意影响造园的代表作，视觉方面体现为郭熙所论的"可望"，体现了对于静态观赏的重视；空间方面体现为郭熙所论的"可行、可游、可居"，体现了对于动态游观的重视。

· 可望：远望、近望与对望

飞云峰假山的"可望"，表现为远望、近望和对望三个层次。

首先是从东南部的曲径向北，远望怀归别墅，飞云峰作为别墅的背景出现，对应《止园图》第四开。这是远望飞云峰，为飞云峰的出场做铺垫。郭熙《林泉高致》称："真山水之川谷，远望之以取其势，近看之以取其质。"远望飞云峰，能够感受到山峰的雄伟气势。这座假山立于怀归别墅北侧，

[20] 顾凯. 拟入画中行：晚明江南造园对山水游观体验的空间经营与画意追求[J].
新建筑, 2016（06）: 44-47.

"巧石崚嶒,势欲飞舞",既为建筑提供了壮观的背景,又勾起游人探奇的兴致。

然后是穿过怀归别墅,在其北敞轩内近望飞云峰,对应《止园图》第五开。敞轩是为近望飞云峰而建,敞轩和假山之间的隙地上摆有桌凳,供人更加贴近地感受假山。为使从南侧远望怀归别墅时能作为建筑的背景,飞云峰既需要体量巨大,又不能离建筑太远,因此它与别墅间的隙地不会太宽。在如此狭窄的空间里添建敞轩,将飞云峰逼近眼前,正是为了突出假山的峥嵘高耸,可以就近欣赏湖石的质地肌理。怀归别墅南侧是开阔的水池,北侧是巍峨的假山,两者的强烈对比只在转身之间,令人印象尤其深刻。《止园图》第四、五两开,将这种对比鲜明地刻画出来。

最后是绕到荷池北岸,从水周堂前对望飞云峰,对应《止园图》第六开。远望飞云峰仅见轮廓,较为朦胧;近望飞云峰仅见局部,逼仄险峻。观赏飞云峰最理想的角度,是在水周堂隔池对望:池中荷叶拂动,映出山峰倒影,愈添韵致。前文提到,这一隔池对山的布置,强化了水周堂作为东区主堂的地位。

《止园图》第四至第六开,描绘了围绕飞云峰展开的三段空间,从开阔的前池到狭窄的隙地,再到水周堂前的荷池,一开一合一放,形成富有节奏的空间序列。它们从不同角度展示了飞云峰的姿态,将假山的视觉观赏与空间的游赏体验巧妙结合起来。

· 可 行 : 欲 行 、 难 行 与 畅 行

飞云峰假山"可行"的路线设计颇具匠心。从怀归别墅南侧遥望飞云峰,勾起游人登临的兴致,为"欲行"。穿过怀归别墅来到山峰前,却发现所对皆为悬岩峭壁,只能举首仰望,无法登临,为"难行"。欲登而不得,则登临之心愈炽。接下来一条铺石小径将人引向西北角的石门,穿过石门后,才发现别有蹊径可寻。

由《止园记》可知,随着视角的不断变换,一条完整的"畅行"路线逐渐展现:经石门向西、向北,有一条小径,两侧掇石堆筑花台,栽种木芍药。沿小径一转,路边耸立怪石,如伏猊,如树屏,引导游人慢慢进入山林之中。沿着小径继续右转,抵达飞云峰北侧,始见蹬道,可攀至山中。登山后沿山北一路向西,度石梁,陟山巅,抚孤松;进而绕至山南,向东行至假山东侧,循石级下山,以峡谷收束。沿峡谷盘旋向北,从一层穿过楼阁,又回到前路,

山中之行便告一段落。

　　整段行程，遥望飞云峰为兴，仰望飞云峰为抑，登临飞云峰为扬。一兴一抑一扬，既与《止园图》的第四至六开相对应，又与"可望"的一开一合一放相呼应，将飞云峰的"可行"之旅，营造得跌宕宛转，逸趣横生。

· 可游：身游与神游

　　"可游"与"可行"关系密切，且更重视游人的主观体验，包括身体体验和精神体验。飞云峰的可游，涉及花径、立石、孤松、高峰四类景致，其体验由感官性逐渐趋于精神性。

　　一是花径，从怀归别墅敞轩向西北穿过石门后，来到一条幽曲小径，两侧花台遍植木芙蓉，吴亮称之为"芍药径"，诗曰"名花夹两城，吹动春风颜"，一路鲜花盈目，幽香扑鼻，这种体验主要是感官性的。

　　二是立石，沿芍药径一转，进入另一空间，路边怪石林立，如狻猊伏卧，如屏风高树，历历可赏。吴亮诗曰"侧径既盘纡，伏猊屹当关"，体现了动物象形的赏石传统。[21] 这一传统历史悠久，可追溯到唐代白居易的《太湖石记》，将湖石描述为"如虬如凤，若跧若动，将翔将踊；如鬼如兽，若行若骤，将攫将斗者"。略早于周廷策的张南阳设计的弇山园，有奇石如簪云、伏狮、渴猊、残蕚等；稍晚于周廷策的张南垣的作品，吴伟业《张南垣传》描述为有奇石"伏而起，突而怒，为狮蹲，为兽攫，口鼻含呀，牙错距跃，决林莽，犯轩楹而不去"，可见这一赏石风尚始终流行。飞云峰山下立石所引发的动物形象的联想，使游人的体验从感官性向精神性过渡。

　　三是孤松，登山后向西绕过山巅，山后有一株松树。飞云峰为湖石假山，泥土很少，不利种植，在山顶种松树，自然别有寓意。吴亮诗曰："徘徊抚孤松，恍惚生烟雾。"此景效仿陶渊明"抚孤松而盘桓"，是明清造园常见的主题，亦见于明代寄畅园和清代环秀山庄(图3-20)。如此一来，飞云峰此景不再是简单地玩赏松树，而是通过松树与前贤对话交流，更重精神性的体验。

　　最后是高峰，通过高峰来象征仙境，精神性最强。吴亮诗曰："侧身度青霭，介然得微路。疏峰抗高云，云阴莽回互。徘徊抚孤松，恍惚生烟雾。樛枝结菁葱，群葩借丹腴。"青霭、高云、烟雾、丹腴，这些字句都点出飞云峰的道教寓意，立在山顶的两座高峰仿佛耸入云端，使人有置身仙境之

---

[21] 顾凯."九狮山"与中国园林史上的动势叠山传统[J]. 中国园林，2016(12)：122-128.

③——宗 匠
自是胸中具一丘

图 3-20
明代宋懋晋《寄畅园图册》"盘桓"和
清代环秀山庄湖石假山上的孤松
⊙上：华仲厚藏　下：黄晓摄

感。这种对于仙境的营造，也成为后面"可居"的主题。

吴亮特地强调飞云峰规模不大，诗曰："小山何盘陀，逶迤不盈步。……回屡眚如迷，一步一回顾。"令人联想到计成《园冶·掇山》的描述："信足疑无别境，举头自有深情。蹊径盘且长，峰峦秀而古。多方景胜，咫尺山林。"这座盈盈数十步的飞云峰假山，却能令人一步一回顾，于咫尺之地营造出深远山林，提供了多方位的游览体验。

· 可 居 ： 洞 居 与 楼 居

郭熙《林泉高致》认为"可行可望，不如可居可游之为得"，在山水的四项品评标准里，最高标准是"可居"，即李渔《闲情偶寄·山石》所称，造园的理想是"致身岩下，与木石居"。

止园飞云峰正是一座"可居"之山。董豫赣《石山壹品》引宋徽宗《艮岳记》所称"岩峡洞穴，亭阁楼观"，点出"可居"的两种载体——天然洞府和人工楼阁，[22] 在飞云峰中都有体现。

首先是洞居，包括两种：一是飞云峰南侧的湖石从高处悬垂而下，形成险峻的半开敞洞府；二是洞穴向东北延伸，与楼阁南侧的溪水相遇，形成幽深的山水洞府。

第一种半开敞洞府类似于"广"字的象形，构成单面出挑的庇护所，呈现为"上大下小"之势，深受画家和叠山家喜爱。郭熙《早春图》中有卷云般的峰峦，耸至高处后向前俯伸，营造出悬岩峭壁之感(图3-21)。计成《园冶》也对这类悬岩赞赏有加，书中称誉"山林地"的胜景之一是"有峻而悬"之趣，堆叠内室山应"壁立岩悬，令人不可攀"，堆叠书房山应"悬岩峻壁，各有别致"。计成甚至独创了一种堆掇悬岩的平衡理法，特点为"起脚宜小，渐理渐大，及高，使其后坚能悬"。他宣称"斯理法古来罕有"，此前叠山家最多悬挑两石，采用他的平衡法，则"能悬数尺，其状可骇，万无一失"。计成《园冶》还专门谈到此类石峰的理法："峰石一块者，……理宜上大下小，立之可观。或峰石两块三块拼掇，亦宜上大下小，似有飞舞势。"止园飞云峰南侧悬崖凹壁的单坡意象，追求的正是同一境界。

第二种是假山东北部山水交接处的山水洞府，更能体现周氏叠山的精巧。周廷策父亲周秉忠在苏州洽隐园设计的"小林屋"水假山保存至今，

[22] 董豫赣. 石山壹品 [J]. 建筑师，2015（1）：79-91.

图 3-21

北宋郭熙《早春图》
（局部）
⊙台北"故宫博物院"藏

也是采用这一手法。韩是升《小林屋记》介绍小林屋假山称："时雨初霁，岩乳欲滴。有水一泓，清可鉴物。嵌空架楼，吟眺自适。游其中者，几莫辨为匠心之运。"陈从周称赞小林屋假山"层叠巧石如洞曲，引水灌之，点以步石。人行其间，如入洞壑"，[23] 俨然止园飞云峰的贴切写照。

飞云峰的洞居，除继承神话时代的仙山形象、道家的洞府意象、画家和造园家的悬岩景象外，至少还有两方面的考虑。一是飞云峰逼近怀归别墅，下部后退形成洞府，可以扩大假山与屋舍间的空间，形成"屋舍—敞轩—隙地—洞府—假山"的序列，过渡更为自然，体验更为丰富。二是如飞云峰名称和吴亮"飞来石磴缓跻攀"描述的那样，这座假山取法杭州飞来峰。飞来峰悬岩洞府的形象，被许多画家绘入图中，如宋旭《三竺禅隐图》（图3-22）、宋懋晋《飞来峰图》（图3-23）等，他们都稍早于张宏。随着这些图像的广泛流传，飞来峰从许多方面影响到明清园林的假山叠筑。

其次是楼居。洞府，无论是悬岩挑出的半边洞府还是架在溪上的山水洞府，都只能做短暂停留，无法久居；但依傍山石构筑的楼阁，则可以实现真正的安居。计成《园冶·阁山》介绍了倚靠假山建造楼阁的方法："阁皆四敞也，宜于山侧，坦而可上，便以登眺，何必梯之。"飞云峰东北角有座二层楼阁，三面以水环绕，一面紧靠假山，可从山间登至二层，无须借助楼梯。

[23] 陈从周. 园史偶拾[M]// 园林谈丛. 上海：上海文化出版社，1980：184-186.

→图 3-22

（明）宋旭《三竺禅隐图》

（局部）

⊙南京博物院藏

↓图 3-23

（明）宋懋晋《飞来峰图》

（局部）

⊙天津博物馆藏

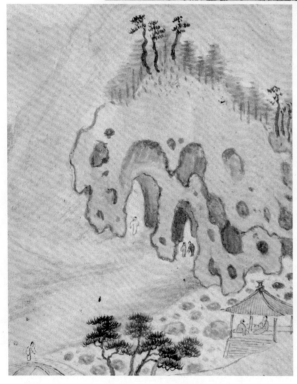

　　飞云峰的湖石有如仙人脚下的祥云，由此登楼，楼阁自然就是仙人的仙居。

　　以上两种可居方式都与道教有关。洞府是仙人居住的洞天福地，楼阁是仙人所好的楼居，游赏飞云峰的仙境体验最终在两类山居中达到高潮。这重道教寓意还需要从全园的结构作整体的理解：飞云峰处在止园东区的核心，与东区尽端的狮子坐大慈悲阁，一道一佛，成为该区最重要的两处景致，并在主题上遥相呼应，分别作为吴亮和母亲的栖心之所。

·叠 山 的 浪 漫 主 义

　　曹汛先生将中国古代叠山概括为三个阶段和三种风格，[24]提供了理解飞云峰假山的历史框架。

　　曹汛先生通过两幅图，直观地展示出三种风格的特征和延续的时段（图3-24、图3-25）。第一阶段是用真实尺度再造一座大山，创造出直接的"实有深境"；第二阶段是缩小比例，堆叠为模型般的千岩万壑，创造出直观的"有似深境"；第三阶段则是堆叠真山的片断，艺术地再现部分山脚，创造出真实的"似有深境"。这三个阶段可概括为自然主义、浪漫主义和现实主义，它们从过于追求真，到过于追求假，最后达到"有真有假，作假成真"的理想境界。

图 3-24

　　中国古代叠山三阶段的风格特征，白色轮廓代表真山，黑色代表假山
　　⊙曹汛绘

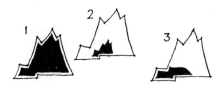

图 3-25

　　中国古代叠山三阶段的演变程序
　　⊙曹汛绘

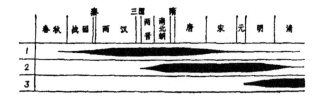

　　根据这套理论，曹汛先生强调，第三阶段的叠山将生活真实与艺术真实圆满地结合起来，标志着中国造园艺术最后的成熟。第三阶段最重要的叠山大师是张南垣，他开创了一个时代，创新了一个流派，其成就足可媲美同时代的法国造园家勒诺特尔、英国造园家布朗和日本造园家小堀远州，"在人类文化史上应该有一个高贵的席位"。[25]从中可见曹汛先生对第三

[24]　曹汛. 略论我国古代园林叠山艺术的发展演变[M]//中国建筑学会建筑历史学术委员会. 建筑历史与理论（第一辑）. 南京：江苏人民出版社，1980：74-85.

[25]　曹汛. 张南垣的造园叠山作品[J]. 中国建筑史论汇刊，2009（00）：327-378.

阶段叠山和张南垣的推崇，他将张南垣比作唐代的杜甫，[26] 两人都是"现实主义"的艺术大师。

张南垣"现实主义"叠山的精髓，在于与周围环境的巧妙衔接。他采用土石相间、以土为主的手法，叠筑出"平岗小坂，陵阜陂陀"，然后错之以石，缭以短垣，翳以密筱，俨然成为自然山林局部的真实再现，"截溪断谷，私此数石者为吾有也"。同时园外还有"奇峰绝嶂，累累乎在墙外"，营造出"虽由人作，宛自天开"的境界。

"现实主义"叠山现存的代表作，是张南垣传人张钺改筑的寄畅园大假山。寄畅园位于惠山山脚，邻近"天下第二泉"，因此既有"山之晴光雨景，朝霞夕霭，时时呈奇献态于窗楹前"，又能"引惠山之水汇为池，破为涧，昼夜潺潺然漻漉泻于檐楹之下者，历寒暑不竭"，充分利用了周围山水的优势条件。

园内布局也与周围环境充分结合。寄畅园处在无锡城市和锡惠山林之间，城市在东，山林在西。因此园内的建筑大多布置在东侧，面向山林而背对城市；向西经锦汇漪水池，过渡到池西的鹤步滩和大假山；继而延续至园外西侧的真山，使"奇峰绝嶂，累累乎在墙外"，形成从城市人间到园内建筑，再到园内山水，最后到天然山水的有机过渡。站在池东的知鱼

图 3-26
清代董诰《江南十六景册》中的寄畅园，水池对岸为大假山和远处的惠山
⊙清华大学美术馆藏

[26] 曹汛. 江南园林甲天下, 寄畅园林甲江南 [J]. 风景园林, 2018, 25 (11): 14–16.

槛眺望对岸的八音涧假山，俨然是惠山延续到园中的余脉(图3-26)。

与"现实主义"并驾齐驱的是"浪漫主义"。如果张南垣是"现实主义"大师，明清的"浪漫主义"造园大师是谁呢？周秉忠、周廷策父子堪当其任。周廷策叠筑的止园飞云峰，正是"浪漫主义"叠山的代表。

"浪漫主义"叠山的精髓在于与周围环境的强烈对比，与"现实主义"恰好相反。这种叠山风格与周围环境并无关系，注重写仿取法自然界的名山，而非呼应周围的山形水势。周秉忠叠筑的东园假山取法普陀、天台诸峰，洽隐园假山取法洞庭西山的林屋洞，周廷策的止园飞云峰取法杭州的飞来峰，都是采用夸张手法象征自然界的真山，并与神话里的仙山联系起来。

止园飞云峰的巧妙之处，恰恰来自其特殊的写仿对象——飞来峰。飞来峰的妙处在于同周围环境毫无关系，仿佛从天外飞来，带给人惊异之感。曾游赏周秉忠所筑东园的袁宏道这样评价飞来峰：

> 湖上诸峰，当以飞来为第一。峰石逾数十丈，而苍翠玉立。渴虎奔猊，不足为其怒也；神呼鬼立，不足为其怪也；秋水暮烟，不足为其色也；颠书吴画，不足为其变幻诘曲也。石上多异木，不假土壤，根生石外。前后大小洞四五，窈窕通明，溜乳作花，若刻若镂。壁间佛像，皆杨秃所为，如美人面上瘢痕，奇丑可厌。余前后登飞来者五：初次与黄道元、方子公同登，单衫短后，直穷莲花峰顶。每遇一石，无不发狂大叫。次与王闻溪同登；次为陶石篑、周海宁；次为王静虚、陶石篑兄弟；次为鲁休宁。每游一次，辄思作一诗，卒不可得。

袁宏道将飞来峰誉为西湖诸峰之首。这一带峰石高达数十丈，渴虎奔猊、神呼鬼立、秋水暮烟，种种神怪景象，皆在其间。袁宏道前后五次登山，每遇一石，便发狂大叫，惊喜交集，可见山上诸峰予人震撼之深。

飞云峰写仿飞来峰，其原型已是精彩至极。飞云峰进一步将"小中见大"的象征手法发挥到极致，同时因其写仿原型的特殊性，又产生了戏剧性的反转，使剧情更为跌宕起伏。

以往缩仿真山都是将观者带到所仿的名山中去。唐代李德裕平泉山居有诸多奇石：[27] 钓台石将人带至富春江畔的严光垂钓处，日观石将人带至可眺望扶桑诸岛的泰山之巅，巫山石将人带至长江三峡，海峤石将人带至宣州的仙都山……像曹汛先生指出的，这些峰石"由此及彼，靠诗情引起遐想，像电影的蒙太奇一般，一下子缩去了山山水水的距离，就仿佛把你带到产石名山那里去了"。[28]

飞云峰却反其道而行，它将飞来峰带到了所营造的园林之中。止园的飞云峰假山，俨然是从天外飞来，飘落在四面环水的洲岛上。周围并无山势可借，愈发突出了飞来之感。这座假山自带起峰和余脉，起自西南，收于东北，附近的芙蓉花台和狻猊怪石等，则有如飞来时散落在周边的石块。这组山峰与孤松、楼阁相结合，安置在怀归别墅和水周堂之间，唤起观者梦幻十足的仙境想象。

寄畅园大假山是一片供人漫游徜徉的"天然"丘壑，止园飞云峰则是一座令人惊叫绝倒的"飞来"奇峰，二者分别代表了中国叠山两种风格——现实主义和浪漫主义的至高成就。周廷策作为造园叠山家的艺术地位，由此奠定。

5. 江湖之身，魏阙之心

1610 年吴亮退隐止园，开启了人生的第三阶段。张玮《吴大理严所先生传》介绍这段生活称："（吴亮）怡然觞咏于疏梅丛竹间，垂十许年。"从 1610 年弃官到 1622 年起复，吴亮这次隐居长达 13 年。从 49 岁的壮年进入 61 岁的暮年，吴亮最有作为的时光都倾注在止园中，"忍把浮名，换了浅斟低唱"。

吴亮《止园集·自叙》回顾这段园居生涯称："治园青山门外，畅怀舒啸，或嘲弄风月，品题花鸟，于是有草曰'园居'。"这些吟风弄月、品花题鸟之作，收在《止园集》卷五至卷七，共有三卷之多。

吴亮《园居次世于弟旅怀八首》，是与三弟吴奕的唱和之作，表达了吴亮的心迹。其一曰：

[27] 黄晓，刘珊珊.唐代李德裕平泉山居研究[J].建筑史，2012（03）：79-98.
[28] 曹汛.略论我国古典园林诗情画意的发生发展[M]//中国造园艺术.北京：北京出版社，2019.

北郭青山近，扁舟日往来。
有缘频洒扫，无事亦徘徊。
门外先生柳，庭前处士梅。
鸿飞看渐远，燕雀不须猜。

　　止园靠近城北的青山门，吴亮乘坐小舟，日日往来。有事自然常常洒扫，
无事亦来徜徉徘徊。止园门外有陶渊明先生的柳树，梨云楼前是林和靖处
士的梅花。自己栖居在园中，宛如渐飞渐远的鸿雁，已无名利之想，希望
堂间檐下的鸟雀，不必再惊疑相猜。

　　吴亮《答吴子行题咏小园四首》作于春季，其一曰：

大隐依然近市城，归来但觉一身轻。
百年地僻留驹影，三径春深听鸟声。
流水到门如有意，闲云出岫总无情。
自甘疏放填沟壑，敢向时人说独清。

《董蓼卿过访小园不遇次答》作于夏日，诗曰：

却扫衡门久不开，那知仲蔚在蒿来。
阴阴夏木求黄鸟，寂寂闲庭护紫苔。
岂是浮云依岫出，忽疑今雨自天来。
松间片屐无人拾，剩有清风扫石台。

《杜象玄郡伯九日枉集郊园》作于秋季，诗曰：

翩翩五马到林丘，忽漫登高得胜游。
岂是白衣来刺史，还闻皂盖拥诸侯。
千秋杜母棠初苇，九日陶公菊尚留。
卧治不妨频卜夜，起看凉月挂城头。

《玄墓雨止园雪对梅有怀二首》作于冬日，诗曰：

邓尉山前梅似雪，剡溪兴尽且回舟。
止园不腆春风在，咫尺罗浮作卧游。

> 春深冰雪剧生寒，生蕊疏枝尚耐看。
> 我自闭门成独卧，不知何处问袁安。

　　春深听鸟，夏雨望云，秋日登高，冬季观梅。四时生活皆有可乐。吴亮隐居在郊园之中，一身轻闲，常有好友过访，同看流水孤山，共赏城头明月。偶尔他不在园中，错过好友的拜会，则寄诗致歉，再约后期。园居也有无人来时，大多是在冬日，"最难风雪故人来"，吴亮便闭门独卧，对雪赏梅。

　　这样的生活，转眼便过去 13 年。

　　当初吴亮弃官归隐，是受到朝局的影响。东林党遭到阉党和各党攻击，作为东林党的坚定支持者，吴亮也受到打压排挤。对此他胸中自有一股不平之气。《止园集》卷五首篇为《感述四首》，诗曰"主父宦不达，贾生志未酬"，吴亮将自己比作西汉的主父偃和贾谊。主父偃游学 40 余年未得重用，穷困潦倒；贾谊同样饱经磨难，壮志难酬，吴亮感慨自己也如两人一般，将埋没于草莽之中。

　　这股不平之气，被 13 年的园居生活渐渐冲淡，却又被时局的剧变重新唤起。

　　万历四十六年（1618）吴亮作《园居即事三首》，诗风与数年前的恬适全然不同。其一曰：

> 有客来长安，偶谈京洛事。
> 边声何太急，塘报忽不至。
> 大将殒全军，屠僇以万计。
> 征兵兵莫应，需饷饷弗继。
> 司农嗟束手，内帑苦告匮。
> 民心已皇皇，官守犹泄泄。
> 干陬徒戒严，城门昼常闭。
> 乃有桑孔俦，请遣搜括使。
> 剜肉胡其毒，燃眉罔攸济。
> 所以经国人，无患在有备。

　　1618 年努尔哈赤以"七大恨"祭告天地，起兵反明，围攻抚顺。抚顺守城千总王命印与前来支援的广宁总兵官张承、副将颇廷相、参将蒲世芳全部战死，明军将士阵亡万余人。消息传到北京，举朝震骇。几个月后，努尔哈赤又攻陷清河堡，辽东屏障尽失。吴亮从京城来客口中了解到边境之危、军情之急。神宗皇帝怠废朝政数十年，这时朝中无可用之将，库中乏可发之饷，民间缺可征之兵。大明王朝到了生死存亡关头，吴亮再也无法置身事外，在园中安居。

吴亮《园居放言四首》其三曰："明朝欲献平辽策，昨夜初回访戴舟。一片热心徒自苦，几番蒿目为谁忧？"他收回悠游山水的小船，希望第二天就向朝廷进献平定辽东的对策。然而当时党争依然酷烈，吴亮一片报国的赤诚与热血，却无处投放和施展。

1620 年神宗皇帝驾崩，立光宗皇帝，在位仅一月又驾崩，立熹宗皇帝。可谓多事之秋。

1621 年，熹宗皇帝天启元年，吴亮编订刊行了自己的文集——《止园集》。集中收录他生平所作的诗文奏章，以及霍鹏、孙慎行、熊廷弼、钱春、马之骐、范允临、吴宗达、吴奕等 16 位亲友的 18 篇序跋。除了卷五至卷七的"园居"诗，还有卷十七的《止园记》《青羊石记》，以及马之骐的《止园记序》、吴宗达的《止园诗序》、范允临的《止园记跋》和吴奕的《青羊石记跋》。文集被命名为《止园集》，这是吴亮对自己毕生文章的总结，也是在与止园诀别。

十余年前，他曾与止园相约："两相有而两不相负，……将终身悠哉游哉，虽有他乐，吾不与易矣。"但在垂垂老矣的暮年，他却违背了誓约，甘负"诱松欺桂"的骂名，面对"南岳北陇"的嘲笑，成为自己深深鄙视的"热中膻途，撄情好爵"之徒，再次出仕。

止园是吴亮避世的桃花源，他悉心经营，朝夕相处十余载，岂忍轻言离别？然而时局危乱如此，覆巢之下，焉有桃源？ 1619 年的萨尔浒之战，明朝文武将吏战死三百余人，兵士阵亡四万五千余人，明朝对后金的军事活动，自此由进攻转为防御。主帅杨镐兵败，朝廷改命熊廷弼经略辽东。

熊廷弼是吴亮好友，《止园集》收录他为吴亮作的《出塞篇序》。《止园集》另一篇《出塞篇序》出自霍去病后人霍鹏之手，同为一代名将。《出塞篇》作于吴亮担任大同宣府巡按御史期间。大同、宣府与辽东、蓟州、太原等合称"九镇"或"九边"，是明朝北方的军事重镇，为防御后金和蒙古最重要的阵地。辽东既失，大同、宣府亦危，吴亮曾在边塞任职，谙熟军务。如今边情紧急，正是他们这些经验丰富的老臣尽忠用事之时。

朝局的变化为吴亮出仕提供了机会。熹宗登基，得力于东林党的拥护。天启初年，东林党人纷纷得到重用，刘一璟、叶向高担任内阁首辅，赵南星任吏部尚书，孙慎行任礼部尚书，熊廷弼任兵部尚书，济济满朝。这年吴亮编订刊行《止园集》，收录孙慎行、熊廷弼的序跋，表明他已经开始积极准备。

天启二年（1622），隐居十余年的吴亮被起用为南京礼部仪制司主事，为正六品。1610 年他弃官时担任正七品的巡按御史，如今起复官阶直升一级。

然而，以魏忠贤为首的阉党，与东林党同时得到重用。晚明党争马上要进入最严酷的时期。外患兼以内忧，吴亮这次出仕，可谓艰险重重。止园的松竹鹿鹤、风月花鸟，终未能消尽他的热血衷肠。《园居放言四首》其二曰："身在江湖心魏阙，朝趋管晏暮夷由。却怜作用从前误，六十衰年盍少休。"61 岁的吴亮揖别松鹤，掩上园门，踏上前途未卜的朝堂边关，从此再没有可以避风的桃源。

图 画

具象山水之极限

（张宏）穷讨古人之妙。

烟云丘壑，触手皆古，

而无一笔袭古，名高天下。

——徐鸣时《横溪录·张宏传》

1. 张宏与《止园图》

公元 1627 年，明代天启七年，苏州画家张宏（1577—1652 后）接到一项委托，为常州的一座园林绘制一套图册。这年夏天，图册全部完成，他满意地在最后一页题上款识："天启丁卯夏月，为徽止词宗写。吴门张宏。"（图 4-1）图册的委托人被称作"徽止词宗"，这套图册称作《止园图》，一共 20 幅。

图 4-1

（明）张宏，《止园图》
第二十开题款

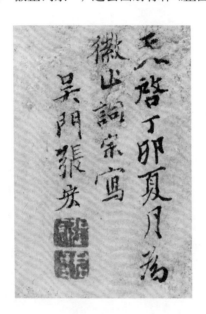

张宏恐怕不会意识到，他刚刚完成了一套园林绘画史上划时代的杰作。

张宏题跋中的"徽止词宗"是吴亮次子吴柔思。吴柔思（1593—1628）字德嘉，号徽止，中天启二年（1622）进士。1624 年吴亮去世，1627 年吴柔思丁忧期满。他虽为次子，但中进士后社会身份较高，因此由他出面，委托张宏绘制了这套《止园图》纪念父亲。

万历四十一年（1613），即吴亮为周廷策祝寿的第二年，张宏也在常州，为唐氏家族唐鹤征的长孙唐献可绘制了《石屑山图》。[1] 14 年后，他又为常州的另一望族——吴氏家族绘制了《止园图》。

明代画坛大家辈出，清初刊行的徐沁《明画录》收录了 870 多位明代画家，提到张宏仅有八个字："张宏，字君度，吴县人。"无论从当时还是后世来看，张宏只是一个不起眼的地方画家。那么常州的两大望族，为何先

---

[1] 张宏《石屑山图》题跋称："癸丑初夏同君俞尊兄游石屑山作此。"唐献可，字君俞，为晚明收藏大家。

后都选中了张宏?

近年有学者详细梳理了张宏的传世作品,中国各地博物馆藏有90余件、海外藏有20余件。[2]从这些作品和相关记载看,张宏大概可算晚明小有成就的山水画家,生前已获得了一些声誉,得到了一定程度的肯定。

清初蓝瑛、谢彬《图绘宝鉴续纂》称赞他:

> 笔墨苍古,丘壑灵异,层峦叠嶂,得元人法。
> 石面连皴带染,树木有学堂气。写意人物,神情
> 浃洽,散聚得宜,所写《吴郡岁朝图》,咄咄逼真,
> 无出其右。

张庚《国朝画征录》称赞他:

> 工山水,苍劲雅秀,萧疏淡远,吴中学者都
> 尊之。余尝见其《沧浪渔笛图》《松柏同春图》,
> 不让元人妙品。

姜绍书《无声诗史》称赞他:

> 写山水笔力峭拔,位置渊深,画品在能、妙间。

对于这些赞语,高居翰敏锐地指出,所谓"不让元人妙品","画品在能、妙间","听起来不恶,其实并不是什么赞美之词,因为在中国画的等级里,'妙品'尚次于'神品'和'逸品',只不过是三等",至于"能品"则是最末的第四等。[3]现代以来张宏的地位有所上升,有学者认为他突破了"文人画"和南北宗的藩篱,极具创新性地形成了自己写实的绘画风格,可视为"以画名饮誉苏州的中小名家"。[4]对张宏研究最深、评价最高的要属高居翰,他赞誉张宏是"晚明苏州数十年来罕见的出色画家",张宏的创作展示了"具象山水之极限"。

关于张宏的生平,明代徐鸣时《横溪录》有一段记载[5],让我们有机会

[2] 朱万章:《张宏及其绘画艺术》,《中国书画》,2006年第11期,第4-15页。

[3] 高居翰:《山外山》,生活·读书·新知三联书店,2009,第42页。

[4] 王顺:《谈苏州画家袁尚统和张宏》,《故宫博物院院刊》,1991年第3期,第27-35页。

[5] 徐鸣时:《横溪录》,卷三,四库全书存目丛书,史部第234册。

更多地了解这位画家：

> 宏字君度，别号鹤涧，居镇东里。少读书，不就，去学绘，穷讨古人之妙。烟云丘壑，触手皆古，而无一笔袭古，名高天下。家酷贫，志气傲散，履敝不易，衣垢不浣。顾善事父母，父母没，弟幼，友爱最笃。室屋湫隘，父存典半，宏以笔恢复，公诸弟。又女弟适人，夫亡子存，携归衣食之。亲戚贫老失所者，咸赖以给。故能取之于笔，而囊乌有也。朝暮举火，仰之市肆。要其急，辄得佳画，故米盐之家所藏为多。稍有笔租，即以直酬物，又自贵弗与。弟敬，字以修，好博物，亦淳谨士也。

从文中知道，张宏居住在苏州西南十三里的横溪镇（今苏州市虎丘区横塘街道）（图4-2）。他少年时代读过书，也曾有求取功名的打算，但仕途并不顺利，后来迫于生计转向了绘画。他的作品充满古意却不拘泥于古，获得了很高的名声。张宏的家庭异常贫困，而他又事亲至孝，在父母卒后，

图4-2

张宏故乡苏州横溪镇
位置图
◎黄晓绘

他不遗余力地照顾弟弟和妹妹。一家老小以及贫苦的亲戚都仰仗他的一支画笔讨生活。他和受他照料的人经常处于贫困状态，因此张宏最好的作品都卖给了商贾之家。但只要稍有宽裕，他就很珍惜自己的作品，不肯轻易卖人。张宏有一个弟弟，叫张敬，字以修，也是博雅多识的君子。这则记载为我们勾勒出一位典型的传统画家形象：画艺高超但贫困潦倒，以卖画

为生却崇尚气节。

关于张宏绘画的师承，一般认为他的山水画师法沈周，其传世作品临仿沈周者最多，如《仿沈周山水图》《仿石田山水图》和《仿沈周秋山书屋图》等。他在融会贯通之后，用苍劲遒逸之笔描绘吴中地区的崇山峻岭，在晚明的山水画坛独树一帜。张宏能将近似于西洋写实的技巧运用到传统山水画之中，对吴中的风景名胜作纯粹具象式的描绘，这种迥异于前人的画法，为当时沉闷的山水画坛带来了生机。这一点正与蓝瑛、谢彬所称的"咄咄逼真，无出其右"相合。

张宏艺术成就最高的作品要属实景画。实景画（Veduta）原为意大利语术语，通常以城镇风景或者自然风景为主题，因其极为准确，可以从中辨识出具体的地点而得名。这一特征恰与晚明以来的中国实景画相近。第一章提到，从沈周的时代起，苏州画家便致力于描绘城市内外的名胜古迹。张宏在继承苏州实景画传统的同时，开始进行创造性的实验：他注重忠实于视觉所见，通过调整描绘方式，使绘画适应该地特殊的景致，因此即使有时描绘一些观者并不熟悉的景致，仍能予人一种超越时空的可信感。

张宏努力追求一种近乎视觉实证主义的实景再现，为此他有意采用了许多中国传统之外的构图和技法。1639 年春，张宏赴浙江东部一带游历，根据实地体验创作了《越中十景图》（图4-3），他在末页题识中写道：

> 以渡舆所闻，或半参差，归出纨素，以写如
> 所见也。殆任耳不如任目与。

这套图册以图画报道的方式，将越中的景色呈现在观者眼前，创造出一种蜿蜒入深的穿透感。对一位晚明画家而言，企图运用视觉写实的方法再现自然景致，是一种很不寻常的现象。张宏在各类画作的题识中不止一次强调，希望能够摹写出实景的神韵。创作于 1638 年的《苏台十二景》提到"漫图苏台十二景以消暑，愧不能似"，1650 年的《句曲松风》提到"愧衰龄技尽，无能仿佛先生高致于尺幅间"。可知这一风格并非出于偶然，而是他有意为之。张宏的许多作品都可被视为第一手的观察心得，是视觉报告，而非传统的山水意象。这种风格的集中体现，便是《止园图》。

《止园图》共 20 幅，由最后一幅的款识可知，这套图册完成于 1627 年，张宏刚过"知天命"之年（51 岁），已是颇有名气的画家。或许是张宏注重写实的画风吸引了吴柔思，使他向张宏提出这项委托。张宏绘制了一系列图画，合在一起，对止园进行了全面完整并极富说服力的精确再现。

图 4-3
———
（明）张宏，《越中十景图》（选二）
◎奈良大和文华馆藏

　　《止园图》到底有何非凡之处？高居翰打过一个风趣的比方。他请观者想象，假如自己是一名园林专家，在阿拉丁神灯的帮助下，获允带上相机，跨越时空，回到一座古代园林中。观者可以从任何角度随意拍摄彩色照片，但有一个限制，狡猾的灯神在相机里只放了 20 幅胶片。此时，观者会如何记录这座园林呢？

　　张宏这套图册正如同现代的相机记录，他抛弃了文人山水画的传统原则，甚至连册页的常规手法也未予理会。第一幅图画，他从今天用无人机才能拍摄到的视角，描绘了整座园林的鸟瞰全景。其后的 19 幅图画，则如同在园中漫步一般，沿着特定的游线拍摄照片，记录下一系列连续的景致；这些图画，某些有居中的主景，某些则辨不出主景，而是描绘了景致间的关系。整套图册通过精心的编织，使各图景致都能与全景图的相关区域对应，这样当它们合在一起时，既能从全局上，又能从细节上再现整座园林（图4-4）。

　　高居翰曾在旧金山的一次研讨会上发表过上述观点，称赞《止园图》

图 4-4

高居翰在止园全景图上
绘制的各分景位置图
（1996 年）

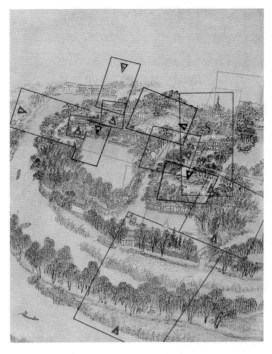

是中国园林绘画的巅峰之作。[6] 但对于这一论断，并非没有争议。当时就有听众提出：中国园林的本质是通过一系列景致来组织的，张宏《止园图》没有将画面聚焦在特定景致上，或许是由于他并未真正理解中国园林。

高居翰的论断和相关的争议涉及众多关键的议题。园林绘画的性质为何，包括哪些类型，在中国经历了怎样的发展？中西方对于绘画的认识有何区别，对张宏的评价为何会大相径庭，如何理解其中的差异？中国的绘画传统，西方的实景技法，明代的造园风尚，分别从哪些方面影响到园林绘画的创作？这些问题使《止园图》成为探讨园林与绘画两大领域、中国与西方两种传统的绝佳媒介。

2. 西方东方，写实写意

绘画作为一种视觉艺术，就其图像对外部世界的反映而言，可分为"再

---

[6] 高居翰，黄晓，刘珊珊. 不朽的林泉——中国古代园林绘画[M]. 北京：三联书店，2012：6, 15.

现自然"和"表达自我"两大类别。[7] 前者是西方绘画一贯追求的目标,并在文艺复兴时期取得了关键性的技术突破;中国绘画也经历过重视"再现"的早期阶段,对写实的追求在北宋达到高峰,但从元代开始,中国绘画转向了"表达自我"。

东西方艺术在历史上从未中断交流,汉魏雕塑受到犍陀罗风格的影响,唐代佛教将明暗技法带入中国……每次交流都给艺术创作带来巨大的变化。张宏创作《止园图》的 17 世纪,是中西艺术交流史上又一关键时期。这时西方绘画已拥有一套完备的写实技法,中国绘画则已完成从写实向写意的转向,这一背景使明代绘画领域的中西对话暗流奔涌,意趣盎然。

西方绘画的"再现"理念可上溯到柏拉图的"艺术模仿论",奠定了西方绘画"写实主义"的根基,其目的或是刻画真实的人物与姿态,或是描绘室内的景物和野外的风光,[8] 前者为人物画,后者为风景画,都注重对于实景的"再现"。西方绘画艺术在中世纪发生过一次转折,吸收了东方和"蛮族"艺术的养分,开始转向追求装饰性而非写实。但这只是一段插曲,到文艺复兴时期,"写实主义"再次占据主流,成为画家孜孜追求的目标。画家们探索出焦点透视学、人体解剖学、明暗投影法和色彩变化法等各种技法和规则,结合新兴的自然科学,建立起一整套理论,从此西方绘画真正实现了忠实摹写自然的目标。如 1444 年康拉德·维茨(Konrad Witz)的《捕鱼奇迹》(*The Miraculous Draft of Fishes*),被认为是欧洲艺术史上现存最早的通过对地形特征的观察进而忠实再现了风景的作品,它描绘了耶稣复活后教人捕鱼的故事,背景取自真实存在的日内瓦湖和塞利维山,将神迹与实景结合起来(图 4-5)。

19 世纪的艺术史家丹纳(Hippolyte Adolphe Taine,1828—1893)总结了西方绘画作为"模仿"艺术的三个层次:首先是初级层次的模仿事物的外表,进而是理性地模仿事物各个部分的关系,最后是突出事物的主要特征,使其在各个部分中居于支配地位。[9] 通过这三个层次,他构筑起一套完备的"再现"理论:艺术家既需要全神贯注地观察现实世界,在画中加以逼真模仿,又需要在此基础上进行艺术的提炼与升华。

早期的中国绘画同样重视"再现"。唐代张彦远(815—907)《历代名

[7] 艺术史学者石守谦《对中国美术史研究中再现论述模式的省思》一文将"再现自然"和"表现自我"作为绘画史学界的两大中心议题,前者对应"写实",后者对应"写意"。参见:石守谦.从风格到画意:反思中国美术史[M].北京:生活·读书·新知三联书店,2015:29-48.

[8] 丹纳.艺术哲学[M].傅雷,译.天津:天津社会科学院出版社,2007:39.

[9] 同 [8]53-54.

→图 4-5

康拉德·维茨《捕鱼奇迹》，
1444 年
⊙日内瓦艺术与历史博物馆藏

↓图 4-6

（宋）李唐《万壑松风图》，
表现了中国北方的雄浑山水
⊙上海博物馆藏

画记》认为，中国绘画的起源是上古先民在认识世界的过程中"无以见其形，故有画"，先民通过绘画描摹外物之形，认识万物。早期的画论普遍重视绘画的"再现"功能，如《历代名画记》引用西晋陆机（261—303）的观点"宣物莫大于言，存形莫善于画"，引用南朝颜延之（384—456）的观点"三曰图形，绘画是也"，[10]都将描绘、保存客观形象作为绘画的首要功能，其他功能都是在此基础上的引申。陆机、颜延之指的主要还是人物画，通过描绘先贤的形象来宣扬教化；在同一时期，山水画也开始兴起。

与人物相比，再现山水无疑要困难许多，兴起于魏晋的山水画经过数百年的发展，到北宋取得了很高的成就，旨在再现自然的客观描述手法得到了极致的展现，被称作"自然主义山水画"。北宋绘画大家的创作方式之一便是身临其境地观察、体悟自然，他们独特的笔法被认为表现了不同地域的景致特征：范宽的"雨点皴"生动捕捉到关中陕西地区雄浑的风景面貌，郭熙的"卷云皴"展现了黄土高原一带土石相间的蓬松地貌，李唐的"斧劈皴"再现了山西河南交界处太行山的整体量感和凹凸不平的受光表面（图4-6），这些都属于北方山水；南唐的董源则被沈括《梦溪笔谈》评价为"多写江南真山"。宋代山水画"再现"自然的成就甚至获得了西方学者的认可，贡布里希将中国的宋代与欧洲的古希腊和文艺复兴，并称为

[10] 张彦远. 历代名画记[M]. 北京：人民美术出版社，2004.

再现艺术历史上最辉煌的三个时期。[11]

中国山水画在宋代达到客观再现自然实景的高峰后，开始转向主观与写意，外在的世界不再得到重视，宋代之后的画家更注重表达内在的自我旨趣。如高士明总结的："中国文人画家与世界所发生的最重要的关系不是模仿，而是起兴。起兴是在时、机之中由一物一景引发感怀兴致，世界与人的共在关系由此情激荡而出"，[12]由此发展出后世熟知的中国绘画"写意"的特征。气韵生动、笔墨精妙取代形色逼肖、度物取真，成为元明时期绘画的追求目标和评价标准。

到公元 17 世纪晚明，中西方的绘画追求已经分道扬镳，西方的写实艺术恰于此时随传教士进入中国。其中最重要的人物是利玛窦（1552—1610），他以绘画和雕塑作为传教手段之一。可以想象，这时期的中西双方都对彼此的艺术充满了误解和不屑。利玛窦认为中国人的绘画"对油画艺术以及在画上利用透视的原理一无所知，结果他们的作品更像是死的，而不像是活的"，[13]从西方"再现"的角度看，明代不注重空间营造的绘画显得"死气沉沉"。

而以董其昌为首的主流画家也对利玛窦的艺术观点和西洋艺术兴趣寥寥。宋元转型后的明代绘画主要关注笔墨气韵和诗画关系等涉及"雅俗之辨"的议题，利玛窦的西方观点既然是关注物象景致的再现，在中国文人眼里便属于世俗的"众工之事"，这样的西洋艺术只是一种"奇技淫巧"，可供偶一猎奇而无法登上大雅之堂。[14]

不过，与主流画坛的冷遇不同，利玛窦的西洋画在民间获得了积极的回响，并引起诸多知名文士的赞叹。

顾启元（1565—1628）《客座赘语》称赞西洋画中的天主耶稣："其貌如生。身与臂手，俨然隐起帧上，脸之凹凸处，正视与生人不殊。"姜绍书《无声诗史》赞叹："利玛窦携来西域天主像，乃女人抱一婴儿，眉目衣纹，如明镜涵影，踽踽跃动，其端严娟秀，中国画工无由措手。"[15]

同样对西方绘画感兴趣的还有主流画坛之外的其他画家，最典型的是人物画家，如曾鲸（1568—1650）曾与利玛窦交往，他潜心揣摩西洋技法，形成独特的肖像画风格，取得了极大的成功："其写真大二尺许，小至数寸，

[11] 贡布里希. 木马沉思录: 艺术理论文集 [M]. 南宁: 广西美术出版社, 2015: 26.

[12] 高士明. 山水之危机 [A]// 行动的书. 北京: 金城出版社, 2012: 235.

[13] 利玛窦. 中国札记: 第一卷: 第四章 [M]. 北京: 中华书局, 2010: 22.

[14] 石守谦. 从风格到画意: 反思中国美术史 [M]. 北京: 三联书店, 2015: 31-32.

[15] 方豪. 中西交通史·下 [M]. 上海: 上海人民出版社, 2015: 762-763.

无不酷肖。挟技以游四方，累致千金云"，成为富有的画家。[16]

除了人物画，同样值得关注的是明代山水画对西洋绘画的借鉴。运用透视学的西方绘画视野开阔、远近分明、比例协调，擅长在二维平面上营造三维空间，这正是晚明画家在实景山水画中追求的目标之一。中国画家从西方绘画中发现了描绘空间的新方法，由此进一步追溯到北宋绘画的写实传统，最终将两者结合到新时代的创作中。这一结合的成果在许多画家的作品里都有体现，以张宏和吴彬最为突出。

崇祯十二年（1639）张宏创作《越中十景图》，其中一幅描绘了大河两岸的景致：近景是一片坡麓，上有林木屋舍，对岸远景是一道城墙，背后有城门佛塔。近景与远景几乎平行布置，连接两岸的是一道近乎垂直的长桥。此前1600—1605年间吴彬所作的《岁华纪胜图·大傩》也有类似的景致：近景是一片屋舍田地，通过一座长桥，连接到对岸远景的集市。高居翰指出，这种构图自元代以来已非常罕见，"中国画家通常不将画中的近景与远景如此紧密地扣合在一起"，而是盛行倪瓒"一江两岸"的图式：近景刻画细致，中间隔着开阔的水面，过渡到对岸缥缈的远景。[17]两位晚明画家为何会采用这种"不合时宜"的构图？

高居翰推测，很可能是因为他们借鉴了当时所见的西方绘画。晚明画家有机会看到许多配有图画的西方书籍，较重要的一本是1572年德国出版的《全球城色》，约在1608年之前传入中国，书里的《堪本西斯城景观图》正是采用了长桥连接两岸的构图，与张宏《越中十景》册非常相似，尤其是对岸平行于画幅的连绵城墙，俨然是张宏此图的范本。张宏、吴彬图中的细节进一步印证了他们对西洋技法的借鉴：两图的长桥都是越往深处越窄，表现出明显的透视关系，与中国绘画"内大外小"的空间表现方式相反（图4-7）。

长桥连接两岸的构图在元明绘画中非常罕见，但如果往前追溯，会发现它在宋画中颇为常见，如北宋张择端《清明上河图》中虹桥两岸的景致，以及南宋李嵩《西湖图》中的断桥与孤山（图4-8）。张宏《越中十景》册与欧洲《堪本西斯城景观图》的图式相近，吴彬《岁华纪胜图·大傩》则与宋代《清明上河图》相近，从中可感受到西洋技法和宋画传统在晚明的交织与回响，而这两者的共同特质，正是对"再现"的重视。

晚明的山水实景绘画与宋代绘画的关系，还可以举出更多的证据。如吴彬《方壶圆峤图》对范宽《溪山行旅图》巨幛式风格的效仿（图4-9）；张宏《止

[16] 谢肇淛. 五杂组[M]. 上海：上海古籍出版社，2012：128.

[17] 高居翰. 气势撼人：17世纪中国绘画中的自然与风格[M]. 北京：生活·读书·新知三联书店，2009：98-113，23-31.

图 4-7

长桥两岸式构图。

左　张宏《越中十景图》

⊙奈良大和文华馆藏

右上　佚名《堪本西斯城景观图》

⊙引自《全球城色》第二册

右下　吴彬《岁华纪胜图·大傩》

⊙台北"故宫博物院"藏

↑图 4-8

张择端《清明上河图》虹桥两岸

⊙北京故宫博物院藏

右　李嵩《西湖图》断桥与孤山

⊙上海博物馆藏

↓图 4-9

吴彬《方壶圆峤图》

⊙美国景元斋藏

右　范宽《溪山行旅图》

⊙台北"故宫博物院"藏

园全景图》的高视点俯瞰在明代绘画中不多见，却与宋代《金明池夺标图》的视角相近。

宋代重视再现的绘画风格在中止五个世纪后，被晚明的一些画家再次发现和借用，形成一股复兴的潮流，这并非偶然。《气势撼人》一书推测，促使张宏"走向描写性自然主义新画风的诱因，却很可能是来自他与欧洲绘画的接触"；[18] 书中又指出，在张宏这一代晚明画家的作品里，"最显著且最具艺术史意义的重要事件，便是北宋山水风格的复兴"。[19] 结合中西方艺术的交流、晚明的时代风尚等背景来看，晚明画家与西方绘画的接触，很可能唤起了他们对宋画传统的重新认识，最终在"再现"这一理念的绾结下，将宋画传统与西洋技法融合进追求"写实"的实景画中，形成既非复古、亦非西化的明代园林绘画风格。这类作品以明代绘画的创作实践为基础，并有宋代绘画的写实传统可供借鉴，西方绘画只是作为刺激和引发，因此仍然呈现为典型的中国风格，与后来清代完全西洋化的透视画大不相同。

需要指出的是，张宏们并非要模仿西洋或复兴北宋绘画，无论西洋风格还是北宋传统都不是目的，画家们有自身明确的诉求。在园林绘画的发展历程中，他们对于实景再现的追求越来越明晰，努力尝试新的景深处理方式，西洋风格与北宋传统恰好蕴含了同样的特质，因而才被画家们所选择。以《止园图》为代表的园林画作为实景画的重要分支，在景致物象的捕捉、空间层次的经营、园林神韵的传递等方面皆有独到之处，奠定了其独特的艺术成就和历史地位。对这些内容的理解，还需要结合园林绘画的独特性质和演变历程来认识。

3. 如何描绘一座园林

园林画属于实景画的重要分支。实景画是"中国山水画中一个独特类别，多以写实手法描写自然山川、名胜古迹、园林宅邸等真实景致"，其中的园林画是画家以写实手法对其居住环境所做的描绘。[20]

[18] 高居翰. 气势撼人：17 世纪中国绘画中的自然与风格 [M]. 北京：生活·读书·新知三联书店, 2009: 21.

[19] 同 [18] 115.

[20] 北京画院. 唯有家山不厌看：明清文人实景山水作品集 [M]. 广西：广西美术出版社, 2015: 序一.

从创作目的看，园林画与中国主流的写意山水画性质并不相同，应归为艺术史家葛兰佩（Anne Clapp）所谓的"功能性绘画"。这类绘画大多"用以纪念诸如生辰、退休离任这样的事件，描绘某人的退隐之所、临河别业……"由于具有实用价值，它们的评判标准，要看"画家是否成功地以图画的形式传达了所期望的信息，或者是否成功地在既有的基础上创造出新的意趣"。[21]因此，在某种意义上，典型的园林画可被视为再现性艺术，它们是通过园主委托，由画家对园中景致所作的摹写。由于园主的要求、画家的风格和具体的情境不同，园林绘画的表现形式也不同，或重形、或重理、或重意，但共同点都是以园中实景为出发点，重视"谢赫六法"中的应物象形、经营位置、传移模写，主要承担着"作为视觉记录和美学再创造"的功能。[22]

园林绘画受到园林与绘画两种艺术的影响，因其特殊的性质而呈现出独特的演变历程，大致可分为三个阶段：一是魏晋以前的绘画与园林并行发展的"前园林画"阶段，二是唐宋时期的"以园入画"阶段，三是元明以来的"以画入园"阶段。[23]止园与《止园图》处在第三阶段。

第一阶段是魏晋及其以前。中国山水画和山水园林被视为一对姊妹艺术，有如"自然"树干上开出的并蒂双花，魏晋南北朝是两者的萌生时期。追溯山水画的渊源，人们通常会提到南朝画家宗炳"卧游山水"的故事。宗炳好山水，爱远游，年轻时遍访各地的名山大川，后来年高多病，他担心无法再出游，于是将生平游赏过的名山胜水都画到居室墙壁上，以便"澄怀观道，卧以游之"。中国园林的产生也是出于这种对自然的热爱，尤其到西晋末"衣冠南渡"之后，人们对名山胜水的体会更为深刻。古人先是在优美的自然环境里建造房屋，后来又在日常起居的庭院里筑山理水，这样不必长途跋涉，就可以体验山水的乐趣。从这个角度看，山水画和山水园林是同源的，它们一个在绢纸上，一个在庭院里，创造出缩微的自然，实现了"不下堂筵，坐穷泉壑"的理想。由于这种同源性，人们习惯性地认为，园林与绘画天然就会互相影响，彼此渗透。但梳理两者的历史会发现，早期的山水画和山水园林主要在各自的方向上发展，相互的影响并不多。南北朝的山水画"水不容泛，人大于山"，尚未掌握描绘自然的方法，还不成熟，因此当时既没有描绘园林的图画，绘画也无法给予造园具体的指导。

第二阶段为唐宋时期，开始出现专门描绘园林的绘画，即"以园入画"的阶段。存世比较重要的作品，唐代有传为卢鸿的《草堂十志图》、传为

[21] 高居翰.画家生涯[M].北京:生活·读书·新知三联书店,2012:101,119.

[22] 高居翰,黄晓,刘珊珊,不朽的林泉:中国古代园林绘画.6.

[23] 园林绘画的分期参见:曹汛.略论我国古典园林诗情画意的发生发展;顾凯.拟入画中行:晚明江南造园对山水游观体验的空间经营与画意追求.

王维的《辋川图》（图4-10），宋代有李公麟的《龙眠山庄图》、张择端的《金明池夺标图》、佚名画家的《独乐园全图》（图4-11）和李结的《西塞渔社图》等。考虑到时间久远和绘画保存不易，当时此类绘画必然数量更多，旁证

→图4-10

（传）王维《辋川图》
⊙日本圣福寺藏

↓图4-11

宋人绘《独乐园全图》
⊙台北"故宫博物院"藏

之一便是唐宋诗文里经常提到园林画。

如唐代王周《早春西园》曰：

> 引步携筇竹，西园小径通。……如何将此景，收拾向图中。

李中《题徐五教池亭》曰：

> 名士池塘好，尘中景恐无。……凭君命奇笔，为我写成图。

李德裕建造平泉山居，称：

> 近于伊川卜山居,将命者画图而至,欣然有感,
> 聊赋此诗……"

宋代陆游《斋中杂兴》曰：

> 荷锄草堂东,艺花二百株。……何当拂东绢,
> 画作山园图。

吕祐之《题义门胡氏华林书院》曰：

> 几朝旌表映门闾，更赏林园入画图。

　　晁补之建造归去来园，"自画为大图，书记其上"。可知将园林绘制成图，甚至借助图画设计园林，在唐宋时期已经蔚然成风，充分体现了"园林入画"的特点，但运用画意指导造园的记载尚不多见。

　　第三阶段为元明时期，绘画从多个层面被用于指导造园，进入"以画入园"，也即"园林如画"的时代。这一时期山水画和山水园林都得到了极大的发展，两种成熟的艺术之间展开深入的对话，形成互动。

　　一方面是绘画对造园的影响，体现为"画意造园"原则的确立。元代山水画由写实转向写意，黄公望、倪瓒、王蒙等名家的画作完成了对山水的抽象和概括，为造园提供了理想的摹本。明代的造园艺术异军突起，继唐诗宋词元画之后，明代园林成为新时代的艺术代表。

　　明代园林的突出成就可概括为三点：一是营造了众多精品名园，如苏州拙政园、艺圃，上海豫园、日涉园，无锡愚公谷、寄畅园，太仓弇山园、乐郊园，常州止园，扬州影园，北京勺园，南京瞻园，绍兴寓园……争奇斗妍，新意迭出；二是出版了一批园林著作，如计成的《园冶》、文震亨的《长物志》、林有麟的《素园石谱》、李渔的《闲情偶寄》……这些著作对造园技艺进行总结，完善了造园的理论建构；三是涌现出大量造园名家，如合称"明代造园四大家"的张南阳、周秉忠、计成和张南垣，止园的设计者周廷策即周秉忠之子，进入清朝又有李渔、叶洮、张然和戈裕良等。

　　明代的园林著作有许多涉及"画意造园"的讨论。计成《园冶》从文人

体验的角度，多次强调园林具有画意的重要性，[24] 其"相地"篇"村庄地"条称"桃李成蹊，楼台入画"，"屋宇"篇称"境仿瀛壶，天然图画"，"掇山"篇称"深意画图，余情丘壑"，"选石"篇称"掇能合皴如画为妙"，最后的"借景"篇总结造园的理想为"顿开尘外想，拟入画中行"，认为造园的终极目的，是营造出宛如图画的意境。

与《园冶》的理论相呼应，这时期的造园名家多围绕"画意造园"进行训练和实践。精通绘画是明代造园家的必备修养之一，绘画成为造园训练的基本功。

设计了江南两大名园——弇山园和豫园的张南阳，自幼跟随父亲学画，成年后"以画家三昧法，试累石为山"，所筑假山"奇奇怪怪，变幻百出，见者骇目恫心，谓不从人间来"，绘画技艺的融入，使人造的假山具备了天然的精巧。

造园四大家的第二位周秉忠"精绘事，洵非凡手"，他为徐泰时堆叠的东园假山，"高三丈，阔可二十丈，玲珑峭削，如一幅山水横披画，了无断续痕迹"，得到极高的赞誉。

第三位是《园冶》的作者计成，他青年时期先以绘画成名，中年改行造园。他为吴玄建造东第园，标准便是"令乔木参差山腰，蟠根嵌石，宛若画意"。

最后一位是明代造园艺术的集大成者张南垣，他"少学画，好写人像，兼通山水"，设计的乐郊园、拂水山庄、鹤州草堂，皆为造园融会画意的杰作。历经近千年的发展，在明代，将画意引入园林、以画法营造园林，终于水到渠成。

第二方面是造园对绘画的影响，体现为明代园林绘画的数量激增，画家有了大量描绘园林的实践机会，不断探索园林绘画的创作方法和规律。明代兴盛的造园活动，使描绘园林成为画家经常接受的委托。对画家来说，庭园不仅经常作为行乐图和别号图的背景，本身也是理想的绘画题材。拙政园、日涉园、寄畅园、弇山园等精品名园皆有园图传世。

明代私家造园以苏州府与松江府最为兴盛。[25] 无独有偶，存世的园林绘画也以吴门画派与松江画派最多，并呈现出师徒相承的模式。吴门画家如杜琼有《南村别墅图》，其弟子沈周有《东庄图》，三传文徵明有《拙政园图》，四传钱穀有《小祇园图》，五传张复有《西林图》，六传张宏有《止

[24] 顾凯. 明代江南园林研究[M]. 南京：东南大学出版社，2010：213.

[25] 顾凯指出，明代江南"各地都有一些名园记载，而以苏州府为最。……明代后期松江府的园林兴盛，在江南地区仅次于苏州府地区，并有着自身的特色"。参见：顾凯. 明代江南园林研究.125，143.

园图》；松江画家如孙克弘有《长林石几图》，宋懋晋有《寄畅园图》，其弟子沈士充有《郊园图》。[26]

兴盛的造园活动和频繁的艺术委托，使明代园林与相关的艺术创作形成一套完整的链条。在园林建成后，园主常常邀请文人画家游赏雅集，撰写园记，题咏园诗，绘制园图，以作长久纪念。这三种媒介中，园记长于描述，用以介绍园林的布局；园诗长于抒情，用以阐发园林的意蕴；园图长于再现，用以描绘园林的面貌，三者结合起来能够很好地展示园林的方方面面。[27]

这一模式在晚明很可能已有成熟的操作程序，它们并非文人、画家的即兴所为，而是有系统的组织，由赞助人（即甲方）或其委托者招募画家、书法家和诗人，共同完成制作。[28]这在一定程度上与前面提到的园林绘画的功能性性质有关，并进而影响到明代园林绘画创作者身份的变化：从早期的沈周、文徵明等文人画家，逐渐变为张宏、宋懋晋等半职业画家。

园林绘画的实用性功能，绘画创作的系统性组织，以及画家的半职业身份，使注重写实日益成为园林绘画创作的自觉追求。柯律格《明代的图像与视觉性》指出，至迟到明代中期，园林绘画已开始呈现出非常写实的贴近生活视觉体验的理念，他将此类图像归为"具象艺术"，强调"如果认识不到具象艺术的某些时尚和技巧在明代文化中的特殊地位，且对此不予重视，任何转向'视觉文化'研究的尝试都只会受挫"。[29]肖靖提到，明代江南园林具有注重绘画写实与视觉体验的倾向，明代画论的"写意"与绘画实践的"写实"之间存在错位。[30]

中国园林绘画的发展经历了三个阶段，园林与绘画两种艺术越来越成熟，结合也越来越紧密，到《止园图》所处的明代已是水乳交融，密不可分。在这一发展历程中，写实性日益成为园林绘画的内在追求之一，从而引发了前文讨论的画家们对西洋技法的关注和对北宋传统的追溯，并将两者融会到晚明的绘画创作中。

随着园林绘画数量的激增，绘画的进一步分类成为必要和可能。了解园林绘画的分类，有助于深入认识画家的探索和努力，理解《止园图》的艺术成就和历史价值。

[26] 参见：高居翰，黄晓，刘珊珊. 不朽的林泉：中国古代园林绘画.

[27] 黄晓，刘珊珊. 园林绘画对于复原研究的价值和应用探析[J]. 风景园林，2017（2）：14-24.

[28] 高居翰. 画家生涯[M]. 北京：生活·读书·新知三联书店，2012：28.

[29] 柯律格. 明代的图像与视觉性[M]. 北京：北京大学出版社，2011：12.

[30] 肖靖. 明代园林以文本为基础的建筑视觉再现——以留园"古木交柯"为例[J]. 建筑学报，2016（1）：31-35.

4. 册页、手卷与单幅

数量繁多，类型丰富，是明代园林绘画趋于成熟的重要标志。从不同角度看，园林绘画有不同的分类方式：[31] 一，按照绘制目的，分为指导建造的设计图、建成后绘制的效果图，以及未必会建造的想象图（如乌有园图、将就园图）等；二，按照所用媒介，分为画在纸上或绢上的卷轴画、采用木刻或石刻的雕版画、印在瓷器或漆盒上的器物画等；三，按照绘画内容，分为描绘园中活动的雅集图和行乐图、描绘园中景致的园景图等；四，按照表现形式，分为描绘单独各景的册页图、描绘连续景致的手卷图和描绘园林整体的单幅图等。[32]

高居翰《不朽的林泉》采用了第四种分类方式，这种分类兼顾了绘画和园林两种艺术的特点，三类绘画分别对应体验园林的三种方式。

第一类是册页，一页一页可以散置，也可以合装成册，页数多取双数。册页与中国园林围绕一系列景点进行组织的方式相近。景致是中国园林的核心，古人热衷于将自然山水或园林景致总结为八景、十景、十二景等，册页与这种"集称文化"具有密切的同构关系，特别受画家钟爱。册页通常每幅集中描绘一景，如亭榭、池塘、假山等，景致间的联系被淡化，营造出遗世独立之感；画面一角或对页通常会题写富有诗意的景名，使观者可以专注地单幅欣赏。

明代沈周《东庄图册》是册页的代表作（图4-12）。这套册页描绘了吴融、

图 4-12

沈周《东庄图》之"稻畦"与"果林"
⊙南京博物院藏

[31] 黄晓，刘珊珊. 园林画：从行乐图到实景图 [J]. 中国书画，2015(9)：32-27.

[32] 在此基础上，我们提出园林绘画的第五种分类方式：聚焦于单独景致的分景式，关注景致间关联的联景式和表现园林全景的全景式。第四种分类偏重绘画视角，第五种分类则偏重园林视角。见：黄晓，刘珊珊. 图像与园林：学科交叉视角下的园林绘画研究 [J]. 装饰，2021(02)：37-44.

吴宽父子位于苏州的东庄,原有"东城""南港""稻畦""桑洲""振衣冈""朱樱径""折桂桥""知乐亭"等24幅,现存21幅。柯律格《丰饶之地:中国明代的园林文化》(*Fruitful Sites: Garden Culture in Ming Dynasty China*)指出,东庄多栽植实用植物,具有重要的经济价值,册页中的稻畦、桑洲、果林、麦山等景致,展示了此园的经济功能。"稻畦"主景是金黄的稻田,占了一大半画幅,传递出"秋晚连云熟"的磅礴气势,两座茅舍偏在右上角,只是用来点明主人的居所。"果林"主景是连绵成片的树林,枝叶间硕果累累,图中偏左有一道溪流,将画面分为左右两处,一小一大,构成对比。沈周非常强调各幅册页的独特性,各景的构图既独立完整又富有创意。

园林画的第二种类型是手卷或横轴,画幅一般不高,多为30~50厘米,但往往很长,可达数米甚至数十米,方便拿在手上或置于案头展阅。手卷与中国园林"步移景异"的体验方式相合,逐渐展开的画面宛如园中次第出现的场景,沿着行进路线将前后景致连续展示出来。由于是拿在手上欣赏,手卷比单幅距离观者更近,因此描绘的园景和活动更为细腻,使观者在视觉和情绪上都能更深地投入其中。

明代孙克弘《长林石几图》可被视为手卷的代表作。画中描绘了吕炯位于浙江崇德的友芳园(图4-13)。手卷自右向左打开,开卷是上下通贯的山峦,随着手卷展开,山势沿对角线降低,依次露出远山、城墙、高树,最终引至简朴的竹篱入口。入门为外园,主景是一座方形的池塘,池边有茅亭、白鹤和怪石,活泼生动。向左穿过第二道篱门,跨过小河进入内园,绕到假山背后为内园主景——石几亭。主人坐在亭中,悠闲地观看僮仆为盆景浇水。从石几亭向左穿过竹林,为第三道园门,游人可由此出园,回到自然山林中。画面上部高大的竹林左右延展,将全园景致绾结在一起。整幅画卷首尾呼应,入园出园,秩序井然。

园林画的第三种类型是单幅,通常悬挂在墙上欣赏,采用较高的俯瞰视角,如地图般描绘出园林全景。仿佛画家带领观者来到园林附近的高地上,从那里指点观看,园中的一切都历历在目。单幅表现的场景开阔,要素丰富,

图4-13

(明)孙克弘《长林石几图》
◎旧金山亚洲艺术馆藏

图 4-14
————
（清）吴宏《柘溪草堂图》
◎南京博物院藏

更接近标识位置、展示布局的"图"，而不同于注重笔墨、讲求气韵的"画"。这类绘画曾在宋代盛行，如李嵩的《西湖图》和张择端的《金明池夺标图》，后来一度衰落，到明清再次兴起。这类绘画有时还与册页结合，置于首页或末页来展示园林全景。

清初画家吴宏的《柘溪草堂图》是典型的单幅园林画，描绘了明代遗民乔可聘的园林（图4-14）。这座园林位于江苏宝应，建在白马湖东的柘溪岸边。图中左下角的河流即草堂因之得名的柘溪，溪流曲折向上，汇入上部空阔的白马湖，对岸隐约可以望见远山。右下角有一座简易的板桥横在溪上，小舟泊在桥边。访客由此舍舟登岸，绕过树木便是园林入口，门洞上方架有方阁。这种类型的园林入口，如今已不多见。进入园门有两进庭院：第一进主堂设在北侧，前出敞轩，临溪处架设曲折的游廊和亲水平台，方便沿溪漫步或驻足观赏，构成动观游线。第二进的主体建筑是两层楼阁，为园内静观赏景的最佳场所，在楼上既能俯瞰园内的亭台花木，又能眺望园外的溪色湖光。从图中既可将整座园林一览无遗，也可以自下而上，循序游赏。

这三类绘画，体现了古代画家为表现园林景致所作的探索。三者各有优点和局限：册页是精心选择的景致集萃，构图精致，要素凝练，但无法展示景致间的相互关系；手卷将前后各景串联起来，形成连续的观赏体验，但横长的画面扭曲了园林空间；单幅将园林全局相对准确地描绘出来，有助于观者做整体的把握，但缺少重点景致的细腻表现。

明代兴盛的造园活动为画家提供了创作园林绘画的大量机会，他们对各类绘画的优缺点显然深有体会，不断尝试突破与融合的可能。张宏《止园图》是一次非常成功的尝试。那么，在表现园林实景方面，张宏做了哪些突破和创新？《止园图》是如何发扬三类绘画的优点，又是如何突破各自的局限的？

5. 园林绘画的集大成

按照园林绘画表现形式的分类，《止园图》属于册页，但却是一套颇不寻常的册页。它在继承册页传统的基础上，融合了手卷和单幅的优点：既像册页那样描绘了各处景致，又像手卷那样保持了前后景致的连续性，并有单幅全景描绘了止园的全貌。简而言之，这套图册综合了册页、手卷和单幅的优点，成为一套园林绘画的集大成之作。

先看第一点，《止园图》继承发扬了册页本身的特点。园林册页通常聚焦于特定的景致，进行细致入微的刻画，追求"幅幅入胜"。《止园图》第四开"怀归别墅"、第七开"水周堂"、第九开"柏屿水榭"、第十开"大慈悲阁"、第十二开"梨云楼"、第十四开"华滋馆"、第十八开"真止堂"，都将画面聚焦于特定的场景，它们大多以某一座建筑为主角，将其置于画面中央，围绕建筑安排其他景致（图4-15）。这恰与计成《园冶》论述的园林设计原则相合："凡园圃立基，定厅堂为主。先乎取景，妙在朝南。"图中的这些建筑都是各区的主景，它们主宰着各自的景域，面对最好的风景，并且基本都朝向南方，满足生活起居的需要。

再看第二点，传统册页一般是各自独立的，主要供单独欣赏，但《止园图》各幅的景致却前后衔接，吸取了手卷连续展开的优点，宛如一套连环画。比如第四开"怀归别墅"，画面上方三分之一处是临水的别墅，园主和童子在堂内凭栏而立,两侧伸出游廊。在这处主景之外，另有三处配景，分别引向其他景域：第一处是图右紧依水池的小路，路旁青竹森森，南北各有一座木桥，这部分为第三开"鹤梁与宛在桥"的主景（图4-16）；第二处是别墅背后的假山，仅描绘出朦胧的轮廓，为第五开"飞云峰"的主景；第三处是图左与北侧长廊相连的东西向水轩，将在第十五开"桃坞"再次出场。如此一来，"怀归别墅"至少与其他三幅绘画关联起来。《止园图》的每一

图 4-15

（明）张宏《止园图》
第四开"怀归别墅"

↓图 4-16

（明）张宏《止园图》第三开"鹤梁与宛在桥"

→图 4-17

（明）张宏《止园图》第二开"园门一带"

幅都具有这种特点，从而使整套册页建立起深度有机的相互联系，构成彼此呼应的整体。

　　这种对景致连续性的追求，甚至进一步影响到了画面的构图。比如与"怀归别墅"相连的第一处场景"鹤梁—宛在桥"（图 4-16）。这幅画采用三角式构图，鹤梁桥、曲径与宛在桥构成的道路从右下斜穿到左上，将画面分成两部分：右上角是掩映在竹林间的书斋，景致充盈；左下角是开阔的水池，画面空灵，宛如太极的阴阳两面。然而熟悉中国画的观者在这幅画中会察觉到一丝不协调：画面左下方冒出一丛丛树尖，刺破了水面的宁静，显得冗余。就构图而言，如果没有这丛树尖，画面无疑更为洗练。

　　那么，张宏为何要将它们画到图中呢？答案藏在与图中景致相关联的上一幅图中——第二开"园门一带"（图 4-17）。从第二开可以看到长河、码头、小小的园门和长长的虎皮墙。在墙后有一排叶色深绿的松树，它们就是第三开的那些树尖，成为联系前后两开册页关键且唯一的要素。或许这就是张宏宁可牺牲构图的洗练也要描绘它们的原因，它们使观者借助册页对园林进行"步移景异"的观赏成为可能，如手卷般予人一种连续游赏的体验。

最后，《止园图》开头是一幅全景图，采用较高的鸟瞰视角，如单幅图画一般，展示了园林全景。止园东、中、西三路的布局，池沼纵横的水系，分布在各处的建筑，以及园外的长堤和城楼，均一览无遗。"止园全景图"的景致能够与各分景图一一对应，如东路中部的水周堂、北部的大慈悲阁，中路的梨云楼，西路的华滋馆，都可以在图中确定位置^(图4-18)。这幅全景图提供了一份景致索引，对应的景致在分景图中有更细致的刻画，二者的

图4-18

（明）张宏《止园图》之
全景与分景对应关系

关系如高居翰形容的那样，"好像是（画家）带着一个矩形取景框在园林上空移动，不断从一个固定的有利视角，将取景框框住的景致描绘下来"。[33]

张宏《止园图》融合了册页、手卷和单幅三者的优点，既描绘了多处特定的景致，又借助景致的重叠将前后册页联系起来，并通过全景图来统摄各幅分景图，三种绘画形式配合无间，使整套图册成为一个有机整体。它们对特定景致的突出刻画，对步移景异游园体验的执着追求，对园林全景与分景的细致对应，手法纯熟而精到。

正是从绘画发展的角度，高居翰称赞《止园图》是中国园林绘画的巅峰之作。而批评者则从园林的角度，质疑张宏并未真正理解中国园林。要裁断这段争议，还需要回到中国园林，探讨明代园林发展对园林绘画所产生的影响。这是理解《止园图》艺术成就和历史价值的又一重要维度。

6. 园林之变与绘画之变

《止园图》作为一套册页，却兼具单幅全景与横幅手卷的特点，与明代园林的演变密切相关。

《止园图》最引人注目的是开卷的全景图。园林画里"全景图"的出现与逐渐成熟，传递了明代园林演变的丰富讯息。明代早期的园林册页未见有全景图。如正统八年（1443）之前杜琼为陶宗仪绘制的《南村别墅图》，其中所描绘的竹主居、蕉园、来青轩等，是十处并列的景致，各自独立，相互之间没有关系，也没有表现整体的全景图（图 4-19）。

图 4-19

《南村别墅图》之"竹主居""来青轩"
◎上海博物馆藏

[33] 高居翰，黄晓，刘珊珊. 不朽的林泉：中国古代园林绘画. 22.

图 4-20

明代园林全景图比较。
上：沈周《东庄图·东城》
⊙南京博物院藏

中：宋懋晋《寄畅园图》
（局部）
⊙华仲厚藏

下：张宏《止园全景图》
⊙柏林亚洲艺术博物馆藏

　　到了成化十三年（1477）左右，杜琼的学生沈周为吴宽绘制《东庄图》，其中的"东城"已隐约含有全景图的意味（图4-20）。"东城"采用并列式的线性构图，共有四层景致：最上方是留白的天空；向下是起伏的城墙，并带出城门的一角；第三层是平行于城墙的曲折的河流，与城门相对的另一侧跨有通向东庄的石桥；最下方是东庄，有大片的田地和掩映在林木间的屋舍，占据了一半的画面。这幅图描绘出东庄周围的环境，并概括地画出东庄全貌，只不过描绘并不具体，示意性远大于写实性。

　　万历三十年（1602）左右，宋懋晋为秦燿绘制《寄畅园图》，图册最后一幅为寄畅园全景，图名为"寄畅园"^(图4-20)。图中右侧是连绵的惠山，左上角是锡山和山顶的一木一石两座宝塔，中央为寄畅园，园林的方位、轮廓、大致的格局和主要的景致都历历可辨，比《东庄图》"东城"有了很大进步；不过各景的空间关系仅具有拓扑的相关性，尚不准确。

20多年后，在天启七年（1627）张宏为吴柔思绘制的《止园图》中才真正出现了园林图册的全景图。图上题有"止园全景"^(图4-20)，直接点明描绘的是园林全景。这幅图继承了"东城"和"寄畅园"的特点，同样表现了园林周围的环境：连绵的城墙和城门，曲折的河道和长堤，川流不息的舟船和行人……甚至构图也有效仿"东城"之意，同样是四层线性的平行景致——城墙、河流、长堤和园林。但在继承传统的同时，"止园全景图"又有重大突破：这幅图从一个较高的视点俯瞰全园，令人信服地描绘出园林的空间格局和景致关系，这是此前园林全景图极少做到的。

从《南村别墅图》到《止园图》，园林全景图从无到有，并在产生后以越来越快的速度发展，一步步实现对空间的表现和征服，其中一条主要的线索，便是"写实程度越来越高，技法和模式不断改进，展示了画家在忠实摹写园貌这一方向上的不断探索和革新"。[34]

在这一绘画发展的背后，是来自园林演变的驱动。顾凯指出，明代园林并非静态的整体，而是呈现为具有多样性的动态演变过程。[35]这一动态演变的趋势之一，便是园林的选址由山林转向城市，逐渐产生了对全景图的需求并促使其不断改进。明代后期的园林图册普遍出现整体鸟瞰图，表明园林的整体性已成为其重要特征，以往只描绘各景的独立册页已无法全面展现园林特色。[36]

与园林整体性加强相伴随的，是造景密度的提高和对景致连续性的重视，这促生了园林册页的另一个特点——册页的手卷化。从《南村别墅图》到《止园图》，全景图之外的另一个重要变化是各图之间的相互关系：从早期的毫无关系，到稍后的若即若离，再到彼此的紧密关联。早期《南村别墅图》的十处景致自成一体，互相毫无关涉。《东庄图》有几处景致已产生了关联，比如"振衣冈"与"鹤洞"^(图4-21)。鹤洞是振衣冈山脚的一处洞穴，外围用木栅围合作为养鹤之所。两幅图山石的肌理相近，暗示了彼此的联系，不过沈周并未在振衣冈标示鹤洞的位置，加以突出，而主要靠观者自行联想。

[34] 黄晓，刘珊珊. 园林绘画对于复原研究的价值和应用探析[J]. 风景园林，2017（2）：66-76.

[35] 顾凯. 明代江南园林研究. 2.

[36] 顾凯. 拟入画中行——晚明江南造园对山水游观体验的空间经营与画意追求.

图 4-21
《东庄图》之"振衣冈"
与"鹤洞"
◎南京博物院藏

　　其后的《寄畅园图》，在描绘主景的同时带出相连景致的手法已相当纯熟，如悬淙、曲涧和飞泉三景（图 4-22）。"悬淙"主景是一座位于山间池畔的六角敞亭，建在高高的石台上；这座敞亭出现在"曲涧"左上角，而新画面的主景，是沿着山涧蜿蜒流淌的溪水；这处溪水后来又在"飞泉"中化作瀑布，倾泻入池。各幅册页如连环画般展示出连绵不断的园林景致。

　　最后是《止园图》，前文已介绍过止园各景间的密切联系，它们前后重叠，彼此印证，构成一个具有内在关联的画中世界。这种连续性在园主吴亮的诗里得到了进一步确认。吴亮止园诗的标题并非一处处具体的景致，而是沿游线游览各处景致的过程，如《入园门至板桥》《由鹤梁至曲径》《由曲径至宛在桥》《由别墅小轩过石门历芍药径》《度石梁陟飞云峰》《由鸿磬历曲蹬度柏屿》《登狮子座望芙蓉溪》《由文石径至飞英栋》……张宏《止园图》的手卷化特征，恰与吴亮的诗题相呼应，"两人关注的都是由此及彼的游览过程，……一个通过画，一个通过诗，带领观者对全园进行了一次动态的游览"。[37]

　　《寄畅园图》与《止园图》对景致的连续描绘已相当接近，若要细分其间的区别，可以说《寄畅园图》的重点仍聚焦在各图主景上，兼及各景的关系；而《止园图》有一些册页，如"园门""柏屿""矩池西岸"等，则不再聚焦于主景，而是将描绘各景的关系作为重点。正因如此，张宏被一些学者批评为"并未真正理解中国园林"，但实际上这恰恰揭示了明代后期造园对于景致关联性的重视。张宏绝非不懂园林的门外汉，而是对明代园林审美的风尚变化具有深刻的理解。

　　园林册页中的全景图与园林的整体性有关，册页的手卷化则与景致的连续性有关，这两点实为一体之两面，都需要置于中国造园"由山林转向

[37]《不朽的林泉：中国古代园林绘画》第 27 页。

图 4-22

《寄畅园图》之"悬淙""曲涧"与"飞泉"
⊙华仲厚藏

城市"过程中，园林造景集约化
的背景下来认识。

正统年间（1436—1449）的
南村别墅可以说是一座自然山
林，位于松江，也就是今天上海
的九峰三泖之间，园主陶宗仪在
数百平方公里的山水之间营造了
十处景致，每处都自成一体，彼
此距离很远。早期的中国园林也
是如此，如东晋谢灵运的始宁山
居和唐代王维的辋川别业，都是在天然的山水间挑选优美的景致，因地
成景。所以这时期重要的是景致本身，而非景致合成的整体或它们彼此
间的关系。受此影响产生的园林册页，也是将画面聚焦于景致本身，而
较少表现景致间的关联。

成化年间（1465—1487）的东庄位于苏州城内，占地 60 余亩，营造了
24 景，有些景致互相邻近，已经具有了关联，园林的整体性正在形成，因
此《东庄图》有了概括性的全景图，并暗示出某些景致的联系，但这些联系
仍有待进一步明确。

万历年间（1573—1620）的寄畅园位于无锡惠山，占地仅 10 余亩，却

有 50 处景致，如此高的分布密度，除了各处景致的营造，景致间的衔接也成为重要的设计内容。吴亮止园比秦燿寄畅园晚十余年，占地 50 亩，布景数十处，同样需要考虑园林整体的布局和景致间的联系。

整体性和连续性属于"两面"，而影响两者的"一体"，是中国艺术"布局谋篇"的理念。布局谋篇原本是一种文学理念，是对于文章的运筹架构；后来影响到绘画，画家重视构图和布景，即谢赫六法的"经营位置"。随着选址由山林转向城市和造园艺术的成熟，园林也开始注重布局谋篇，推动早期的单景营造转向景致组合。布局谋篇理念的历时性发展，呈现出从文学到绘画，再到园林的过程。

围绕园林产生了园图和园诗。于是，布局谋篇的理念又从园林，渐次影响到相关的绘画和文学。前面讨论的四座园林——南村别墅、东庄、寄畅园和止园，都有相关的绘画和诗文，恰好展示了这一演变历程。

南村别墅的十景彼此相距遥远，各自独立；杜琼的《南村别墅图》也是自成一体，互不关涉；与之相应的是陶宗仪的《南村别墅十景咏》，每诗各咏一景；园景、册页和诗歌皆表现出强烈的独立性。到吴宽的东庄，这种独立性被突破，东庄二十四景的某些景致已经彼此相连，但沈周的《东庄图》和邵宝等人的东庄组诗仍是各绘或各题一景。再到寄畅园，园景和园图都开始重视景致间的关联，但秦燿的《寄畅园二十咏》标题为"嘉树堂""清香斋""锦汇漪"等，依然坚守着独立咏景的传统。最后在止园中，吴亮的止园诗题为"入园门至板桥""由鹤梁至曲径"等，完成了文学阵地的突破。在这场由独立性向连续性转变的历程中，园林先变，园图次之，园诗最后，展示了园林、绘画和文学之间复杂而微妙的关系。

中国古代园林绘画历经上千年的演变，到明代达到高峰，形成为一门独立的画种。进入明代后，其又受到北宋传统的影响和西洋风格的启迪，并与明代兴盛的造园活动交织互动，涌现出众多精彩的杰作。[38] 张宏《止园图》堪称这批杰作中的一颗明珠，它兼采中西的传统和技艺，实现了重大的突破和创新，不但打通了册页、手卷和单幅的界限，而且使园林、绘画和文学深度交融[39]。就此意义而言，《止园图》不愧为明代园林绘画的"集大成之作"。

[38] 刘珊珊，黄晓.中西交流视野下的明代私家园林实景绘画探析[J].新建筑，2017（04）：118-122.

[39] 黄晓，刘珊珊.17世纪中国园林的造园意匠和艺术特征[J].装饰，2020（09）：31-39.

5

世家
五百年书香门第

毗陵古扬州地，厥土惟涂泥，宜草木。

故大族厚聚之家，率多园林。

（吴氏）兄弟子侄，多占甲科，

归老处优，富冠江左。

一时置园林凡七八处，遗其子孙。

——方孝标《嘉树园海棠花记》

1610 年吴亮在常州城北建造止园，只是他的第二选择。吴亮心仪的第一选择，是到宜兴隐居，即《止园记》开篇提到的"荆溪万山中"。

"荆溪"是宜兴的古称，因靠近荆南山（今铜官山）而得名。宜兴山川秀美，洞壑幽奇，有张公洞、善卷洞、玉女潭、龙背山等名胜，到明代已形成阳羡茶泉、铜峰叠翠、龙池晓云、蛟桥夜月等"荆溪十景"。晚明名臣常州唐顺之又名唐荆川，便取自他所钟情的荆溪山水。

吴亮祖辈世居宜兴闸口北渠村，称"北渠吴氏"。正德年间第七世吴性迁居常州，嘉靖二十三年（1544）定居常州洗马桥，又称"洗马桥吴氏"。他们在常州繁衍生息，开枝散叶，崛起为江南的名门巨族。吴性是吴亮的祖父，也是家族中第一个进士。其后从吴性到吴亮之子的四代人，吴氏家族出了 12 名进士和 19 名举人，科第之盛，一时无两。

与科举成功相伴随的，是吴家社会地位的提升和家族财富的积聚。与一般仕宦大族不同，从吴性开始，吴氏子弟就对辞官隐居、兴建园林具有非同寻常的热情。

康熙元年（1662）安徽桐城的方孝标（1617—1697）访问常州，作《嘉树园海棠花记》追忆吴氏家族在明朝的盛况："兄弟子侄多占甲科，归老处优，富冠江左，一时置园林凡七八处。"

乾嘉年间常州文士李兆洛（1769—1841）《养一斋集》卷十《陶氏复园记》称："吾乡明中叶以后，颇有园榭之盛，如吴氏之来鹤庄、蒹葭庄、青山庄。国初则杨氏之杨园，陈氏之陈园。"道光元年（1821）刊行的汤健业《毗陵见闻录》称："郡城内有名园四：城东北隅为杨园，北郊为青山庄，小南门外为蒹葭、来鹤庄，皆前明北渠吴氏别墅。"明代常州最著名的几座园林，几乎皆属吴氏所有。

吴氏家族的造园成就，远比方孝标、李兆洛和汤健业评价的更高。明清两代有文献记载的吴氏园林已发现 30 余处，俨然成为常州园林甚至江南园林的至高代表（图 5-1）。

吴亮止园只是吴氏园林的冰山一角。其祖父吴性建有城隅草堂和天真园。伯父吴可行建有沙渰湖居和荆溪山馆，并继承了城隅草堂；父亲吴中行建有甋山墓园、渰湖蒹葭庄和嘉树园；叔父吴同行建有小园。同辈中族兄吴宗因将城隅草堂改建为籧庐宛习池；吴亮改建了小园、白鹤园和嘉树园，并新建止园；三弟吴奕继承拓建了嘉树园；四弟吴玄建有东第园和东庄；五弟吴京建有舟隐园；六弟吴兖建有蒹葭庄；七弟吴襄建有拙园和青山庄；幼弟吴宗襄建有素园，妹妹吴宗文建有西园；堂弟吴宗达继承了天真园和小园并建有绿园。后辈中又有吴则思的香雪堂、吴孝思的四雪堂、吴守楗

第七世	第八世	第九世

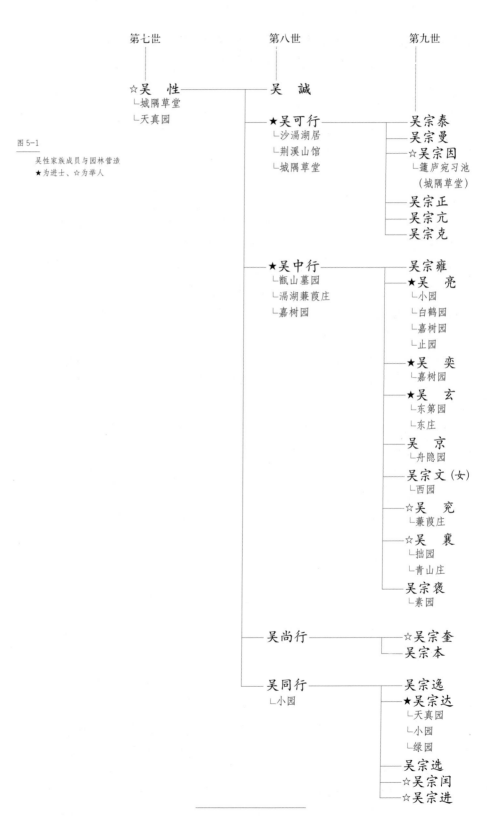

图 5-1

吴性家族成员与园林营造
★为进士、☆为举人

的来鹤庄、吴守相的半舟轩和吴龙见的惺园等，流风余韵，绵延不绝。

追溯吴氏造园的源头，还要回到他们梦寐中的"荆溪山水"。

1. 北渠：荆溪山水，常在梦寐

常州吴氏被誉为江左望族，先祖可追溯到北宋时期的吴玠（1093—1139）。吴玠身处宋金交兵的乱世，他自幼从军，转战陕西、四川各地，屡屡击溃金兵，成为抗金名将，最后官至四川宣抚使，封武安公，与岳飞、韩世忠齐名。吴玠过世后，其子吴拱护驾南迁，定居常州，后裔散布在常州各地，尤以宜兴、武进为多。

历经宋元的战乱，吴氏早期的谱系已很难厘清。嘉靖三十一年（1552）吴性编修《北渠吴氏族谱》，追溯第一世始祖为吴庆六，第二世为吴旺一，旺一第三子为吴茂三（第三世），茂三生吴观（第四世），吴观次子为吴昊（第五世），吴昊生吴礼（第六世），吴礼第三子即吴性（第七世）（图5-2）。

从吴性开始，吴氏家族揭开了定居常州的新篇章。但吴性的父亲、叔伯、堂兄族弟，以及他的少年时代，都与宜兴密不可分。吴性的林泉之志，便是在宜兴的湖光山色和族人的园池亭台中，酝酿滋长。吴性父亲吴礼的娱晚堂、族叔吴侯的溪庄和族弟吴恔的寄园，是其中最重要的三座。

· 吴 礼 娱 晚 堂

对吴性影响最深的，无疑是他的父亲吴礼。

吴礼（1464—1544）字士礼，号秋厓，育有三子：吴怿（1486—1553）、吴忒（1492—1557）和吴性（1499—1563）。

吴礼别号"秋厓"，透露出其泉石雅好。嘉靖十三年（1534）吴性考中举人，次年又中进士，给吴礼乃至整个家族带来了巨大的变化。1535年吴礼在宜兴溹湖边建造园池。好友张衮贺诗曰：

> 溹溪溪上老人庐，南极星高紫气虚。时乐清
> 平忘帝力，地当阳羡即仙居。青霞缥缈卢敖杖，

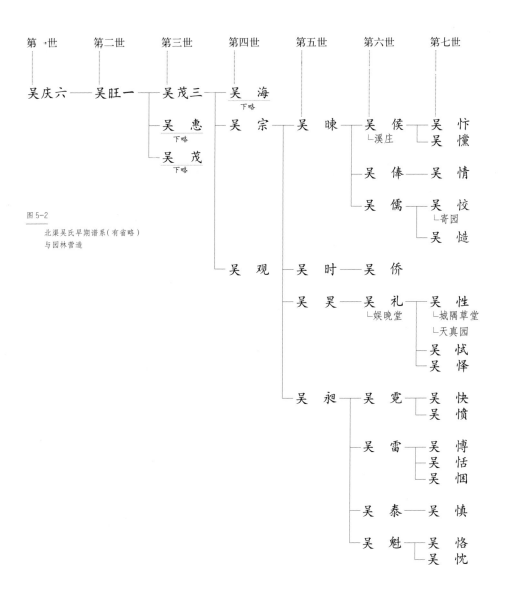

图 5-2

北渠吴氏早期谱系（有省略）
与园林营造

白昼氤氲王母车。有子只今天上客，金茎新献玉
杯余。

诗中末句称吴性为"天上客"，表明他已金榜题名。亲朋好友纷纷写
诗祝贺，将吴性比作"凤雏"，用"雏凤清于老凤声"之意，祝贺他科举高中；
并点出吴礼在漏湖之滨建造园池，同为家族中最值得纪念的两桩喜事。
吴性为父母撰写的《行实》提到吴礼这处园池，主厅称"娱晚堂"：

> （吴礼）还自浦口，养静山庄，杖屦徜徉，东
> 阡西陌。神疲志倦，闲命童子伐鼓吹箫以自颐。
> 适所亲为扁其堂云"娱晚"，吾父乐而安之。

嘉靖十九年至二十年（1540—1541）吴性在南京任职，将吴礼和长兄迎到官舍奉养。后来吴礼返回宜兴，即文中所称的"还自浦口（在今南京）"。吴礼勤勉治家，孜孜矻矻数十载，晚年终于得以安居园池，泛舟载酒，弄琴烹鱼，赏梅看竹。这既得益于儿子吴性科举的成功，同时他也为吴性晚年归隐闲居做出了表率。

· 吴 侯 溪 庄

吴侯（1498—1562）字士东，号宾湖，是吴礼的族弟，吴性的族叔。

吴侯虽比吴性高一辈，但年龄仅长一岁。因此比起吴礼，他与吴性的关系更为亲密。吴侯去世后，吴性为作《宾湖叔墓志铭》和《祭宾湖叔文》。

吴性《宾湖叔墓志铭》提到，他和吴侯少年时期一同入学读书，可惜后来吴侯患了目疾，不得不放弃学业。吴侯喜好游玩山水、吟咏诗文，常在"山巅水畔，席上酒边，谈笑诙谐，能倾四座。逸兴遄发，宴酣流连，无吝情于去住"，有人因此批评吴侯不守礼法，但只有吴性知道，吴侯是借此排遣遭患目疾的抑郁之情。

除了游玩山水，吴侯还建造了溪庄。[1] 吴性和许多文士都有诗文题赠。《北渠吴氏翰墨志》卷九有吴性的《次宾湖叔韵，时在溪庄》《次宾湖叔韵寄酬》《冬日庄居次宾湖叔韵》《立春后一日适值余生辰，在溪庄感述》《寿宾湖叔六十》，以及姚章、吴情（无锡人）、刘光济、皇甫濂、叶材、余一鹏、张承宪、王一阳的《题赠宾湖先生诗》等。

吴侯一生都生活在湖边，其别号"宾湖"即由此而来。他在湖边建造了茅斋，日日对湖光，烟水两相忘。吴性《寿宾湖叔六十》诗曰：

> 忆昔追随童丱时，相看双鬓各成丝。机忘世态
> 浮云外，志共丹山碧水涯。病未盲心犹用晦，兴常
> 呼酒更裁诗。乞闲幸自归来早，好在应同百岁期。

---

[1] 吴君贻推测吴侯溪庄位于宜兴钟溪，今天仍有吴侯后人在此居住，称"钟溪分支"。

此诗作十嘉靖二十六年（1557），吴俟六十，吴性五十九。是年吴性辞官回乡，隐居在常州天真园，与吴俟在常州、宜兴两地遥相唱和。两人追忆童年总角之时便一起嬉戏，转眼俱已白发苍苍，所幸丹山碧水的林泉之志皆未改变。如今吴性终于退休闲居，得与吴俟悠然往还。

吴性是溪庄的常客，每次到宜兴必寻访吴俟。吴俟和溪庄，不仅为吴性归隐林下提供了榜样，而且让他切实体会到林泉的乐趣，坚定了引退的决心。

·吴恔寄园

吴性的同辈兄弟中，族弟吴恔和吴情也建有园林。

吴恔（1512—1582）字安甫，号江峰，著有《寄园诗草》，推测其园即称"寄园"。

吴恔曾游览吴性的问主亭，作《寓庵兄问主亭》诗。吴性归隐前有《答族弟恔》，称赞吴恔在荆溪的林泉之乐。吴恔的园林建在江边，江中有山峰高耸入云，他的别号"江峰"即由此而来。吴恔是神仙一般的人物，隐居的清江也如仙境一般。此地还是避暑的佳所，吴恔曾作《招十二弟避暑》，邀请族弟吴仁来此消夏。

吴恔虽与吴性同辈，但小13岁，隔了半代人，存世诗文表明，他与吴中行（1540—1594）等子侄辈更为亲密。《北渠吴氏翰墨志》收有多篇吴恔与吴中行酬答的诗文。如吴恔《子道侄继入翰林》和《赠子道》，吴中行《寿江峰叔七十》和《江峰叔像赞》等。

万历九年（1581）吴中行作《寿江峰叔七十》曰："吾翁清世一闲身，已占溪山七十春。"四年前吴中行因"张居正夺情"事件遭受杖刑，罢官回乡。他来到宜兴调养，常与吴恔交游相伴。

这段生活对吴中行影响极深。他在《江峰叔像赞》中称赞吴恔："怡情诗酒，适兴园林，或意与境会，联篇累牍，靡不足以畅天真而将远韵。至乐于成美，工于隐恶，盖天性云。"吴中行是在常州出生，他对宜兴山水的体验，主要得自与吴恔等叔伯兄弟的交游。

吴恔此园后来传给长子吴敏行（1546—1612）。吴敏行字子逊，号元江。吴恔与吴中行的交谊也延续到子辈。吴中行次子吴亮有《元江叔像赞》，四子吴玄有《元江叔六十寿诗》，吴敏行有《春日闲居》，描述江边的悠闲生活。

除了以上三座园林,吴性和吴悆诗中还提到吴情的园林,如吴性《用韵留别和甫弟》、吴悆《秋日过和甫园亭追悼之作》等。

吴情(1514—1578)字和甫,号栋川,官至工部文思院副使,阶登仕佐郎。他也是一位寄情山水的风雅之士,园林里有清池竹树,钓台书阁,景致清幽。

明代吴氏族人在宜兴应该还有更多园林,但由于文献散佚,很多已无从追索。这些园林多建在宜兴的明山秀水间:吴礼娱晚堂靠近滆湖,吴侯溪庄临近钟溪,吴悆寄园位于江边。它们不仅使吴氏族人的园亭幽趣,更使宜兴故乡的秀丽山水,成为吴性及其子孙在常州辟建园林时的梦魂所系。

2. 入郡:筚路蓝缕,以启山林

吴性(1499—1563)字定甫,号寓庵,属于北渠吴氏第七世,为吴礼第三子。他是吴氏迁居常州的第一人,为常州洗马桥吴氏四大分支的先祖。北渠吴氏在常州建造园林,从吴性开始。

吴性15岁到常州,白手起家,筚路蓝缕,备尝艰辛。其生平详见于《北渠吴氏族谱》和徐阶《明故尚宝司丞寓庵吴公墓志铭》(后文简称《吴性墓志铭》)。结合两者与《北渠吴氏翰墨志》等其他资料,可将吴性一生分为四个阶段^(图 5-3):

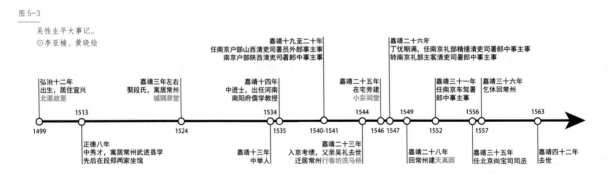

图 5-3

吴性生平大事记。
⊙李亚楠、黄晓绘

一是从弘治十二年到正德八年(1499—1513),共 14 年。吴性出生后居住在宜兴北渠故里,直到正德八年前往常州。

二是从正德八年到嘉靖三年左右(1513—1524),共 11 年。吴性到常州后在多处寓居，颠沛流离。1513 年他考中秀才，以郡庠生的身份就读于武进县学，后来在段家、郑家坐馆教书，并无固定的居所。

三是从嘉靖三年左右到嘉靖二十三年（1524—1544），共 20 年。1524年左右吴性与段氏成婚，租住在常州城东隅，演变为后来的城隅草堂。

四是嘉靖二十三年到嘉靖四十二年（1544—1563），共 19 年。1544 年，吴性入京考绩，其父封如其官，亡母赠安人；吴性上书请求返乡奉养父亲，可惜尚未获允吴礼便于七月十八日去世。吴性随后回乡守孝，同年迁居行春坊洗马桥，从此世代在此定居。嘉靖二十五年（1546）吴性在宅旁建成小宗祠堂。嘉靖二十八年（1549）吴性告假回到常州建造天真园。嘉靖三十六年（1557）吴性第三次上疏乞休，此后闲居于家，再未出仕。

以上四个阶段展示了吴氏家族在吴性带领下，扎根常州、日渐兴旺的过程。第四阶段是吴性园居最重要的时期，他在洗马桥先后建造了住宅、祠堂和园林，将在下节"天真园"讨论，这里先来看他早年寓居的城隅草堂。

· 吴 性 城 隅 草 堂

吴性初到常州，以及始建城隅草堂的时间并无明确记载。结合吴性《考槃记》《宅南开径记》，其次子吴可行（1527—1603）《复寓城隅草堂二首》推断，吴性侨寓常州应在嘉靖三年（1524）前后，城隅草堂也始建于同一时期。

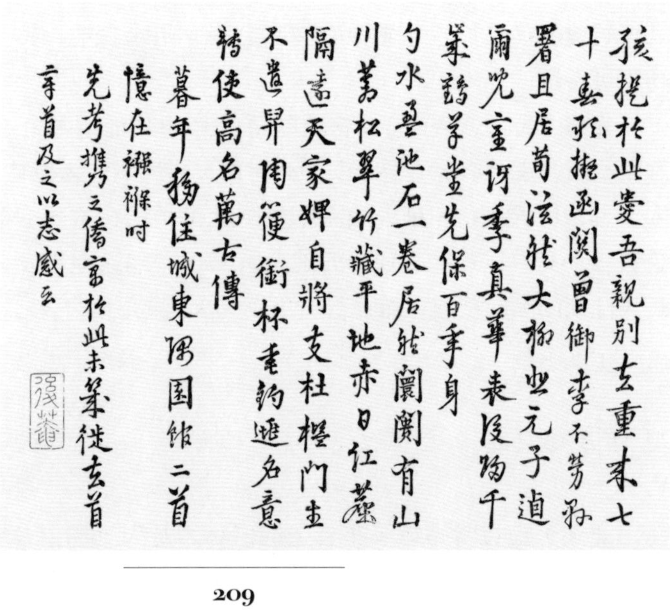

图 5-4

吴可行《暮年移往
城东隅园馆二首》
⊙引自《家鸡集》

孩提于此爱吾亲，别去重来二十春。
敢拟函关曾御李，不劳县署且居荀。
泫然大柳悲元子，询尔儿童讶季真。
华表后归千岁鹤，草堂先保百年身。
勺水盈池石一卷，居然阛阓有山川。
苍松翠竹藏余地，赤日红尘隔远天。
家婢自能通郑业，门生相与异陶篚。
衔杯垂钓逃名意，翻使高名万古传。

暮年移往城东隅园馆二首。忆在襁褓时，
先考携之侨寓于此，以志感云。

嘉靖四年（1525）吴性继室段氏（？—1577）生下长子吴諴，段氏是永乐二年（1404）进士段民曾孙女、段瑾之女，为常州人。嘉靖十四年（1535）吴性考中进士到河南南阳府任职，嘉靖二十三年（1544）返乡丁忧，不久迁居洗马桥。这20年间，早年吴性为生计仕途奔波，后来忙于寻找打理新居，都无暇造园，城隅草堂主要是为了解决现实的起居问题。直到家道兴旺，才开始筑园开池，被打造为吴氏家族在常州的精神源点。

城隅草堂承载着吴氏家族在常州的早期记忆，后因吴性长子吴諴（1525—1541）早卒，由次子吴可行继承，即吴可行《复寓城隅草堂二首》诗序所称的"迄今垂七十年所，竟属之余也"。《北渠吴氏翰墨志》卷十三收录吴可行第三子吴宗因的《宛习池篷庐记》，提到嘉靖四十二年（1563）吴可行建篷庐。城隅草堂中的林泉之胜、山水之趣，吴可行、吴宗因父子功不可没。

光绪《武阳志余》卷一将城隅草堂列为基址无考古迹。据吴氏后人吴君贻推断，城隅草堂位于天宁寺河对面；薛焕炳认为应在和政门（小北门）内。具体位置尚待考证。城隅草堂是北渠吴氏在常州的第一处居所，虽然景致较为简单，却拥有独特的地位。从这一隅之地出发，北渠吴氏不但成长为江南的名门望族，而且营造出蔚为大观的园林名胜。

· 吴 性 天 真 园

北渠吴氏在常州第一座真正的园林，是天真园。《北渠吴氏族谱》记载吴性著有《天真园稿》，开启了吴氏以园名作为集名的先河。后来吴亮《止园集》、吴襄《拙园小刻》、吴宗襄《素园集雅》等，皆用此例。

嘉靖二十三年（1544）吴性迁居洗马桥，是吴氏家族在常州的一次重要转折。他先后建造了住宅、祠堂和园林，将洗马桥打造为家族聚居的核心。《北渠吴氏翰墨志》收录了吴性的《考槃记》《宅南开径记》《小宗祠堂记》等诗文，描述了这处集"宅、祠、园"于一体的族居之地。

洗马桥因相传隋朝司徒陈杲仁（547—619）在此地洗马而得名。光绪《武进阳湖合志》"两县附府城图"绘有迎春桥和洗马桥，一在北后街，一在斜桥巷，巷南是县学和尊经阁（图5-5）。今天常州市内保留了斜桥巷，其南的县学改建为工人文化宫，北后街改为局前街。

图 5-5

光绪《武进阳湖合志》"两县附府城图"中的迎春桥、洗马桥

洗马桥紧邻县学北侧，选址极佳。吴性与此地很早就有渊源。正德八年（1513）他到县学应试，得到后来的岳父段瑾的赏识；成为郡庠生后住在县学，常经过洗马桥和斜桥巷。因此嘉靖二十三年（1544）举家迁居洗马桥，吴性无疑是经过精心的考虑。

住宅与祠堂

嘉靖二十三年（1544）是吴性人生的重要转折点。他外出任官近十年，稍有积蓄；同时已育有四子，城隅草堂无法满足全家的居住需求；因此他既有能力亦有必要，择定一处长久的居所。

吴性《宅南开径记》记载，这年秋天举家迁到行春坊。新居位于洗马

桥西北，开始他只买到其中一隅，南边另有姚、须两户人家，几年后亦被吴性购得，宅基大增，直接面对着斜桥巷。吴性对新居做了细致的规划和重建。整治之后，不但街道宽舒，可供车马轩轿从容通行，住宅也格外齐整，"外敛中舒，龙昂虎伏"，俨然成为一处上佳的风水吉宅。

嘉靖二十五年（1546）吴性在洗马桥住宅东侧建造祠堂，供奉父亲吴礼、祖父吴昊、曾祖吴观三代的牌位，因此称作"小宗祠堂"。供奉四代牌位的称"大宗"，必须嫡长子才有资格建造；吴性为吴礼第三子，只能建"小宗"。

嘉靖三十二年（1553）吴性的长兄吴怿去世，吴性拓建祠堂，在新祠里增添了高祖吴茂三的牌位，成为实际上的"大宗"。但为了表示自己并非嫡长子，仍然称"小宗"祠堂。

这座祠堂的建成意义非凡，祠中祭祀四代神主，意味着吴性已将北渠吴氏的一支带入郡城，在此扎根。吴性《小宗祠堂记》详细介绍了祠堂的布局：南面是一排长屋，共十间：中央为门屋，门外绘有《礼记·少仪》的内容，门内描绘各种故事；左边也即东边三间是家塾，供子弟们读书、学礼；两端的梢间为仓廪，收储祭田的租入和祭祀用的稻谷；其余几间储藏杂物。向北穿过长屋，东边有两间厢房，收藏先人的遗书、衣饰和祭器；西边的三间厢房，可供祭祀时更衣休息。北面中央是三间正堂，供奉祖先牌位，为主要的祭祀场所。堂后是一间寝屋，布置神龛。吴性计划将来在正堂和寝屋周围再建几间房屋，作为厨房、厕浴和看守之所。整座祠堂秩序井然，功能完备，将祭祀先祖与教育子弟合为一区，体现出吴性的用心经营和深远谋划（图 5-6）。

园林

吴性天真园的建造和使用分为三个阶段。一是从嘉靖二十三年到二十六年（1544—1547），为草创时期；二是从嘉靖二十八年到嘉靖三十一年（1549—1552），为奠定格局时期，并定名为"天真园"；三是从嘉靖三十六年到嘉靖四十二年（1557—1663），吴性在此安度晚年。

第一阶段

吴性《小宗祠堂记》称："日待园屋与前宅苟完"，表明园林和住宅是同时建设的，也始于嘉靖二十三年（1544）。嘉靖二十四年（1545）吴性 47 岁，宦海浮沉，仕途未卜，儿女渐长，家事日繁。少年时期的欢游时光常常浮现心头，令他萌生退隐之意，于是草创园亭及时行乐，作《余生四十有七年矣，齿发就暮而德业未加，形役徒劳而心神不旷，遂自况以见志云》。

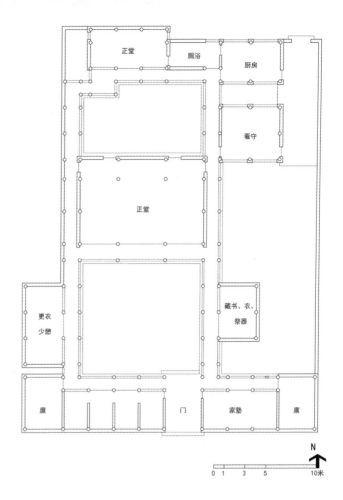

图 5-6

小宗祠堂平面复原示意图
⊙黄晓、戈祎迎、李亚楠绘

正堂

厕浴

厨房

看守

正堂

藏书、衣、
祭器

更衣
少憩

廉

门

家塾

廉

N

0 1 3 5 10米

　　这次营建较为简单。吴性《考槃记》称，"独念畴昔，初篑土为丘，种
竹为林"，结合前诗可知，他堆筑土山，栽种竹林，又在山林间凿泉置石，
初偿与烟霞林水相伴的梦想。

第二阶段

　　嘉靖二十八年（1549）吴性告病归休，回到常州建造天真园，作为终老
之地。吴性《考槃记》详尽介绍了天真园的布局、风格和生活。

　　天真园分为东、西两路。东路居中是五间主厅，体量颇大。中央三间
为正堂，采用重檐屋顶，以示庄重，并在南侧出檐廊。堂内可投壶对弈，
金石博古，并陈设着屏风几案、古琴图书、香熏鼎炉、药臼茶具，雅致而高古。
正堂两侧，东边一间是凉轩，西边一间是暖室。凉轩北面开窗，南面开门，
清爽明亮，适宜夏季消暑；轩内隔出庋架，收藏衣冠鞋履。暖室较为封闭，
温和舒适，适宜冬季取暖；室内布置小阁，收藏图书，可供随时取阅。西
路建造三间家塾，窗明几净，学徒环列在周围，中央摆设屏风和塾师的坐榻。
塾内四壁描绘忠信孝悌、长幼尊卑的故事，张挂吴家的格言规训，子弟们
自小就在此接受熏陶。正堂和家塾后面有两间房屋，供书童和仆从使用。

　　以上是园内三座主要的建筑，其他的山石林泉都环绕在周围。正堂北
侧以山林为主，吴性早年在此堆筑土山、栽种竹林，如今又在西北角叠筑

图 5-7

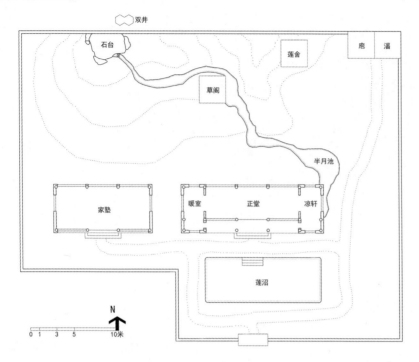

了一座石台，便于登高眺望。台下有石洞和泉水，与墙外的双井相通；溪水从土山竹林间流过，溪边散布着蓬舍茅阁，周围遍植薜萝筠柳、桐栢桂蕉，郁郁葱葱。溪流向东南汇成半月形的水池，萦绕在凉轩北侧，继而又从其南侧溢出，汇入正堂前方的方池，池中栽植莲花^(图 5-7)。

天真园的营筑俭朴天然，体现了嘉靖中期的造园风格。吴性《考槃记》介绍称：

> 为屋仅数楹，丰约崇卑，视吾心力。木斫而
> 已，去雕饰也；墙圬而已，尚贲白也。甃地以甓，
> 寝室则加板以隔蒸湿，城阶及庭及唐以石，幂窗
> 以楮或以蛎，竹帘布帏以障风雨，以映容光，视
> 晦明寒燠，以为启闭卷舒之节。

这段文字透露出白居易的影响。白居易《庐山草堂记》称："明年春，草堂成。三间两柱，二室四牖，广袤丰杀，一称心力。……木斫而已，不加丹；墙圬而已，不加白。砌阶用石，幂窗用纸，竹帘纻帏，率称是焉。堂中设木榻四，素屏二，漆琴一张，儒、道、佛书各三两卷。"天真园的主堂正是效仿白居易的庐山草堂。

第三阶段

嘉靖三十一年（1552），吴性起任为南京车驾署郎中事主事，嘉靖

三十五年（1556）到北京任职，次年第三次告归，此后再未出仕。从嘉靖
三十六年到嘉靖四十二年（1557—1663），是吴性园居的第三阶段。

　　嘉靖三十六年吴性辞官获准，作《乞休得凯南还》，化用陶渊明《归园
田居》诗意。这年吴性59岁，如愿回到家乡，难掩内心的雀跃。陶渊明的"归
来"意象打动了无数像吴性一样倦于仕途的文人雅士，后来也成为止园的
主题。

　　吴氏家族在常州的园林营建肇始于吴性，他对后世子孙造园至少有三
方面的影响。

　　一是深挚的引退之心和林泉之志。吴性一生三次告休，其园居生涯由
此分为三段。他37岁中进士，从政20多年，在官时间不满两任。这种淡
于仕进、甘于退处的"隐君子"之风，成为吴性及其子孙造园和居园的内在
动因。

　　二是对故乡山水的怀念和向往。吴性《考槃记》谈到初创园林时，龙
津吴子^{（图5-8）}和双桥邱子问他造园的初衷。吴性回答："余阳羡人也，形迹
虽滞郡城，而故国溪山神驰未已。顷者稍营吾圃，期以他日苟完，则滆水
铜峰宛在心目，遂将老焉已乎。"阳羡、荆邑是宜兴的古称，吴性虽迁居常州，
却无法忘怀故乡。他在园中堆山开池，以象征宜兴的滆湖之水、铜官之山。
对吴性及其子孙而言，这种故土之思，既滋养了他们的山水情怀，也成为
他们造园时的灵感源泉。

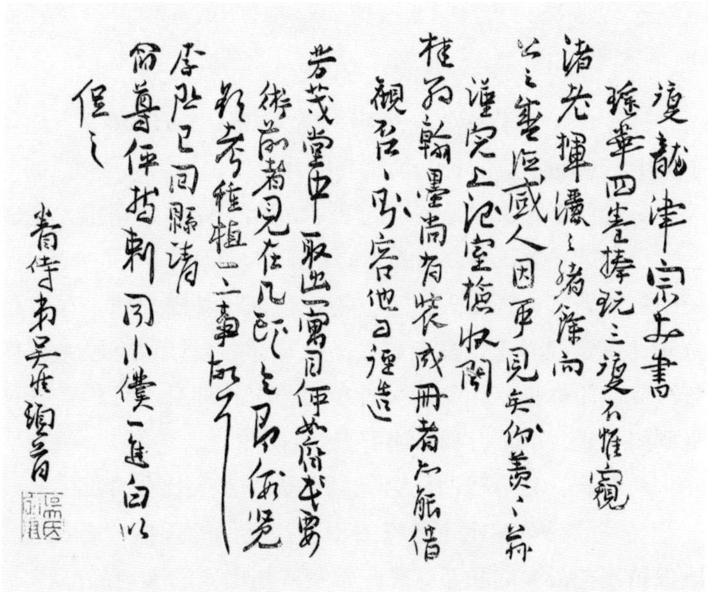

图5-8

吴性《复龙津宗丈书》
手迹
⊙引自《家鸡集》

瑶华四卷，捧玩三复，不惟窥诸老挥洒之绪余，而公之盛德感人因可见矣，仰羡仰羡！兹谨完上记室检收。阁桂翁翰墨尚有装成册者，亦能借观否？否则容他日径造芳茂堂中，取出一寓目，何如？《齐民要术》前者见在几头，乞即假览，欲考种植一二事故耳。李口已回县，请命尊伻持刺同小仆一进白以促之。

眷侍弟吴性顿首

三是对入世与出世精神的兼顾。吴性《家务恒规序》称："辛勤三十年，铢积寸累，始有湖田数顷，邑居一廛。"吴氏能够在常州扎根，繁衍壮大，得益于吴性的勤勉和务实。造园不仅需要林泉之志，更需要财力的支持。吴性子孙大多继承了这一"儒道互补"的精神：进可谋划于庙堂之上，经国济世；退可逍遥于山林之间，修身养性。对吴氏家族而言，开创此一家风的"先君子"，便是吴性。

3. 二代：湖山郊野，故土新居

吴性育有五子一女，长子吴諴（1525—1541）早卒，次子吴可行、第三子吴中行和幼子吴同行，都筑有园林。

吴性白手起家，最终官至正六品北京尚宝司司丞，完成了吴氏家族社会阶层的第一次跃升。他成年的四子中，吴可行、吴中行中进士，吴尚行、吴同行为监生，皆步入仕途。吴可行任翰林院检讨，吴中行官至正五品南京翰林院掌院学士，虽不算太高，却都与当朝首辅联系密切——吴可行早年深受徐阶器重，徐阶为吴性撰写墓志铭即受吴可行委托；吴中行则先后受到张居正、申时行和王锡爵三任首辅的影响。

吴可行、吴中行四兄弟完成了吴氏家族社会阶层的第二次跃升，为下一代吴亮诸兄弟奠定下坚实的根基。他们的园林分布在宜兴、常州两地，既保持了与故乡的联系，又在常州开拓出新的天地。

· 吴可行沙漉湖居与荆溪山馆

吴可行（1527—1603）字子言，号后庵，属于北渠吴氏第八世，为吴性次子。他著有《太史诗抄》和《韦弦集》，俱未传世，仅《北渠吴氏翰墨志》和《家鸡集》保留下部分诗文。吴可行在宜兴漉湖边和荆南山（铜官山）建有两处园亭，前者称沙漉湖居，后者称荆溪山馆。两处园林都不在常州，而在故乡宜兴，这与他独特的经历有关（图5-9）。

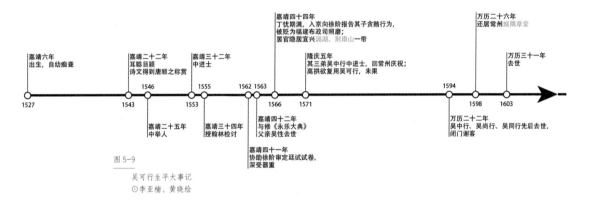

嘉靖六年
出生，自幼痴聋
1527

嘉靖二十二年
耳聪目颖
诗文得到唐顺之称赏
1546
1543
嘉靖二十五年
中举人

嘉靖三十二年
中进士
1555
1553
嘉靖三十四年
授翰林检讨

嘉靖四十四年
丁忧期满，入京向徐阶报告其子贪贿行为，
被贬为福建布政司照磨；
要自隐居宜兴漉湖、荆南山一带
1562 1563
1566
嘉靖四十二年
与修《永乐大典》
父亲吴性去世

嘉靖四十一年
协助徐阶审定廷试卷，
深受器重

隆庆五年
其三弟吴中行中进士，回常州庆祝；
高拱欲复用吴可行，未果
1571

万历二十六年
还居常州城隅草堂
1594
1598
万历二十二年
吴中行、吴尚行、吴同行先后去世，
闭门谢客

万历三十一年
去世
1603

图 5-9

吴可行生平大事记
☉李亚楠、黄晓绘

吴可行一生跌宕起伏，极富戏剧色彩。唐鹤征《翰林院检讨后庵吴公行状》评价他：

> 公负气甚高，负才甚敏，遭遇太奇，沦落太甚，
> 以至于竟其身无所表见。

吴可行少年时期痴呆聋聩，不甚读书，17岁那年，耳聋忽然治愈，头脑异常聪颖，博学强记，文思泉涌。唐鹤征的父亲、一代大儒唐顺之读到吴可行的古诗，大为赞叹，称其"异日当以文名世"。

后来果然如唐顺之所言，嘉靖二十五年（1546）吴可行20岁中举人，嘉靖三十二年（1553）27岁中进士，两年后授翰林院检讨，"一时才名籍甚"。吴可行入朝后，得到不同阵营内阁辅臣的信重，其中最信任他的要数徐阶。嘉靖四十一年（1562）严嵩倒台，徐阶继任首辅，委任吴可行批阅廷试试卷。吴可行选余有丁第一、申时行第二、王锡爵第三。最终这三人"皆登相位，而申、王两公又皆为元辅，称名臣，勋望显著"。朝野上下由此赞叹吴可行有知人之明，徐阶也对他愈发信重，视为接班人。

嘉靖四十二年（1563）吴可行与修《永乐大典》，得"太史"之名。同

年吴性去世，他回乡守孝，徐阶亲自送行，为吴性作《明故尚宝司司丞寓庵吴公墓志铭》。居丧期间，吴可行听闻徐阶"诸子竞为权利，仲子尤善纳贿，举郡强半入其室，人情汹汹"。他担心徐阶蒙在鼓里，受到牵连，孝满入京后便向徐阶汇报此事。吴可行的人生由此急转直下。

听到吴可行奏报，徐阶假装大吃一惊，命令儿子向吴可行道谢，实则心中极为愤恚。很快吴可行频繁遭到弹劾，最多的时候"一日疏四上"。他先被贬到福建，后又因考功法免职。经历此番浮沉，吴可行心灰意冷，决意归隐。

吴可行返回宜兴老家，先后建有两处居所。一处位于沙渎湖滨，见吴可行《营居室于沙渎湖滨》。吴中行曾被吴可行"携之湖上，相与为诗酒之乐"，即为此地。后来吴中行在湖边筑蒹葭庄，邀吴可行同住，吴可行作诗婉拒，希望留在山中^{（图5-10）}。山中有吴可行的另一处居所，其《明少南恽先生墓铭》提到"公之子应侯、应雨衰经诣予荆溪山馆，以志铭见属"，可知其名为"荆溪山馆"。

图 5-10

吴可行手迹
◎引自《家鸡集》

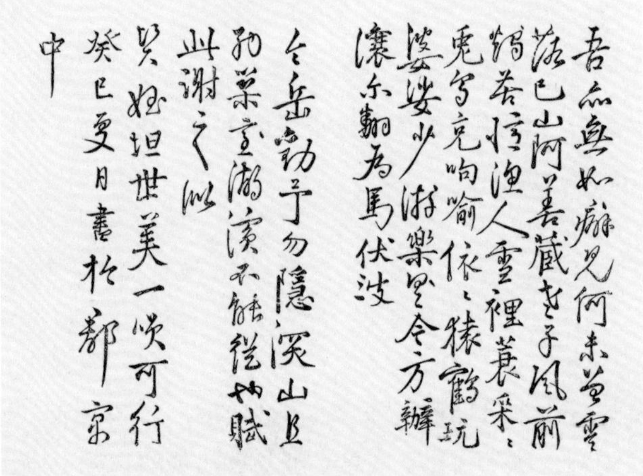

吾意无如癖儿何，未曾零落已山阿。
善藏老子风前烛，苦忆渔人雪里蓑。
采采兔乌充咰喻，依依猿鹤玩婆娑。
少游乐具今方办，让尔翻为马伏波。

令岳劝予勿隐深山，且约筑室湖滨，不能从也，赋此谢之，似贤侄坦世美一笑。可行癸巳夏日书于郡寓中

吴可行历经大起大落，幽居独处，但对族人的科举仕途仍极关注。三弟吴中行中进士后，他曾"复整衣冠入城市，与亲朋为欢"。他对子侄辈期待尤高，吴玄中进士后，他作《犹子玄登第》祝贺诫勉；吴亮、吴兖每次北上参加考试，他都题扇相赠。

在侄辈中他最欣赏吴亮，万历二十五年（1597）、二十八年（1600）两次为吴亮参加科考题诗送行。《行四犹子计偕北上持扇乞书，因走笔一律以赠之，时万历丁酉仲冬》诗曰"世人哪得吾青眼，族子惟应尔白眉"，用《三国志·马良传》"马氏五常，白眉最良"典故，毫不掩饰对吴亮的青睐，称赞所有族侄中，吴亮最为出色（图5-11）。

> 亮也濒行索我诗，谓将把玩慰离思。
> 世人哪得吾青眼，族子惟应尔白眉。
> 雪屃风帆还远道，云登日傍正明时。
> 而翁况有遗踪在，好向金门觅凤池。

行四犹子计拟北上，持扇乞书，因走笔一律以赠之。时万历丁酉冬仲，七十一老人后庵书

图5-11

吴可行赠吴亮诗手迹
⊙引自《家鸡集》

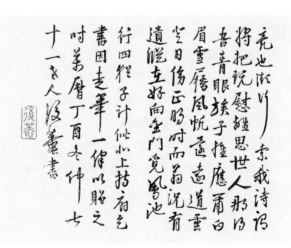

吴亮也对这位伯父敬爱有加。1610年他辞官归隐，"拟卜筑荆溪万山中"，显然受到吴可行荆溪山馆的影响。吴可行《园居二首》描述自己的园居生活，其一曰："陶令余荒径，淮王作小山。孤松真可抚，丛桂尽堪攀。兀兀耽黄卷，仙仙着白纶。从教贫似宪，只觉乐于颜。"诗中前四句典故连用，

有陶渊明的"三径就荒"和"抚孤松而盘桓"，淮南王的小山隐士和丛生桂树，吴亮止园的核心景致——水周堂与飞云峰，正是以此两者作为构景主题，揭示了吴可行对他的深刻影响。

除了宜兴的沙溻湖居与荆溪山馆，吴可行作为吴性实质上的长子，还继承了吴性位于常州的城隅草堂。吴可行育有六子三女，城隅草堂后来传给第三子吴宗因，改筑更名为篷庐宛习池，后文还会论及。

· 吴中行甑山墓园、溻湖兼葭庄与常州嘉树园

吴中行（1540—1594）字子道，号复庵，为吴性第三子。他中隆庆五年（1571）进士，历任翰林院侍读学士，春坊、谕德兼翰林侍讲，充日讲起居注官，最终官至南京翰林院掌院学士，为正五品。吴中行在宜兴建有甑山墓园、溻湖兼葭庄，在常州建有嘉树园。

吴中行掌院学士的官职不算太高，所任南京翰林院也无太多实权，其子吴亮官居正四品、吴玄官居从二品、从子吴宗达官居正一品，都比吴中行显赫。但在吴氏家族中，他的名声却最为响亮。吴中行是万历朝轰动朝野的"张居正夺情"事件的核心发动者。《明史·列传》卷一百一十七为他作传，吴亮、吴玄、吴宗达皆附于其后。《常州府志》《武进县志》都有吴中行传，此外还有邹元标《吴学士传》、赵南星《明侍读学士复庵吴公传》、沈思孝《翰林院侍读学士吴公墓志铭》和叶向高《复庵先生像赞》等，影响巨大。

记载吴中行生平最详细的，要数吴亮的《明翰林院侍读学士复庵府君行状》，长达八千余字。吴中行《赐余堂集》卷五、卷六所收诗作按时间编排，可据以理清他造园、居园的时间线。此外还有《北渠吴氏翰墨志》《家鸡集》的相关诗文，为研究其生平与造园提供了丰富的材料（图5-12）。

吴中行的仕宦生涯先后受到三位内阁首辅的影响。他先是冲犯江陵张

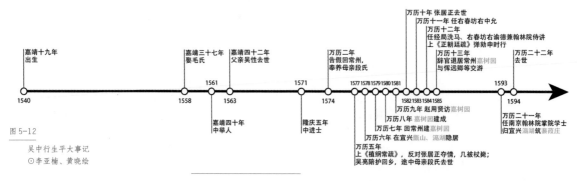

图 5-12

吴中行生平大事记
◎李亚楠、黄晓绘

居正，继而忤逆吴县申时行，后又拒绝攀附娄江王锡爵。此三人先后担任首辅，吴中行皆与之不谐，一生三起三落，大部分时间都在山野田园间度过。

三位首辅里对吴中行影响最大的要数张居正。张居正担任隆庆五年主考官，这年吴中行、赵用贤、唐鹤征和秦燿等同榜中进士，称张居正为"座师"。在科举时代，"座师"和"同年"是最紧密的政治同盟，本该同气连枝、共同进退，但六年后发生的"张居正夺情"事件撕裂了师生同年间的情谊，甚至改变了大明王朝的气运。

万历五年（1577）张居正的父亲过世。按照礼制，他要辞官回乡守孝27个月。但万历皇帝诏令"夺情"，命张居正回乡守孝"七七"49天，便回到朝廷继续主政。此事在朝中掀起轩然大波。吴中行第一个上疏反对。此疏名为《植纲常疏》，收录在吴中行《赐余堂集》第一卷第一篇。有吴中行为先导，赵用贤、艾穆、沈思孝和邹元标先后上疏。张居正大怒，与司礼监掌印太监冯保商议，将五人廷杖。杖毕五人气息奄奄，被用木板抬着，驱赶出都城，无人敢搭救。中书舍人秦柱带医生追上吴中行，喂了他一大勺汤药才苏醒。回乡途中吴中行听闻母亲段安人过世，"呕血几一斗，创复溃裂"。当时正逢寒冬，无法乘船，吴中行由陆路奔丧回家，"冰雪踯躅，血肉淋漓，即道路人见之无不酸楚者"。

张居正夺情事件使吴中行等五人"直声震天下"。吴亮时年16岁，随父在京，见证了父亲上疏、廷杖、被救和奔丧的全过程，深受震撼。搭救吴中行的中书舍人秦柱出自锡山秦氏，为秦金之孙，秦、吴两家自此建立起深厚的情谊。秦金建有凤谷行窝，万历二十一年（1593）秦燿改筑为寄畅园。秦燿与吴中行为同榜进士，但他深受张居正器重，站在张居正一边。张居正的门生分裂为两大阵营，整个朝局也随之分裂为两派。

万历五年吴中行被贬回乡，先后在宜兴、常州两地居住。他先是庐居于宜兴甑山的母亲墓旁，此墓位于檞岭东南，距离吴可行的荆溪山馆不远。稍后又在滆湖归美桥一带辟地百亩，计划作为将来归老之所，称作兼葭庄。万历七年（1579）吴中行孝满回到常州，他不愿住在城内，于是在城外建造别墅，成为后来的嘉树园。

吴中行先后在多处隐居，不仅是借山水排解愤郁、寄托情思，更是为了躲避暗杀。他得罪的是当朝首辅，欲置之死地以讨好张居正者不乏其人，赵南星《明侍读学士复庵吴公传》、沈思孝《翰林院侍读学士吴公墓志铭》皆有记载。后来吴亮弃官退居止园，严加戒备，也是面对同样的情势。

这五年间的三座园庐贯穿了吴中行一生。他去世后葬在甑山，晚年则退居于滆湖之滨，然而他居住最久的要数常州城北的嘉树园，后来传之子孙，成为吴氏名园。

嘉树园始建于万历七年，次年（1580 年）秋天建成，吴中行《赐余堂集》卷五有《环堵初成次恽远卿韵》（图5-13）。当时园名尚未定为嘉树园，吴中行称作"环堵"，但已栽种了后来著名的丛桂。康熙年间董文骥《微泉阁诗集》卷十一《见吴氏废园薪双桂海棠根皆十围》首句"学士焚鱼把钓竿，归来不着骏鹅冠"，注称"吴公廷杖罢官归为园"，印证了嘉树园的始建时间。

吴中行诗又见于《家鸡集》，诗曰：

> 郊埛卜筑本寻幽，清景偏宜属素秋。
> 傲骨养成真散木，褊心消尽已虚舟。
> 但将丛桂供余日，不向长杨忆旧游。
> 荣境到来真畏路，烟波是处可淹留。
> 一水斜通百雉隈，蓬茅初结已莓苔。
> 家同仲蔚门常掩，客有羊求径始开。
> 峰影尊前将月度，鸟声树里带风回。
> 北山莫认终南路，他日移文不受猜。

新营环堵次韵作似志庵十三舅一笑，吴中行

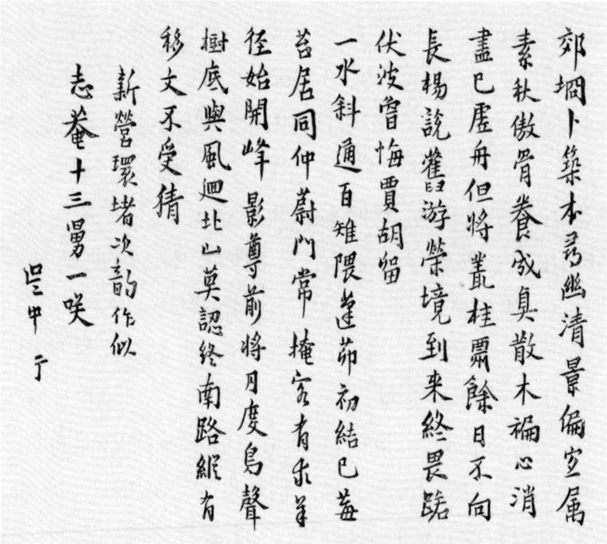

图 5-13

吴中行《环堵初成次恽远卿韵》
◎引自《家鸡集》

万历十年（1582）张居正去世，次年吴中行官复原职，不久升任右春坊右中允，充经筵讲官，又升司经局洗马，管国子监司业事，再升右春坊右谕德兼翰林院侍讲，补日讲起居注官。

短短两年间吴中行不断升迁，主要是得益于新任首辅申时行的提携。但这种上下相得的局面并未持续太久。万历十二年（1584）爆发"高启愚案"，阁臣与言官势成水火。吴中行上《正朝廷疏》弹劾申时行。他这种耿直刚介、不畏强权的性格深深影响了吴亮。

万历十三年（1585）吴中行返回常州。吴中行《赐余堂集》卷六有作于万历十四年（1586）的《丙戌元日祝少府梁别驾过小园饮集》，万历十五年（1587）的《秋日行园放歌》，万历十六年（1588）的《顾太守体庵移尊过小园奉答》，万历十七年（1589）的《郊园偶书》和万历十八年（1590）的《庄师楚园同恽生远卿过负郭环堵中登楼看雪四首》（图5-14）。来往的友人有祝少府、梁别驾、顾太守、庄楚园、恽远卿等。诗文称此园为"小园""环堵"，表明园名仍未确定。

后者又见于《家鸡集》，题为《同庄师恽友看雪小园纪事》：

图5-14

吴中行《同庄师恽友看雪小园纪事》

◎引自《家鸡集》

出郭行踪绝，悠然似远村。
丘园敦友谊，岁月戴君恩。
赋雪征诗简，谈天佐酒尊。
立深时渐暝，犹忆在程门。
寂寞袁生卧，逍遥庄叟来。
相逢成嗒尔，小语亦雄哉！

> 玉屑人人吐，冰花树树开。
> 山阴堪命棹，乘兴未须回。
> 诸天浑入镜，促席且呼卢。
> 不谓传经士，犹堪作酒徒。
> 庭疑栽玉树，人似坐冰壶。
> 试问朝来雪，曾添两鬓无？

长卿毛表侄持扇索书书此，吴中行

吴中行这次引退长达八年之久，往返于宜兴滆湖和常州城北之间，即其《秋日行园放歌》提到的"杨柳围城滆水西，藤萝荫合郊扉北"。这次引退又是因为得罪首辅，他遭人中伤、落井下石，处境比万历五年还要艰难。

万历十九年（1591）申时行因立储事件辞官回乡。万历二十一年（1593）吴中行起任为南京翰林院掌院学士。这次起用与新任首辅王锡爵有关。但吴中行无意攀附，他再三推辞，不愿赴任，返回宜兴，"就滆湖之滨勉构小筑"，对人称："菟裘居今始有矣，鱼羹饭何处无之。而乃以腐鼠吓我耶。"他在湖边闲居度日，次年在常州家中去世。

在洗马桥吴氏第二代中，吴中行名声最著。唐鹤征作为同年兼同乡，作《祭吴复庵文》称赞吴中行："惟公之才华为光于艺林，惟公之气节为龙于缙绅，实有睹者所共欣慕。"

吴中行育有八子一女，在兄弟四人里人丁最为兴旺。八子中三名进士、两名举人、三名太学生，体现了吴中行的教子有方，被乡人誉为"荀氏八龙"。[2] 吴亮兄弟和妹妹继承了父亲的气节和才华，也继承了父亲的林泉之志，九人皆建有园林，将吴氏家族的造园事业推向了巅峰。

· 吴 同 行 小 园

吴同行（1550—1594）字子巽，号从庵，为吴性最小的第五子。他是监生出身，授光禄寺监事，后因其次子吴宗达累赠至太子太傅吏部尚书建极殿大学士。

吴亮《止园记》提到，吴同行建有小园，位于嘉树园东侧，由吴同行草

---

[2] 颍阴荀氏出自战国荀卿，汉魏时期为中原世族。荀淑品行高洁，学识渊博，他的八个儿子并有才名，人称"荀氏八龙"。

创，吴亮接手拓建，后又归属他人。

小园的名称、位置和建造时间，皆扑朔迷离。吴中行、吴亮都有许多诗作提到"小园"，[3] 但他们所称的"小园"，或指嘉树园，或指止园，并非吴同行的小园。吴同行次子吴宗达诗文中提到天真园和绿园，但没有小园。

不过吴同行建有园林是确定无疑的。吴宗达《先大夫暨先太恭人行略》提到："（吴同行）雅不问家人生产，岁入无几，入即缘手尽之山水鱼鸟间。居必辟隙地数亩，穿池叠石，种竹栽花，意豁如也。"吴同行淡泊名利，不事经营，稍有收入即用于叠山造园，悠游于花竹鱼鸟之间。这座园林是否即为"小园"，小园为何转由吴亮拓建，后又归属何人，仍有待进一步考证。

吴可行、吴中行、吴同行三兄弟共有六座园林。荆溪山馆和甑山墓园属于山林地，沙滆湖居和滆湖兼葭庄兼属江湖地和村庄地，嘉树园属于郊野地，小园兼属傍宅地和城市地，涵盖了计成《园冶》的六种园林基址；吴氏的造园大业也在这一代铺开基础，即将发扬光大。

4. 三代：风云际会，蔚为大观

吴可行育有六子三女，吴中行育有八子一女，吴尚行育有二子二女，吴同行育有五子三女。第三代的 21 名男丁中，有 4 名进士，7 名举人，其他亦多为监生、庠生。吴亮官至正四品的大理寺少卿，吴玄官至从二品的湖广布政使司右布政使，吴宗达官至正一品的吏部尚书建极殿大学士，是洗马桥吴氏第三代中官职最高的三人；其他担任知府、知州、知县者，所在多有。

吴氏家族的社会地位到吴亮这一辈达到顶点，吴氏造园也在这一辈臻于极盛。吴中行八个儿子，除长子吴宗雍早卒外，其余七人，人人有园；独女吴宗文嫁曹师让，也筑有园林。此外还有吴可行第三子吴宗因、吴同行次子吴宗达的园林。吴氏成就最高、名气最大的一批园林，如止园、嘉树园、东第园、兼葭庄、青山庄等，皆出自吴亮一辈，蔚为大观。

[3] 如吴中行《赐余堂集》卷六有《顾太守体庵移尊过小园奉答》。吴亮《止园集》卷五有《答吴子行题咏小园》《杨君塘过小园为予写照》《计野臣山人过唁小园次韵》《马时良太史奉诏到郡招集小园》《公敬与中舍过访小园次答》《董厘卿过访小园不遇次答》《中秋同孙德纯、董于廷诸丈玩月小园作短歌行》《黄贞父枉集小园二首，时以南仪郎候江右学宪之命》《胡小山馘台以陈函三参藩招饮小园陪集一首》。

· 吴宗因篷庐宛习池

讨论吴氏第三代的造园，还要从吴性始创的城隅草堂说起。

吴宗因（1563—1637）字亲于，号谨所，为吴可行第三子，万历十九年（1591）他与吴亮同年中乡魁，先后担任湖广石首县知县、浙江丽水教谕和浙江台州府司理。吴可行共有六子，长子吴宗泰（1551—1612）字交于，号随寓，随吴可行长年隐居宜兴；次子吴宗曼生卒年不详，第三子吴宗因继承了父亲在常州的城隅草堂，改建为篷庐宛习池。

《北渠吴氏翰墨志》卷十二有吴宗因《宛习池篷庐记》，作于崇祯元年（1628），详细介绍了此地的营筑始末。从文中可知，嘉靖四十二年（1563）吴性去世，吴可行在常州东北角建造篷庐，以奉养母亲。万历二十一年（1593）吴宗因遵守父命迁居于此。

此地的营筑颇为曲折，似乎隐藏了一段家族秘事。万历二十年（1592）春吴宗因30岁，已在五叔吴同行处寄居多年。吴同行对他视同己出，尽力周济，无奈家中"咫尺宫墙"，逼仄狭隘。吴宗因不忍过多拖累，第二年搬到父亲曾经居住的篷庐。此庐上漏下湿，破败不堪，吴宗因"屡加补葺，财力坐殚"，苦不堪言；但想起父亲在此历经寒暑，取《庄子·天运》之意命名为篷庐，恬然自处，又不禁惭愧。

1628年夏天，篷庐"下湿加于上漏，且环庐下基泥涂参半，浃旬来无寸地不泞者"，吴宗因几乎寸步难行，感到"郁郁久此良苦，全无生趣"。正当绝望之时，他回想起万历二十八年（1600）的武当之游，豁然开悟。

那年吴宗因遍游襄阳的万山、岘山、隆中、习池诸景，对习池印象最深。习池因东汉名臣习郁而得名，"沉湛覆岩下，仰瞻旁睇，如澄潭在广厦之下也"，恰与吴宗因在篷庐的处境相似，都是浸润在汪洋之中。吴宗因将居舍更名为"宛习池篷庐"，在颓壁漏屋中，畅想"北里湖榜，扁舟易办，南陂山径，挂杖堪携"的悠然生活。

在吴性子孙中，吴可行这一支颇为艰辛，他常年流连于山林湖野之间，儿女亦随之颠沛流离。然而艰辛的生活并没有摧垮精神的追求，吴可行、吴宗因父子的篷庐宛习池体现了传统园林精神性的一面：天地一篷庐，吾身自卷舒；相看无一事，独醉习家池。当篷庐化身为宛习池，吴宗因便可以像父亲一样，在市井阛阓之间，卧游心中的湖山^(图5-15)。

皓魄澄潭一望平，闲居何地不闲情。
谈倾玄屑人如玉，饮挟醇醪味自清。

我悔年来多汗漫，君应到处足逢迎。
深林未得成归计，羞听黄莺求友声。
得趣何分野若山，冰轮回合水云间。
岂无韵士来寻竹，剩有幽人时……

图 5-15

吴宗因《和鲁于弟明月
廊原韵》手迹（局部）
○引自《家鸡集》

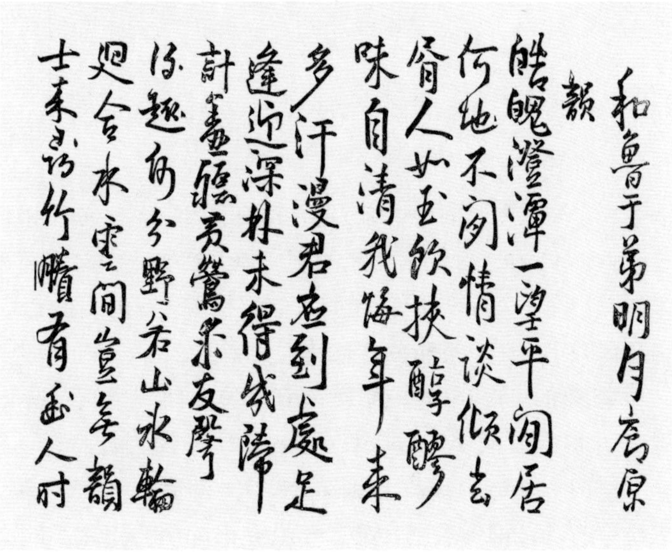

· 吴 亮 白 鹤 园

吴中行八子中次子吴亮营造的园林最多，共有 4 座。本节简略梳理吴亮的生平，并介绍他较早营建的白鹤园。

吴亮生平见载于《止园集自叙》，《北渠吴氏族谱》的"吴亮小传"，以及《北渠吴氏翰墨志》的许鼎臣《严所吴先生像赞》、陈于廷《明故大理寺右少卿赠本寺卿进阶通议大夫严所吴公墓志铭》（后文简称《吴亮墓志铭》）、张玮《吴大理严所先生传》和《武进县志·吴亮传》等。根据这些资料可绘制出吴亮的生平简谱（图 5-16）。

吴亮一生可分为四个阶段。

第一阶段从他出生到万历二十九年考中进士（1562—1601），共 39 年。万历十九年（1591）吴亮 30 岁考中举人，此后一边读书应试，一边造园闲居，先后经手过小园、白鹤园、嘉树园和止园的前身，积累了丰富的造园经验。

第二阶段从 1601 年到 1610 年，吴亮在外任官，共 10 年。他 40 岁考

图 5-16

吴亮生平大事记
⊙李亚楠、黄晓绘

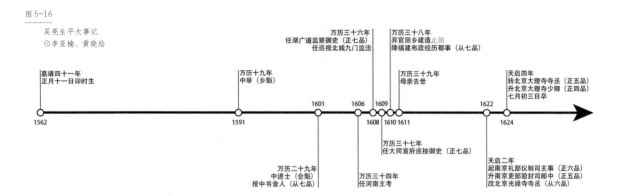

中进士，授从七品的中书舍人。万历三十四年（1606）担任河南主考，万历三十六年（1608）升任正七品的湖广道监察御史，又任巡视北城九门监法，万历三十七年（1609）出任大同宣府巡按御史，仍为正七品。吴亮任职十年，官品仅升了半级，可猜知其仕途之不得意。

第三阶段从 1610 年到 1622 年，吴亮回到常州营造止园。吴亮这次闲居长达 13 年，从 49 岁到 61 岁，打造出一代名园。

第四阶段始从 1622 年到 1624 年，共 3 年。天启初年（1621）东林党拥立皇帝有功，得到重用；第二年吴亮被起用为正六品的南京礼部仪制司主事。此后先升为正五品的南京吏部验封司郎中，继而调拨北京，任光禄寺寺丞，转大理寺寺丞，天启四年（1624）升为正四品的大理寺少卿。这一阶段的迅速升迁与第一阶段的十年仅升半级形成鲜明的对比，但仅仅几个月后便遽然离世。

吴亮一生与园林相关的是第一和第三阶段，白鹤园建于第一阶段。

吴亮《止园记》称："城东隅有白鹤园，先大夫命余徙业，于是弃小园。已先大夫即世，余复茸嘉树园，于是弃白鹤园。"可知白鹤园位于武进城东，吴亮接手前已有所营建，他保有此园一直到万历二十二年（1594）吴中行去世。

白鹤园的名称仅见于吴亮《止园记》，目前尚未发现其他记载。明清之际的吴氏园林还有鹤园与来鹤庄。其中鹤园的位置与白鹤园相近，或为同一座园林。

晚清诗人金武祥（1841—1926）《鹤园》诗前小序称："鹤园本吴氏园，以豢鹤得名，在迎春桥东。后陆氏得之，悉为住屋。陆广敷太史、霖生明经旧均投分。近赵少芬茂才寓居陆宅，尝偕至桥畔望春楼茗话，遥望东郊，慨迎春之典久废矣。"[4]

---

[4] 转引自薛焕炳《毗陵吴氏园林录》，（香港）中华书局，2020，135 页。笔者未查到此诗原始出处。

据此可知鹤园位于武进城内的迎春桥东侧。民国常州地图上标有"鹤园弄"，即为鹤园旧址。金武祥介绍的鹤园沿革与光绪《武阳志余》卷一的内容相近："鹤园在迎春桥东，本吴氏园，以豢鹤得名。国朝乾隆间陆兵备瑗得之。今园废，悉为住屋。"可知此园旧属吴氏，清乾隆年间归浙江温处兵备道陆瑗（1737—1789，字赓芳，号蓬庵），改建为住宅；后又归陆瑗后人陆尔熙（1835—1871，字广敷，号缉斋）、陆尔榖（1843—1902，字霖生）兄弟。秀才赵震（字少芬）曾寓居陆宅，与金武祥同游迎春桥旁的望春楼，金武祥写作了此诗伤春怀古。

光绪《武阳志余》卷一又载："竹叶园在左厢东北隅。周樾林于北水门宅后，浚濠驾桥围城址种竹，名竹叶园。后曹弁占宅，砍斫立尽。按今鹤园即其故址。"可知鹤园旧址后来又归周樾林（生平不详），改筑为竹叶园。

从常州地图上的鹤园弄看，鹤园应该有过很大影响，因此才能转化为地名，保留多年。1936年潘毅（1888—1960，字伯豪）在鹤园弄建造芳园。从鹤园到竹叶园再到芳园，这一带不断有园林营造。可惜鹤园与吴氏家族的关系语焉不详，是否即为吴亮白鹤园，仍有待论证。

· 吴 亮 止 园

止园与吴亮人生第一和第三两个阶段有关。前文已对园貌做过详细分析，本节主要介绍吴亮的园居交游。明代天启元年（1621）吴亮刊行《止园集》，集前收录16位友人的18篇序跋，其中有4篇与止园直接相关：范允临《止园记跋》、马之骐《止园记序》、吴宗达《止园诗序》和吴奕《青羊石记跋》。

先看范允临，他与吴亮交游颇深，兼具序跋作者、姻亲和诗友三种身份，前文已有论及。赵宧光（1559—1625，字水臣，别号凡夫）、陆卿子夫妇与范允临、徐媛夫妇齐名，赵氏寒山别业距天平山庄不远。吴亮游天平山时经常顺便来到寒山，造访赵氏夫妇。《止园集》卷六有《赵凡夫园亭》《重过赵凡夫山居》等诗。此外还有来自杭州的黄汝亨（1558—1626），字贞父，号寓庸，其《寓林集》卷六有《题止园》诗、卷二十八有《与吴采于侍御》书。黄汝亨在杭州南屏山建有寓林园，他游过止园后念念不忘，邀请吴亮到杭州同游。吴亮《止园集》卷五有《黄贞父枉集小园二首》、卷六有《题黄贞父浮海槛》。

再看《止园记序》的作者马之骐（约1564—？），字康庄，又名时良，与二弟马之骏（约 1588—1625，又名仲良）同中万历三十八年（1610）进士，马之骐为榜眼，传为佳话。马之骐是南阳新野人，万历三十四年（1606）吴亮担任河南主考，因此他称吴亮为老师，以门生自居。吴亮《止园集》卷五有《马时良太史奉诏到郡招集小园》《送马太史昆仲奉差归寿太恭人先尊甫守吾常有去思云》，记录了与马之骐兄弟的交游。

最后看吴宗达和吴奕。《止园诗序》的作者吴宗达是吴亮族弟，《青羊石记跋》的作者吴奕是吴亮三弟，在诸兄弟中与吴亮最为亲近。

吴宗达字上于，号青门，除了《止园诗序》，他还撰写了《出塞篇序》。吴宗达《涣亭存稿》有 10 余篇题赠吴亮的诗文，卷三《丙辰九日采于兄饮刘郡伯、孙别驾、何司理于北园，余陪末坐，兄有作见示和韵二首》《秋日偕玉绳饮采于兄北园观伎》，是吴亮的同题唱和之作，《止园集》卷五有《丙辰九日刘郡伯海舆、孙别驾元洲、何司理具茨、钱侍御梅谷、家宫允上于同集郊园二首，前郡守杜公亦以见枉云》和《戊午秋日周太史玉绳、家宫允上于小集郊园》。吴宗达集中还有《东坡和渊明止酒诗……》《和高季迪太史梅花九首》《题梅花唱和集宗高季迪韵》等，这些都是止园造景的重要主题。

吴奕字世于，同样与吴亮酬唱频繁。吴亮《止园集》卷五有《小圃山成赋谢周伯上兼似世于弟》《园居次世于弟旅怀八首》《春日行园次世于韵》、卷六有《湖上为世于弟称觞》《送世于弟之龙溪二首》《同钱若木送世于过吴门侣》。吴奕《观复庵续集》卷一有《夏日园居和采于兄韵八首》《和后园居八首》、卷二有《舟中和高季迪梅花诗九首》《书来知采于兄以孟夏朔日乔徙新居聊托蝇鸣以当燕贺四首》、卷三有《奉题采于兄水北园次韵四首》《周伯上访余兄弟……》、卷四有《吴娃和赠采于兄四首》等诸多诗作。

吴亮其他兄弟也有许多诗文题咏止园。《北渠吴氏翰墨志》卷十四有吴兖《采于兄止园成和韵四首》《和采于兄园居八首》《又和四首》《和后园居八首》，卷十六有吴宗褒《采于兄新舫落成》《采于兄水北园次韵四首》等诗。《家鸡集》还有一首吴亮的《重构梨花云亭》，提到后来的扩建^{（图 5-17）}。

> 十亩寒林一草亭，芙蓉为障竹为屏。
> 亦知蝶梦如花梦，安得身形似鹤形。
> 香比金兰同入室，光依玉树尽充庭。
> 却怜日暮罗浮客，多少尘劳唤未醒。
> 东阁重开结构奇，欲从北渚问南枝。

垂帘城上青山色，对酒樽前白雪词。
几度巡檐成独笑，何人折简寄相思？
野夫一片空心在，莫遣津头驿使知。

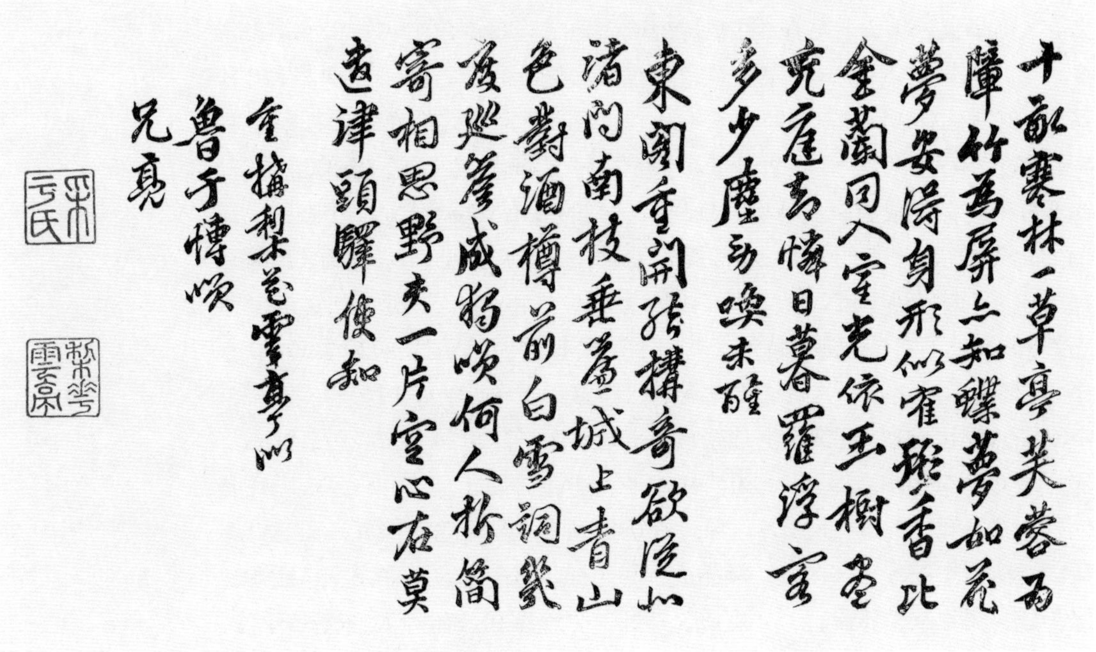

图 5-17

吴亮《重构梨花云亭似鲁于博笑》手迹

⊙引自《家鸡集》

　　光绪《武阳志余》提到孙文介为止园撰写七佛偈。孙慎行（1565—1636），字闻斯，谥文介，是唐顺之的外孙，万历二十三年（1595）中探花，官至礼部尚书。吴亮《止园集》收有孙慎行的《西清草序》。孙慎行曾在东林书院讲学，为东林巨擘，他与吴亮既属同乡又为同党，交游密切。

　　同样来自东林党的还有公鼐、公鼎兄弟，第二章已有提及。公鼐（1558—1626）字孝与，号周庭，公鼎（1569—1619）字敬与，号浮来，出自山东蒙阴，为晚明著名的书香世家。万历四十三年（1615）公鼎作《毗陵访吴采于因过其水北园》二首，称止园为水北园，收在《浮来先生诗集》卷三。《浮来先生诗集》卷一有《赠吴采于诗二首》、卷二有《寄吴采于》《又得吴采于书》；公鼎《问次斋稿》卷十四有《毗陵吴采于总角同研席绝音三十年矣辛丑联榜旧欢宛然诗以志之》等诗文。吴亮《止园集》卷一有《与公孝与敬与都门话旧》《公敬与下第东归》、卷五有《寄答公孝与太史二首》《公敬与中舍过访小园次答二首》、卷七有《寄公孝与宫詹》、卷二十三有《答公周庭》等诗文。

　　吴亮《止园集》的序跋作者大多具有东林党背景，很多人都曾是止园的座上客。撰写《西清草序》《出塞篇序》的霍鹏（1554—1610）字博南，号南溟，为霍去病后人，是吴亮担任大同宣府巡按御史期间的知交好友，吴亮《止园集》卷二十三有《答霍抚台南溟》《与霍南溟》《答霍南溟》等多封书信。可惜霍鹏 1610 年去世，未有诗文提及止园。另一位撰写《出塞篇序》的熊廷弼（1569—1625）字飞白，号芝冈，官至兵部尚书兼都察院右副都御史，为一代名将。此外，撰写《疏草序》的汤兆京、《题七》的毕懋康、钱春都是东林党成员或支持者，反映了吴亮的政治立场和择友原则。

　　此外值得一提的是为吴亮撰写墓志铭的陈于廷。陈于廷（1566—1635）字孟谔，号中湛，宜兴人，中万历二十三年（1595）进士，官至大理寺卿、户部右侍郎、吏部左侍郎，为东林党骨干。吴亮第七子吴简思（1603—1648）娶陈于廷之女，吴亮长女嫁陈于廷族弟陈于泰（1596—1649，字大来，中崇祯四年状元），可谓亲上加亲。陈于廷第四子陈贞慧与方以智、冒襄、侯方域并称"晚明四公子"，为清初的著名遗民。

　　天启五年（1625）十二月，魏忠贤矫诏颁布《东林党人榜》，吴亮曾支持或交游的李三才、叶向高、顾宪成、邹元标、赵南星、高攀龙、熊廷弼、陈于廷、汤兆京、孙慎行、文震孟、郑鄤、毕懋康和公鼐等人皆榜上有名；一年前吴亮去世，因此并未列在榜上，但东林党与阉党的斗争，在他生前身后始终持续影响着止园。

· 吴奕嘉树园

　　吴奕又名吴宗奕（1564—1619），字世于，号敏所、观复、艾庵，为吴中行第三子。万历三十八年（1610）吴奕中进士，1611 年授浙江缙云县知县，尚未赴任即遇母亲毛氏过世，遂回乡丁忧。吴中行去世后，嘉树园先经吴亮修葺，后归吴奕所有，时间应即始于 1611 年。这年吴中行长子吴宗雍已经过世，次子吴亮建有止园，毛氏遗下的嘉树园很可能由第三子吴奕继承。

　　吴亮亲兄弟八人，与吴奕最为亲近。吴亮《止园集》与吴奕《观复庵续集》的同题唱和之作多达数十首，在 1610—1611 年前后尤为密集，这正是止园刚刚建成，兄弟几人共同在乡丁忧隐居期间。吴奕去世后，吴亮作《亡弟龙溪令世于墓志铭》，揭示了嘉树园由吴奕继承的更深层原因：1610 年吴亮挂冠弃官，吴奕请假与他一同回乡。吴亮兄弟成年后多分家别居，只有吴奕陪在母亲身边，朝夕奉养。吴中行和吴宗雍去世时，都是吴奕择地营葬，不惮艰辛，他奉养母亲最久，对家庭贡献极大，因此嘉树园由他继承顺理成章。

吴奕《观复庵续集》卷三《修茸敝庐有感》称"燕贻燕处总难知，堂构依然厥父基"，提到在父亲遗构的基础上修建新居。他关于嘉树园更重要的记载，是《观复庵蒉集》卷四的《嘉树园新居上梁文》。这篇上梁文采用四六骈文，言辞优美。吴奕继承了父亲的园庐，修茸一新，并命名为嘉树园，借《诗经·甘棠》之意赞美和纪念先辈的恩德。值得注意的是，吴中行诗文中并未出现过嘉树园，这一园名很可能是吴奕所定。

万历三十九年至万历四十二年（1611—1614）是吴奕人生最为欢畅的时光，他住在嘉树园，兄弟几人一同吟风弄月、迎来送往，范允临、徐媛、马之骐、公鼐、公鼒、钱春、曹世美……这些吴亮的知交好友都出现在吴奕的诗文中，兄弟和乐，同气连枝。

万历四十二年（1614）吴奕丁忧期满，北上候选，次年出任福建漳州府龙溪知县。他勤政爱民但"不善事上官"，万历四十四年（1616）弃官寓居杭州。吴宗达《涣亭存稿》卷三有《世于兄自龙溪拂衣卜寓武林寄讯》，末句"同时兄弟谁招隐，次第争寻鸥鹭盟"注云："时采于兄久见放，又于兄从惠潮移疾，不肖亦在告，故云。"万历四十四年（1616）吴亮已退隐七年，吴玄因病归养，吴奕拂衣辞官，吴宗达亦告假在乡，兄弟四人皆未出仕，在各地造园闲居，诗酒酬唱，成为一时盛事。

万历四十六年（1618）吴奕患脾病返回常州，次年五月初三去世，留下独子吴去思（1617—1689），仅3岁。吴亮主持操办丧事，并撰写了墓志铭。吴去思继承了嘉树园，在清初成为常州名园，屡有文人墨客慕名来访，下节再作介绍。

· 吴 玄 东 第 园

吴玄（1565—1628）又名吴宗玄，字又于，号纯所，别号天然，又号率道人，为吴中行第四子。万历十九年（1591）他与吴亮同榜中举人，万历二十六年（1598）早吴亮三年中进士，后来官至湖广布政使司右布政使，为从二品，在八兄弟中官职最高。除《北渠吴氏族谱》外，康熙《常州府志》卷二十四"人物"有吴玄传。《明史·吴中行传》附有吴中行的三名子侄：吴亮、吴玄和吴宗达，为同辈中官职最高的三人。

天启三年（1623）吴玄聘请计成设计东第园，园成，计成一举成名，东第园被载入《园冶》，得到学界广泛关注，较重要的研究有 1982 年曹汛《计成研究——为纪念计成诞生四百周年而作》和 2013 年石荣《常州吴玄宅园考》。[5]

吴玄《率道人素草》卷四"骈语"提到这处宅园称："东第环堵，维硕之宽且莲，半亩亦堪环堵；是谷窈而曲，一卷即是深山。碧山不负我。"同卷还有一篇《上梁祝文》。此外《北渠吴氏翰墨志》卷十三有韩敬和范凤翼《东第考槃》，卷十四有吴宛《客秋傲南有园，颇费拮据，意有不可，改卜得又于兄东第之东偏，亭馆依然，河出邀矣》等（图 5-18）。

> 年来真有倦游情，此际登临睥睨生。
> 日落客帆分坛影，风清仙梵入潮声。
> 气吞巨浪千鲸失，势撼孤峰万马惊。
> 无限伤心六朝事，坐看江上暮云平。

　　　眺金山寺作

> 徙倚诸峰胜未穷，隔林西指九万宫。
> 三山鼎峙凭栏外，千里襟流入槛中。
> 瀑布倒悬云影湿，飞蓬遥挂夕晖红。
> 卜居未许寻招隐，咫尺重门帝可通。

　　　登古隐绝顶次韵

图 5-18
吴玄《率道人玄为鲁于弟书》手迹
◎引自《家鸡集》

[5]　石荣. 造园大师计成[M]. 苏州：古吴轩出版社，2013：117-122.

曹汛考证东第园位于常州东水门内水华桥北的狮子巷（今常州第二十四中），石荣指出，此地元代属参知政事温迪罕秃鲁花。这与计成和吴玄的描述完全相合。东第园向东可望见文笔塔（在今红梅公园内）和城墙上的堞雉；园址靠近苏东坡的显子桥和元代宰相居住的狮子巷，西南角有洪亮吉故居。这处宅园如今已无迹可寻，但在洪亮吉生活的乾嘉年间或仍有迹可寻。

按《园冶》的分类，东第园是座"傍宅园"，宅园合计十五亩。此园效法北宋司马光的独乐园，根据《园冶》的描述，东第园的艺术成就可从三方面来认识。一是造园前的基址状况：此园曾为元朝故园，山水高低起伏，古树高大繁茂，环境得天独厚。二是计成的设计策略：他强化了园址的特征，向高处叠石成山，向低处挖土开池；古树乔木布置在山腰，枝叶掩映，蟠根嵌石；亭台飞廊构筑于水畔，高低错落，曲折有致。三是建成后的效果：原有的山水古木打破了傍宅地的平淡无趣，巧妙的设计策略突破了五亩园的狭小逼仄；从入园到出园仅四百步，却能山高水远，俨如图画，亭转廊回，独步江南。就此意义而言，吴玄东第园颇有似于苏州网师园，都是在狭小地块上营造幽邃景致的典范。

计成为吴玄造园的天启三年（1623），吴玄59岁，计成42岁。东第园是计成改行造园的第一件完整作品，是处女作，也是代表作。园林建成，计成一举成名，此园亦随《园冶》流传后世。[6]

• 吴京舟隐园

吴京（1570—1616）又名吴宗京，字大于，号师所，为吴中行第五子。他一生大部分时间在船上度过，人称"舟隐君"。晚明文士张燮[7]（1574—1640）为作《舟隐君传》，收在《霏云居续集》卷十四。

吴中行八子被誉为"荀氏八龙"，第五子吴京处在龙腹的位置。他自幼聪颖异常，"偶摩娑象戏，令射覆无爽"。5岁时中痘而死，三日复生，人们都惊叹：此子必将振兴吴氏。然而他一生却极为蹉跎，吴亮、吴玄、吴奕、吴兖、吴襄先后中举，吴京则"屡试辄蹶"，始终未改变监生身份。他后来借酒浇愁，"跅弛声伎，艺花种竹，饲鱼弄鸟，若绝意荣进。"

[6] 曹汛. 计成研究——为纪念计成诞生四百周年而作[J]. 建筑师，1982（4）：1-16.

[7] 吴奕《观复庵续集》卷三《张孝廉招饮霏云馆赋谢有序》《绍和复有诒韵次答》是与张燮的酬唱之作。表明张燮与吴氏兄弟有来往。

《北渠吴氏翰墨志》卷十三吴亮《亡弟大于暨妇刘氏墓志铭》提到，吴京临终嘱咐儿子在自己墓上题写"旐云舟隐吴君十"。他在大排行里为第十，"居恒操舴艋往来烟波间，因以自号。"

吴奕《观复庵续集》卷四《舟隐原名》揭示了吴京以舟为家的缘由。吴性在常州白手起家，到吴可行、吴中行一代，房产一分为四，逼仄狭窄；吴中行的房产又被吴亮兄弟再分为八，愈发湫隘。在拓展宅基的过程中，吴家与另一豪族发生冲突，吴中行去世后豪族挑衅生事，吴亮兄弟不得不隐忍避祸。吴京迁到别处，将居所题名为"弗肯堂"，供妻子居住；本人则住在船上，四处漂泊，以示不忘这段屈辱的家族过往。

吴京至情至性，同时又是至孝之人。父亲去世时，他"哀恸号擗，几成灭性之伤"。此后他一心侍奉母亲，"承欢板舆，晨夕无间。毛太宜人晚岁皈依净业，所需悉倚办"。母亲去世时，他又"哀恸号擗，如在父忧时"，身心俱伤。

吴京与妻子刘令人伉俪情深，他岳父只有一女，常将家财分给吴京。岳父去世后，吴京将所得家财全部用于营治墓地，"修祀事，囊无赢余"。1616年三月刘令人病逝，吴京哀伤痛哭："不意失吾良友"，病大作，三个月后过世。吴亮为他治丧，并撰写了墓志铭。

吴京一生屡经变故，他在族屋局促、不敷居住时让而不争，"别买一舟乘之，烟屿风林，任其浮泊"，成就了别具一格的"舟居"模式。舟船乃江南园居必备之物，吴亮有青雀舫、吴奕有小舫、吴兖有替舟阁、吴襄有若虚舟……兄弟八人几乎人人有舟，但只有吴京以舟为家，以"舟隐"为号，"不随物变而一苇长航"，于江湖漂泊中寄寓人生的慷慨悲歌。

· 吴兖兼葭庄

吴兖（1573—1643）又名吴宗兖，字鲁于，号詹所，别号南山翁、绿蓑翁、二歇居士等，为吴中行第六子。他中万历二十八年（1600）举人，万历三十二年（1604）副榜，但并未出任官职，而是隐居终生。吴兖著有《山园杂著》，今存词四首，《北渠吴氏翰墨志》收录他的诗文多与兼葭庄有关。

吴中行八子人人造园，但个中翘楚并非吴亮或吴玄，而是第六子吴兖和第七子吴襄。吴兖兼葭庄始建于万历四十年（1612），他取父亲吴中行在宜兴湔湖的庄园题额和旧诗，称作"兼葭庄"。从建园到崇祯十六年（1643）去世，吴兖在兼葭庄生活了32年，不断经营拓建，使其成为晚明江南的一代名园。

　　吴亮、吴奕、吴襄、吴宗达等兄弟及其他好友题咏蒹葭庄的诗文多达上百首（图5-19），吴兖本人也有大量的诗文（图5-20），是吴氏园林中文献资料最丰富的一座。

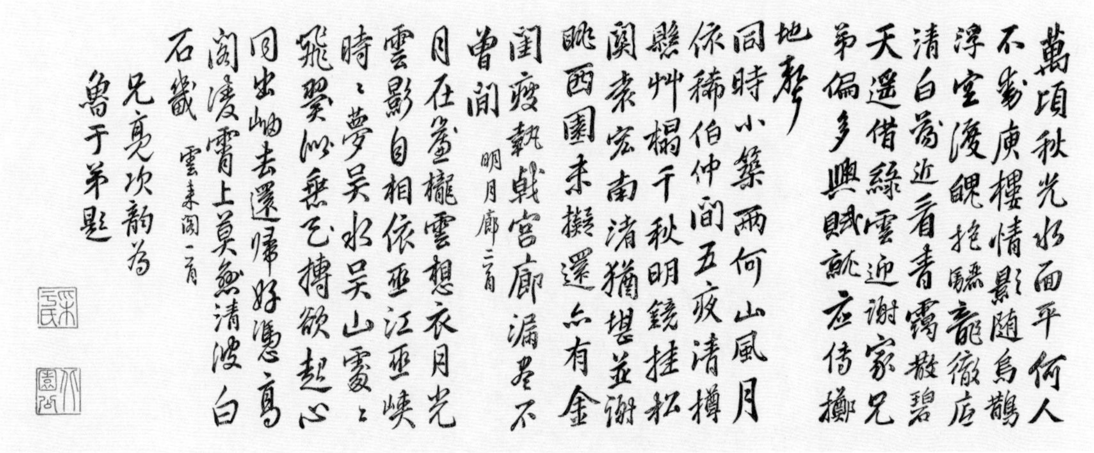

图 5-19

吴亮《明月廊二首》《云来阁一首》手迹
⊙引自《家鸡集》

万顷秋光水面平，何人不动庾楼情！
影随乌鹊浮空度，魄抱骊龙彻底清。
白荡近看青霭散，碧天遥借绿云迎。
谢家兄弟偏多兴，赋就应传掷地声。
同时小筑两何山，风月依稀仲伯间。
五夜清尊悬草榻，千秋明镜挂松关。
袁宏南渚犹堪并，谢朓西园未拟还。
亦有金闺疲执戟，宫廊明月不曾闲。

明月廊二首

月在帘枕雪想衣，月光云影自相依。
巫江巫峡时时梦，吴水吴山处处飞。
翼似垂天抟欲起，心同出岫去还归。
好凭高阁凌霄上，莫恋清波白石矶。

云来阁一首
兄亮次韵为鲁于弟题

题像

这鲁道人既说是绿蓑翁，又说是茶山樵者，我一而已，胡多名也？若云此写是真，何物为假？我自有真，人却难写。不凿浑沌窍，不跃造化冶。庶几无惶之民，而游无极之野。识得本来面目，腰镰手钓一时俱舍。

崇祯三年庚午夏日，南州杨野塘为余写真，戏令作《绿蓑翁把钓图》，而自为之赞。时年五十有八。

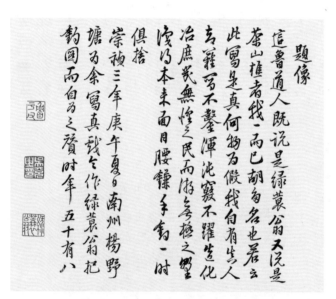

图 5-20

吴兖《题像》手迹
◎引自《家鸡集》

崇祯十五年（1642）吴兖七十寿辰，除了众多亲友的贺诗，吴玄次子吴我思（1589—1661）带领侄辈送给吴兖一件特殊的礼物。《北渠吴氏翰墨志》卷十七吴我思《题画绝句二十首》序言提到，他们效仿王维《辋川图》，邀请苏州画家罗氏绘制了一套20幅的《蒹葭庄图》，每幅一景，每景一诗。蒹葭庄二十景为古茶山路、小歇处、学稼楼、茶山草堂、梅花国、水香口、替舟阁、亦笑轩、自度庵、明月廊、丘壑间、披裘公祠、绿蓑庵、云外堂、祝鸡园、芙蓉城、锦云渡、万松巅、酿花村和小蒹葭庄。

吴兖40岁开始经营蒹葭庄，71岁去世，退隐时间既早且长。家族的早期掌故和后期变迁，如吴中行的隐居之地，吴亮、吴奕身后的变故，都能在他诗文中找到线索。他精心编纂的《家鸡集》，保留下家族成员的墨宝手迹，尤为珍贵。

吴兖是吴氏家族传承延续的重要见证者，然而他的一生却饱经坎坷。他 45 岁时妻子白氏去世，吴兖撰写了七篇祭文，从首七到七七，此后终生不再娶妻纳妾，与独子吴禹思（1602—1622）相依为命。他 50 岁时吴禹思又过世，年仅 21 岁，只留下独孙吴守典（1621－1659）。吴兖茕茕孑立，将独孙养育成人。崇祯十一年（1638）吴守典生下长子吴夏立，崇祯十三年（1640）又生下次子吴贞立，吴兖连写两诗自贺。这些寻常的生育繁衍，对吴兖却不啻为天伦福音，他感谢上苍赐予他寿命，得以看到曾孙，没有抱恨而终。

　　入清后，蒹葭庄传给吴兖曾长孙吴夏立，常有文人士绅慕名来访。董文骥、董大翮、董以宁、谢良琦、李长祥、杨廷鉴和陈玉璂等皆有诗文提及，下节再做介绍。

· 吴襄拙园

　　吴襄（1577—1652）又名吴宗韑，字服于，号赞皇，别号北山公、愚公、闲客等，为吴中行第七子。他中万历三十一年（1603）举人，天启五年（1626）担任南平县令，后升任湖广茶陵州知州，崇祯八年至十一年（1635—1638）担任直隶沧州知州，为从五品；著有《延津杂记》《茶陵杂记》《瀛州杂记》和《拙园小刻》。吴襄长女嫁范允临之子范能迪，两人为儿女亲家。

　　吴亮《山居杂著引》称赞六弟吴兖和七弟吴襄最热衷造园。两人的园林恰好对应：吴兖在常州城南建蒹葭庄，别号南山翁；吴襄在常州城北建青山庄，别号北山公。吴中行溜湖小筑有蒹葭庄和伊人所两额，前者悬在吴兖园中，后者悬在吴襄园中。青山庄为常州名园，名气还在蒹葭庄之上。在青山庄之前，吴襄还筑有一园，即其文集借以命名的拙园。拙园是建在城内的宅第园，青山庄则是建在郊野的别墅园。

　　《北渠吴氏翰墨志》卷十六吴襄《拙园记》《书五客社额后》《拙园集句十六首》、吴奕《跋服于弟拙园记》、吴兖《拙园小刻序》，范允临《输寮馆集》卷三《吴赞皇拙园序》，是了解拙园最重要的 6 篇诗文。

　　万历二十六年（1598）吴中行诸子分家，吴襄建造了拙园。吴奕《跋服于弟拙园记》称：“无忘今日名园之意，而为潘安仁所慨叹。”可知吴襄拙园与王献臣拙政园一样，皆取自潘岳《闲居赋》的“此亦拙者之为政也”。

　　吴襄《拙园记》介绍，此园占地不足三亩，主堂三间，题名率堂。主人与宾客“坐列无序，起居无次，任简率也”，交谈内容“诙谐谑浪，无烦嗫嚅, ……期率直也", 酒器茶具"随所便, 不必甘脆腥酸, 蔬食菜羹, 从草率也", 无拘无束, 任意自如。堂后是三层的同复阁, 可登高临眺城楼, 清夜聆听钟声。其左房屋用于藏书, 其右开凿盆池, 另有石涧、方塘、临池之亭、山阿之室, 规模虽不大, 却"清樾交横, 澄流屈曲, 不减兰亭之胜"。

· 吴襄青山庄

青山庄位于常州城北凤嘴桥一带(今锦绣路、健身北路东南), 是清代吴家乃至常州最著名的一座园林。厉鹗(1692—1752)《舟泊毗陵同吴长公游青山庄》称"前朝丘壑擅, 人说两愚公", 将吴襄青山庄与邹迪光愚公谷并列; 愚公谷在明朝与王世贞弇山园齐名, 为晚明四大名园之一。晚清常州民间传言青山庄为《红楼梦》大观园原型, 虽无凭据, 却反映了此园在当地人心中的地位。

由《北渠吴氏翰墨志》卷十六吴襄《书北山愚亭额后》可知, 万历四十年(1612)他在常州城北辟筑青山庄, 第二年建造北山愚亭, 请苏州名士张凤翼(1527—1613, 字伯起)题写亭名; 张凤翼筑有求志园, 由王世贞作记、钱穀绘图, 为一时名园。

此后吴襄不断营筑青山庄。万历四十六年(1618)建造伊人所, 见《北渠吴氏翰墨志》卷十六吴襄《题伊人所》、卷十四吴兖《题服于弟伊人所一首有序》。崇祯四年(1631)吴襄从茶陵回乡建造归来墅, 见《北渠吴氏翰墨志》卷十六吴襄《书归来墅额后》。这座房屋与吴兖庄中景致同名, 皆取自陶渊明的《归去来兮辞》, 从中可见吴氏兄弟对归来之趣的重视。

青山庄主堂称作西堂, 《北渠吴氏翰墨志》卷十四有吴兖《西堂记》, 卷十六有吴襄《西堂记跋》。《北渠吴氏翰墨志》卷十六又有吴襄的《书共语轩额后》《书寤言室额后》《书新月廊额后》《书止隅额后》等, 介绍园中景名的来历和寓意, 独具一格。由《书五客社额后》可知, 吴襄选出四位爱竹的古人——王徽之、张牧之、苏辙、袁粲, 将他们的故事题在亭壁上, 自己叨陪末座, 合为"五客", 而主人则是环绕在周围的青翠竹林。

《书天放居额后》记出吴襄最后一次辞官归隐的时间, 在崇祯十一年(1638), 他辞去沧州知州, 从此造园长隐, 不再出仕。顺治九年(1652)吴襄去世, 次子吴见思继承青山庄, 后又转给徐氏、张氏, 一代名园的传奇仍将不断延续。

· 吴 宗 褒 素 园

吴宗褒（1578—1629）字锡于，号贬所，别号衮一，为吴中行幼子，恩荫中书舍人。他筑有素园，雅好集诗，有《集诗》四卷传世。

吴宗褒与兄弟间的园居酬唱皆采用集诗的形式，别出心裁。吴亮《止园集》卷十六《素园集雅序》提到："余园居拟集杜句，见弟郊居诸作，遂焚笔砚。"夏树芳《集诗序》称赞吴宗褒所集之诗："大和小和，写自在之天倪；不苦不甘，化古人之糟魄。可谓独步作者之堂，自得玄中之趣矣。"

吴宗褒《集诗》有赠给吴亮的《采于兄世于兄请告依亲志喜》《采于兄新舫落成》《上元夕集采于兄》《采于兄水北园次韵四首》《楼居次北园韵四首》，赠给吴奕的《闻世于兄奏捷志喜》《集世于兄古雪山》，赠给吴京的《慰大于兄》，赠给吴兖的《鲁于兄替舟阁次韵二首》《云来阁次世于兄韵》《云来阁招饮赋赠》，赠给吴襄的《题服于兄若虚斋》和赠给姐夫曹师让的《尘客西园》《上元前集世美丈西园次韵三首》等；以及赠给张宏的《赠画伯张鹤涧》。

吴宗褒《集诗》有大量题咏素园景致和园中生活之作。卷一有集五言唐绝句《心远堂》《问津处》《澹会轩》《环玉堂》《清籁》《素园》《坐渔》《水月观》《闻闲堂》组诗九首；卷二有集汉魏六朝五言律《素园漫咏二十首》、集杜甫句《郊居三十首》《舟居二首》、集李白句《舟居》《闲居十首》《偕谢李二兄素园小酌》、集孟浩然句《舟居》《舟中分韵》《避暑二首》、集王维句《舟居》《林园即事四首》《吾庐》；卷三有集七言唐律《澹会轩即景》《素园即景》《卜居志感二首》《山庄留客》《舟居四首》《山庄揽桂寄怀玄功》《郊居六首》《池上偶酌》《夏日郊居二首》。

据此可知素园有心远堂、问津处、澹会轩、环玉堂、清籁、水月观和闻闲堂诸景。吴宗褒的集诗将典故和实景融于一体，雅致清新，古意盎然。

· 吴 宗 达 天 真 园

吴宗达（1575—1635）字上于，号青门，是吴性幼子吴同行的次子。他万历三十二年（1604）考中殿试第三名探花，先后升迁十五次，官至少傅兼太子太傅、吏部尚书、建极殿大学士，封光禄大夫、进勋柱国等，位极人臣，是北渠吴氏家族功名最显赫者。

吴宗达著有《涣亭存稿》传世，结合其长子吴职思（1592—1655）的《先考光禄大夫柱国少傅兼太子太傅吏部尚书建极殿大学士赠太傅谥文端青门府君行略》（后简称《行略》），可将吴宗达的园居生活分为两段：他早年居游于吴性创建的天真园，自号"止修居士"；万历四十六年（1618）在新居建造绿园，自号"绿园主人"。

　　万历三十三年（1605）吴宗达考中探花的第二年，即因思念母亲（史氏，1553—1622）告假回乡。他与同道知交在天真园雅集唱和，直到1607年官复原职，前后约3年时间。《涣亭存稿》涉及天真园的诗有《夏日园居四首》《七夕》《早秋雨后宴集》《秋夜饮赵德甫于园亭有感二首》《新竹》《天真园葵花一株自石罅中出临池可爱赋之》《病后对客二首》《天真园九月李花限韵四首》等。

　　吴宗达这次告归，除了思念母亲，还有调理养生之意，因此长达3年。但当时他刚过而立之年，高中探花，仕途刚刚开始，因此虽然回乡，但并未自筑新园，而是暂息于祖父传下的天真园中。

　　1607年吴宗达入京担任起居注官，万历三十九年（1611）请假回乡，再次闲居。他这次回乡也是为了奉养母亲，1614年官复原职，又达3年之久。这期间吴亮建造止园、吴奕重修嘉树园、吴宛建造兼葭庄、吴襄建造青山庄，吴宗达与他们频相往还，颇多酬唱，即《行略》所称"与诸伯父友爱甚笃"。当时家族内部发生了一些变故，吴亮兄弟纷纷造园别居，吴宗达可能仍然住在洗马桥祖居中，但诗文里未再提到天真园。

　　天真园是洗马桥吴氏世代相传的祖园，与住宅、祠堂三位一体，构成完整的族居地。然而吴亮同辈中，仅吴宗达早期的诗文提到天真园，此后便鲜见记载。天真园旧址后来成为颐园，传为郑鄤所有。郑鄤（1594—1639）字谦之，号峚阳，中天启二年（1622）进士。其父郑振先（1572—1628）娶吴可行第三女，封吴安人（1573—1631）；[8] 可知郑鄤为吴可行外孙，他曾作《寿吴谨所母舅》诗为吴宗因祝寿，收在《峚阳草堂诗集》卷十。吴、郑两家为姻亲，天真园的变迁或与此有关，但具体在什么时间、经由何人之手、出于何种缘故转到郑家，仍有待详考。

· 吴宗达绿园

　　万历四十六年（1618）吴宗达迁入新居，《涣亭存稿》卷三有《移居二

[8]　郑鄤《亡妣吴安人行状》，《峚阳草堂文集》卷十四，清刻本。

首》，吴亮《止园集》卷七《和上于弟移居二首》为同韵的唱和之作。吴亮"坊近集贤裴相国，亭开履道白尚书"，对应吴宗达的"据梧且鼓猗兰曲，学圃还看种树书"。裴度集贤里和白居易履道里有宅有园，可知吴宗达建造住宅的同时也兴建了园林。

《涣亭存稿》卷三《卧病问绿园桂花》作于万历四十七年（1619），是吴宗达首次提到绿园；其后又有《秋怀二首》和《秋日园居》等诗。这时期的诗文还有吴奕《观复庵续集》卷三的《题上于弟绿园二首》，提到"何似名园绿渐肥""绿野堂前碧山外"。绿野堂为中唐名相裴度的园林，提示了吴宗达以"绿"名园的缘由。

天启五年（1625）吴宗达被阉党指为东林党人，回乡隐居，崇祯元年（1628）再度起用。这四年是绿园建设的重要时期，吴宗达退隐园中，悉心经营，留下了数十篇诗文。

绿园建有即山斋，吴宗达在斋前叠石栽梅，作《山成》《庭前叠石为山肖像成咏因得四绝》诗题咏假山。绿园假山与止园飞云峰一样，也是写仿杭州飞来峰。咫尺之山却有万里之势，令人虽居城市而有丘壑之思。山间石峰模拟蛟龙、雏凤、飞翚、训象的形态，既充满奇谲的动感，也是吴宗达内心抱负的写照。

吴宗达的这处新居位于白云溪畔。吴宗达曾孙吴龙见（1694—1773）《先文端公祠槐柏用怀麓堂集韵》提到，"云溪门第余乔木，残破园林犹号绿。闲庭树柏复树槐，清荫却覆三重屋。忆昔黄扉归老时，一亭香月相追随。梅花深处供吟啸，温树五言世莫知"，见《北渠吴氏翰墨志》卷十八。吴龙见生活在雍正乾隆年间，当时住宅和绿园都已残破，但仍属吴氏所有。同卷又有吴龙见《追和大兄颙士秋柳四首》，其二曰：

> 旧堤烟雨暗秋光，白傅园林半就荒。
> 香月亭空眠不起，含情重唱永丰坊。

诗中第三句作者自注"先太傅绿园有香月亭"，吴宗达曾任少傅和太子太傅，吴龙见将他比作曾任太子少傅的白居易。这两首诗都提到香月亭，应是入清后绿园尚存的一处主景。

据吴宗达十二世孙吴君贻介绍，绿园的具体位置在今常州城内的唐家湾路北，20世纪50年代尚有吴氏后人居住，后来改建为第一人民医院。

· 吴 宗 文 · 曹 师 让 西 园

洗马桥吴氏第三代还有一位女性值得一提，即吴中行的独女、吴亮的妹妹吴宗文（1571—？）。《北渠吴氏族谱》介绍吴中行子女时提到："女一，名宗文，著诗集行世。适宜兴监生曹师让。"与族谱记载女子的惯例不同，专门提到了吴宗文的名字。晚明才女辈出，吴宗文正是其中之一，她才思敏捷，雅擅诗文，丈夫曹师让筑有西园。

万历十九年（1591）吴宗文生日，吴中行作《辛卯六月十四日余女儿文设帨之辰，清昼绿阴颇闲适，偶有一扇遂成四韵以与之》祝贺^{（图5-21）}，透出他对女儿的宠爱和赞赏。吴宗文生于隆庆五年（1571），当时吴中行刚中进士，留京候选，6月28日他给吴可行写信称："此月十四日，弟妇举一女，多男已多累，况复益之以女乎！"此前他已有吴宗雍、吴亮、吴奕、吴玄、吴京五子，因此称"多男已多累"；信中虽作牢骚之语，却难掩欣喜之情。此后吴中行又得吴充、吴襄、吴宗襄三子，共有八子一女。吴宗文作为独女，不啻为掌上明珠。万历十九年（1591）是她的20周岁生日，吴中行特地设宴隆重庆祝。

图 5-21

吴中行赠吴宗文诗手迹
◎引自《家鸡集》

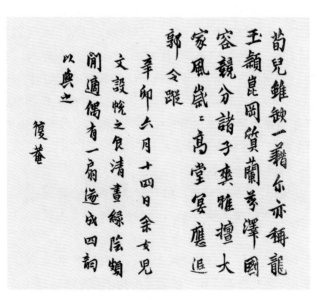

苟儿虽缺一，藉尔亦称龙。
玉颖昆冈质，兰芬泽国容。
竞分诸子爽，雅擅大家风。
岁岁高堂宴，应追郭令踪。

吴中行的八个儿子被誉为"荀氏八龙"。1591年2月18日长子吴宗雍去世，因此吴中行此诗叹息"荀儿虽缺一"；但吴宗文才华器局不让须眉，颇具大家之风，足以厕身兄弟之间，令吴中行深感欣慰。

万历三十九年（1611）吴宗文四十寿辰，吴兖依吴中行诗韵作《纯于姊五十，偶出吾父诗扇相示，依韵奉祝》，见《北渠吴氏翰墨志》卷十四。天启元年（1621）吴宗文五十寿辰，吴兖作《纯于姊六十初度》，吴襄依父韵作《辛酉六月纯于姊初度称祝，偶见扇头诗先大人之手泽如新也，勉遵元韵漫赋俚言，虽深愧夫续貂，聊窃比于和鹤云尔》，见《北渠吴氏翰墨志》卷十六。据此可知吴宗文字纯于，与吴亮字采于、吴玄字又于、吴兖字鲁于、吴襄字服于等同一排行，体现了她在家族中的地位。

吴奕曾到范允临天平山庄赏梅，与范妻徐媛唱和，作《范徐孺小圃观梅有怀舍妹代和二首》，见《观复庵续集》卷十二。徐媛是晚明才女，长吴宗文11岁，吴奕触景思人，联想到妹妹吴宗文，代作此诗。

《北渠吴氏翰墨志》卷十四收有吴宗文为吴兖大歆龛作的两首七律，小注称其"讳宗文，号咏雪居士，适宜兴曹尘客"。吴兖《歆龛和草序》提及此事。大歆龛是吴兖为自己预制的棺木，他作铭作诗，吴宗达等兄弟皆有唱和。令吴兖惊喜的是，姐姐吴宗文也做了两首和诗。世人皆讳言死，女子尤甚，但吴宗文却在诗中畅谈生死因缘，令吴兖大感钦佩。姐夫曹尘客在自家西园雅集，姐姐从未唱和，如今却为大歆龛题诗，又令吴兖大为欢喜。自己预制棺木已是奇行，如今又有"姊题弟棺"，更是奇上加奇，必将传为千古美谈。

吴宗文的丈夫曹师让（1572—？）字世美，号尘客，宜兴人。吴宗达《涣亭存稿》卷三《曹世美五十》作于天启元年（1621），可知曹师让生于隆庆六年（1572），小吴宗文一岁。

吴宗达《涣亭存稿》卷二有《世美宅听杨仲修弦曲索赠》、卷四有《甲寅（1614）元日即十九夜两饮曹世美园亭，绮席华灯轻讴清吹，宾主欢畅不觉沾醉，分纪六绝句》。吴亮《止园集》卷六有《曹世美招饮观灯次徐山人昭质韵三首》，吴奕《观复庵续集》卷二有同韵之作《世美姊丈招饮观灯次徐昭质山人韵三首》，卷一有《世美丈应比留京寄讯》、卷四有《题蠡斯瓜瓞寿曹世美四十》。可见吴亮兄弟与曹师让交游之密切。

曹师让所筑园林称西园，以家乐著称。范允临《输寥馆集》卷一有《曹尘客许以歌姬六一相赠，喜而代其作留别诸姊妹诗六首》，可知曹师让曾将歌姬赠给范允临。曹师让与范允临相熟，他们的夫人必然也相识。不过，吴宗文和徐媛对丈夫的养优蓄乐想必颇不以为然，因此吴兖提到吴宗文极少参与姐夫的"西园倡咏"。

晚明文士沈德符（1578—1642）《清权堂集》卷十二《慧山逢徐君话旧五首》其一曰："天香队里教吴歈，顾曲风流举世无。曹伎散亡唐换主，人间留得老周瑜。"第三句作者自注："曹谓世美，唐谓君俞。"诗题中的徐君曾是邹迪光家班的曲师，曹师让的家班与邹迪光、唐君俞并列齐名，遭逢乱世离散之后仍令人怀念，据此可想见其当年之盛。

5. 余韵：改朝易代，不绝如缕

吴性有 4 子成年，到孙辈达 21 人，曾孙辈则达 78 人，其中吴可行一支 17 人，吴中行 35 人，吴尚行 1 人，吴同行 25 人，繁衍生息，人丁兴旺。吴亮育有 11 子 7 女，数量最多；儿子中有 3 名进士、5 名监生、2 名庠生，教子有方。

然而大明王朝最兴盛的时期已经过去，吴氏造园的盛况也难以持续。洗马桥吴氏第四代中，吴则思、吴孝思年龄稍长，犹能赶上晚明的繁华，筑有香雪堂和四雪堂。其他人主要是继承父祖的产业，吴恭思、吴守楗继承了吴亮的来鹤庄，吴去思继承了吴奕的嘉树园，吴我思、吴宇思继承了吴玄的东第园和东庄，吴守典、吴夏立继承了吴兖的兼葭庄，吴见思继承了吴襄的青山庄。他们大多经历了明清易代的乱世，勉力维持祖业，于凋零衰颓中怀念曾经的盛世芳华。入清后吴守相筑有半舟轩、吴龙见筑有惺园，一方面延续了祖辈的风雅，同时也成为吴氏造园最后的绝响。

· 吴则思香雪堂

吴则思（1581—1621）字尔绳，是吴可行长子吴宗泰的独子，属于吴性一脉的嫡长曾孙，身份特殊。吴则思比吴亮小 19 岁，但比吴亮八弟吴宗褒仅小 3 岁，因此虽属侄辈，却与吴亮兄弟极为亲密。吴亮、吴奕、吴兖、吴宗达常与他交游酬唱，作有许多诗文。

万历三十九年（1611）正月初七吴则思前往苏州玄墓山赏梅，吴亮作《送尔绳侄玄墓观梅兼谒大士》送行，见《止园集》卷六；同卷又有《香雪堂次韵》，作于万历四十年（1612），吴奕《观复庵续集》卷二有同韵之作《尔绳侄香雪堂有跋》。吴则思好梅，其香雪堂以梅为主景，应即建成于1612年。

此外吴则思在苏州洞庭西山罗汉坞也有居所。万历四十一年（1613）吴兖过访，作《癸丑春日过尔绳侄罗汉坞二首和采于兄韵》，吴宗褒作《罗汉坞次韵》集诗，见《北渠吴氏翰墨志》卷十七。

吴则思体弱多病，很早就放弃科举，常往各地游览。万历四十四年（1616）他新制一舟，称作"鸥社"。是年八月十三日，吴则思载酒与吴子行、董于庭、董汝骥、吴宗褒等同游吴兖兼葭庄的明月廊；这年霜降又与吴宗达等在董汝骥宅中赏菊，筹划接下来的淮水之行。见《北渠吴氏翰墨志》卷十七吴兖的《和题尔绳侄鸥社且以自道，遂不复用作舟击楫乘风破浪等语，亦恐海鸥飞而不下耳》《丙辰中秋前二日尔绳侄载酒同吴子行、董于庭、汝骥诸丈、锡于弟饮明月廊泛白荡，子行依前韵纪事载和一首》《尔绳侄鸥社成，遂解淮上之维，诗以送之和上于弟韵》等诗。

万历四十八年（1620）吴则思病愈出游，吴亮作《送尔绳侄》，见《止园集》卷六；吴宗达作《尔绳病起远游诗以送之》，见《涣亭存稿》卷一。吴则思前往苏州虎丘，虽称出游，实为调养。吴亮、吴宗达、吴兖、吴宗良等叔父纷纷写诗，期待这位嫡长曾孙早日康复。然而由于多年患病，天启元年（1621）吴则思去世，年仅41岁。

· **吴孝思四雪堂**

吴孝思（1587—1647）原名徽思，字慕生，是吴中行长子吴宗雍的次子。他仰慕古今的英雄豪杰，天启元年（1621）编刻《英雄览》，请好友陈继儒、薛寀、陈组绶作序；后又编刻《女英雄览》，自作《英雄览总序》和《女英雄览总序》。天启七年（1627）他编刻《奇士类编》，此外还有《春梦婆》《昭君归汉》等剧作。

吴孝思不求功名，隐逸终生，筑有四雪堂，相关诗文见《北渠吴氏翰墨志》卷十七。其《四雪堂记》和《四雪堂记后词》介绍了主堂的来由和景致。

唐代杨国忠有四香阁、宋代王安石有四雨诗，吴孝思细加品评，认为皆有未尽之处，于是筑四雪堂。四雪者，分别出自李太白的梨花诗、元穆之的梅花诗、苏东坡的海棠诗和杨廷秀的木樨诗。苏东坡曾在雪中作堂，并将雪绘于堂内四壁，吴孝思引为知音，因此不但以"四雪"名堂，而且在堂前栽种对应的"四花"，并引借四位诗人的名句，集苏东坡的字书写出来，堪称四美兼具，使"四雪堂"名副其实。[9]

关于四雪堂，《北渠吴氏翰墨志》卷十七还有吴兖的《题孝思侄四雪堂二首》《孝思侄春梦剧成以一诗征序，愧未能也次韵谢之》《和答孝思侄二首》，束世翔的《人日集慕生四雪堂闻柳上鸟声分得人字》《次韵题慕生四雪堂》《次赠延陵隐逸慕生（著英雄览四雪堂记，故句及之）》，吴宇思的《酬慕生兄屋角梅花限韵》《寿慕生三兄六秩仍用艾年旧韵》等诗。

• 吴 恭 思 、 吴 守 楗 来 鹤 庄

光绪《武阳志余》卷一记载："来鹤庄在青墩，明季吴玉衡、吴玉铭别业，后属董舜民，寻又易张姓。"来鹤庄在明末清初为常州名园，李兆洛《复园记》、汤健业《毗陵见闻录》将其与青山庄、蒹葭庄并称。

来鹤庄的主人吴玉衡、吴玉铭是吴恭思之子。吴恭思（1593—1629）字德基，号安止，为吴亮第三子，同时也是嫡出长子。吴亮《止园记》称"城东隅有白鹤园"，吴宗达曾孙吴龙见提到来鹤庄在常州城东。推测其前身或即白鹤园，先由吴恭思继承，继而传给两子。

吴守楑（1622—1646）字秉五，号玉衡；吴守楗（1623—1684）字建六，号玉铭。顺治二年（1645年）清兵攻克南京，吴守楑"散家财结客，誓以身殉"，后来他弃家南走，次年回到常州绝食而死，年仅25岁。因此入清后来鹤庄主要由吴守楗守护打理，他一直生活到康熙二十三年（1684）。

来鹤庄后归董舜民。董元恺（1635—1687）字舜民，号子康，顺治十七年（1660）中举，次年因"奏销案"被剥夺功名，遂漫游四方，有《苍梧词》12卷传世。康熙三十七年（1698）胡香昊（1635—1707）作《芷芳载酒泛舟看桂来鹤庄怀董舜民》，见《香草堂诗钞》卷二，印证了来鹤庄后归董元恺所有。董元恺卒于康熙二十六年（1687），仅比吴玉铭晚三年，他何时以及因何得到来鹤庄，仍有待考证。

《北渠吴氏族谱》记载，吴恭思卒后"葬北门外来鹤庄前"，吴守楗第四子吴霞立（1660—1736）及其子吴端为（1693—1756）也葬在来鹤庄，表明直到乾隆二十一年（1756）仍有吴氏子孙住在来鹤庄一带。

[9]　"四雪"的构思出自朗瑛《七修类稿》卷上"义理类"，清代小说家褚人穫（1635—1682）引用其意，将居所称作"四雪草堂"。

· 吴 去 思 嘉 树 园

吴去思（1617—1689）字德荫，号咏棠，为吴奕庶出的独子，母亲胡氏。吴奕去世时，吴去思只有 3 岁，他继承了父亲的嘉树园，由母亲协助打理。

《北渠吴氏翰墨志》卷十四吴兖《跋嘉树园遗迹》提到，崇祯十年（1637）他找到吴中行的《新营环堵次韵作似志庵十三舅一笑》两诗手迹，距离吴中行创建嘉树园（1580）已近 60 年。这年吴去思 21 岁，将嘉树园修缮一新，于是将两诗刻石立于园中。

康熙二十八年（1689）吴去思去世，此前嘉树园一直属于吴家，较晚明时期更为著名。康熙元年（1662）方孝标过访，其后又访，作《嘉树园海棠花记》和《过嘉树园》。方孝标提到，明代隆庆、万历年间，吴氏建造了众多园林，后来大多转手他人，只有嘉树园仍属吴氏。此园能够保存，得益于吴奕的侍妾，即吴去思的母亲胡氏。方孝标来游时，需要向"主人之母"通报姓名，然后才能入门赏花。嘉树园以桂花和海棠花著称，方孝标赞其冠绝诸园。

康熙二十年（1681）董文骥（1623—1685）游嘉树园，《微泉阁诗集》卷十一《见吴氏废园薪双桂海棠根皆十围》曰："丹穴犹能持寡妇，家园须得遗贤孙"，作者自注"园主向有健妇守之"，可知嘉树园由妇人守护为时人所津津乐道。当时嘉树园已有荒废之感，但桂花、海棠依然繁盛。董以宁（1629—1669）《正谊堂诗文集》卷五《怀玉虬叔》提到"长醉春风嘉树园（吴氏园），相携秋月虎丘船"，玉虬叔即董文骥，与董以宁、董元恺合称"三董"，皆负盛名。前面提到来鹤庄后来归董元恺所有，嘉树园也是董氏叔侄的常游之所。

· 吴 我 思 、 吴 宇 思 东 第 园 与 东 庄

吴我思（1589—1661）字毋我，号毅哉，为吴玄次子。吴宇思（1602—1666）字寰宇，号懋哉，为吴玄第四子。两人继承了吴玄的东第园，后来弃家避祸，转属他人，吴宇思晚年加以修复，传给子孙。整个过程跌宕起伏，扑朔迷离，仍有许多待解之谜。

《北渠吴氏翰墨志》卷十七杨廷鉴《戊子新秋承毅哉招饮》曰："园居雅擅郡东偏，堂构重辉列绮筵。客屡欲盈如曩日，庭柯谁种自当年……"可知吴我思继承东第园后，顺治五年（1648）修葺一新，在园中宴饮待客，

庭前古木令杨廷鉴联想起吴玄当年的盛况。

　　吴宇思关于家族园林的诗文更多,《北渠吴氏翰墨志》卷十七收录 10 题 20 首之多。它们涉及多座园林,既有吴玄开辟的东第园和东庄,也有吴宇思在常州宋建湖和宜兴琅玕山新创的居所。《北渠吴氏翰墨志》卷十八《寰宇公》小传介绍了吴宇思曲折的人生历程。他早年读书应试,但一直未能考中,期间住在东第园和东庄。明清易代后他放弃科举,先后在宋建湖和琅玕山隐居避祸;晚年回到常州,东庄已荒废,东第园也面目全非,但仍加以修复,传给子孙。

　　《寰宇公》小传提到吴宇思的亲侄子吴守寀(1612—1686),为吴我思次子,字其凝,号含贞,顺治三年(1646)中举,顺治四年(1647)中进士,后官至江西瑞州府知府。推测顺治五年吴我思修复东第园,在园中宴集,应与儿子科举高中有关。吴宇思与侄子的关系并不融洽,但他后来返回常州,修复父亲的东第园,应与吴守寀的帮助有关。

　　东第园因被计成写入《园冶》而在园林史上具有特殊意义。此园在吴玄身后迭经辗转,吴我思、吴宇思、吴守寀、吴讷立、吴霖皆为守园复园做出了贡献,最迟到乾隆嘉庆年间,仍有吴玄后人居住在东第园附近,展示了一代名园的家族凝聚力。

·吴守典、吴夏立兼葭庄

　　吴守典(1621—1659)字惇五,号敕我,是吴兖(1573—1643)独子吴禹思的独子。吴兖去世后,兼葭庄先由吴守典继承,后传给次子吴夏立。

　　吴夏立(1651—1703)字大声,号松溪,娶吴兖好友白贻清的孙女,著有《松溪诗集》。顺治十六年(1659)吴守典去世,吴夏立只有 9 岁。谢良琦(1626—1671)《醉白堂诗文集》卷三《兼葭庄看梅记》提到,康熙三年(1664)他与名士李长祥(1609—1673)同游兼葭庄,颇有荒废之感,应与吴守典去世,吴夏立、吴贞立兄弟年幼有关。

　　康熙年间兼葭庄的题诗还有《常郡八邑艺文志》卷九的董大翮(董以宁之父)《春游兼葭庄梅花谷下三阅昼夜》,卷十二的杨廷鉴(1603—1665)《游兼葭庄》、董文骥《秋日同钱子燕谷泛舟白荡寻菊吴大声兼葭庄醉归吴赠花索书》、董以宁(1629—1669)《兼葭庄看梅二首》等。董文骥诗又见乾隆《武进县志》卷十三,记载他到兼葭庄赏菊,得到吴夏立赠花。推测吴夏立成年后修复兼葭庄,克复祖业。康熙四十二年(1703)吴夏立去世,蒹葭庄再度易主。

《北渠吴氏翰墨志》卷十八有吴龙见《蒹葭杂吟十二首》，作于乾隆年间，诗前小序节录了吴龙见祖父吴名思的《蒹葭庄图录序》，是关于蒹葭庄后期演变的重要文献。吴名思所题的《蒹葭庄图》，正是吴我思祝贺吴兖七十寿辰时所作，并记出画家名为罗仲绅。吴龙见作茶山、披裘祠、绿蓑庵、白荡、芙蓉城、明月廊、云外堂、梅花国、学稼楼、小憩处、茶山草堂、众度庵十二景诗。他与吴夏立虽为同辈，但小 43 岁，亲睹家族名园的后期变迁，备觉感慨。

· 吴见思青山庄

乾隆《武进县志》卷十二蒋汾功《青山庄记》记载了青山庄的变迁，先后经历了吴氏、徐氏和张氏三大家族。顺治九年（1652）吴襄去世，青山庄由次子吴见思打理，后来卖给徐可先，传了三代；康熙五十年（1711）又转给张玉书之子张逸少，再传张适、张冕；乾隆十二年（1747）没收充公，逐渐荒废。

吴见思（1621—1680）字齐贤，号玉虹，著有《史记论文》《杜诗论文》，时人评价为"自出手眼，识解独高，与吴门金圣叹（1608—1661）齐名，亦雅相善"。他的著作后来由友人吴兴祚（1632—1697）刊刻出版，流传至今。

青山庄相关诗文有董元恺《苏武慢·寿吴齐贤先生五十》、蒋汾功《青山庄记》、陆世仪《游青山庄辞》、储大文《青山庄文燕集序》《卧雪阁记》、吴龙见《将进酒》、赵翼《青山庄歌》、杨芳灿《青山庄歌》、洪亮吉《青山庄访古图记》等。近现代有柳诒徵《青山庄诗史》、马千里《赵翼〈青山庄歌〉笺证》等专文考证此园。

董元恺号舜民，前文提到他接手了吴守楗的来鹤庄。吴见思娶董元恺二姑，吴见思二姐嫁董元恺伯父，两家关系密切。[10]董元恺《苏武慢·寿吴齐贤先生五十》作于康熙九年（1670），吴见思 50 岁，董氏借祝寿之机，回顾了吴见思的生平，吴见思深表认同，称此词"独能脱去一切，独流至情，将我五十年痴梦从头拈出，读之不觉泫然。即此便是一卷《楞伽》，何处更有佛法？"词中"更园亭北郭，青山花鸟，尽供驱使"，便指传自吴襄的青山庄。

不过吴见思将青山庄卖给徐氏还在此词之前。顺治十七年（1660）吴

[10] 陆林. 友人吴见思事迹新考[M]// 金圣叹史实研究. 北京: 人民文学出版社，2015: 600-612.

见思40岁，迁居苏州，很可能即于此时卖出青山庄。同年徐增《赠毗陵吴玉虹》诗称："望见君来便有风，毗陵有此士人雄。黄金十万曾随手，尽散交游顾盼中。"吴见思本为世家子弟，出手豪阔，黄金十万随手而尽，但晚年刊行著作时已捉襟见肘，不得不托付给吴兴祚。

此后青山庄迭经辗转，历经徐氏、张氏，乾隆十一年（1746）被没收充公。是年20岁的赵翼（1727—1814）来游，在《青山庄歌》中提到看见"门帖新题'官卖'字"，青山庄的"绣闼雕甍空尚在，残山剩水不胜情"，给他留下深刻印象。

乾隆五年春吴宗达曾孙吴龙见（1694—1773）曾游览青山庄，《薛惟文钞》卷六有《春日同储药坡青山庄访梅》。乾隆二十八年（1763）吴龙见又作《将进酒》长诗，缅怀吴襄青山庄、吴兖蒹葭庄当年的盛况。洪亮吉《更生斋文集》卷二《平生游历图序》第三图《山墅访秋图》提到曾为青山庄作诗绘图，卷三又有为孙星衍所作《〈青山庄访古图〉记》。孙星衍《冶城集补遗》有《题〈青山庄访古图〉》，赵怀玉《亦有生斋集》卷二十五有《为孙观察星衍题〈青山庄访古图〉有序》、卷一有《过青山庄有感》等诗文。

青山庄在后世激起巨大的回响，人们不但游园访园，而且咏园画园，借此留下更为久远的记忆。

· 吴 名 思 、 吴 守 相 半 舟 轩

吴名思（1620—1701）字无虚，号檀干，为吴宗达第四子，著有《四书慎余》《檀干文钞》；他娶吴亮同榜进士龚三益之女，龚氏著有《畦蕙诗钞》《侣木轩诗钞》，为一代才女。

吴名思夫妇筑有园亭。《北渠吴氏翰墨志》卷十八《檀干公》记载，吴名思"菟裘南郭，徜徉终老，与晋处士神相知于三径松菊间，可以觇其概矣。晚年修宗祠，饬义庄，规条整肃，至今遵守"。同卷龚氏《自题像》诗曰："数间茅舍依云起，竹床石案盈书史。奇禽怪石不知名，舞鹤游蜂识玄理。杉杉修竹傍幽窗，曲曲小桥临绿水。叠石流泉隔世尘，疏篱静户无寒暑。草色常青少雪霜，梅花不谢绝风雨。中有野人独鼓琴，隐久不知何姓氏。但闻与予同日生，无名自号侣木子……"题咏了龚氏理想的园居生活。龚氏另有《燕》《贺夫人手制彩花见贻系以三绝次韵酬谢》《咏栀子》《咏玫瑰》等诗。

龚氏未能生育，吴名思续聘陈氏，生下四子一女。长子吴守相（1661—

1708）字尔琢，号西岑，作《半舟轩记》，收在《北渠吴氏翰墨志》卷十八。

半舟轩位于常州普明庵内，康熙二十六年（1687）吴守相"觅读书地，得之颇喜"。这里原来是大士楼旁边的北轩，吴守相"疏灌莽，植篱落，甃垣列卉，稍稍粉泽，迁而处焉"，将其改建为读书之所。

这座小轩题名"半舟"，因其位于北侧，"流水烟霞，独当一面，盖区区得半而已，非完舟也"。舟本应用来"溯龙门，浮溟渤，狎洞庭之波，凌三江之险，蛟鼍为导，鱼龙为舞"，但这艘半舟只适合"就不流不涸之水，为倚岸停舸，绝风波，甘放弃，胶固浅狭而兀兀于此也。"

半舟轩"白昼阴移，禽声嘹乱，东皋月上，幽意可人"，作为读书之所颇为合宜；同时仍能予人稳泛沧溟的开阔想象："一苇乘风，扁槎入汉，得舟之半亦尽舟之用，又乌知今日之倚岸停舸，不一夕而千里乎？"

· 吴龙见惺园

吴守相次子吴龙见（1694—1773）原名俏立，字怕士，号惺园，雍正十三年（1735）中举人，乾隆元年（1736）联翩中进士，历任户部主事、武强县知县、献县知县、刑部主事、刑部员外郎、刑部郎中和监察御史等职，著有《薛帷文钞》14卷，著名文士陈世倌（1680—1758）、沈德潜（1673—1769）作序。

吴龙见任官多年，交游广泛，寿至八十，《北渠吴氏族谱》记载他晚年"纂辑族谱，总摄祖务，祠宇坟墓，在在经营"，为吴氏家族做出了重要贡献。吴龙见号惺园，应为其私园的名字。《北渠吴氏翰墨志》卷十八有集《诗经》而成的《惺园自题考槃图》。

除了自构园亭，吴龙见诗文中屡屡提及先辈的园林。《北渠吴氏翰墨志》卷十八《蒹葭杂吟十二首》咏吴兖蒹葭庄，《廿八日凝儿侍游来鹤庄看梅用坡公韵》咏吴守楗来鹤庄，《先文端公祠槐柏用怀麓堂集韵》咏吴宗达绿园，《将进酒》咏吴襄青山庄，《登微泉阁有怀伯祖蓼堪公》咏吴方思微泉阁，《赋示锡五侄感旧抚时兼致属望之意》咏吴玄东第园……

乾隆二十八年（1763）吴龙见为新修的《北渠吴氏族谱》作序，同时将《北渠吴氏翰墨志》"增益定为二十二卷"，这两项工作与他咏怀先辈的园林表里相应。今天能够考证出吴氏家族的30余座园林，吴龙见编修的族谱、翰墨志和题咏诗文功不可没。他是家族繁华最后的见证者，也是吴氏造园的终结者。

吴龙见出生于康熙三十三年（1694），去世于乾隆三十八年（1773），这80年是中国古代最后的盛世，江南园林的兴造再度繁盛。入清以后，洗马桥吴氏出过14名进士，12名举人，科举不可谓不盛，然而吴氏子弟不再有祖辈的林泉雅致，很少兴建新的园林，旧的园林也陆续转卖或荒废。

曹汛《戈裕良与我国古代园林叠山艺术的终结》指出，在中国历代造园叠山艺术家中，戈裕良是最后一位大家，他的卒去，标志着中国古代造园叠山艺术的终结。戈裕良出自常州洛阳戈氏，曾为孙星衍、洪亮吉等造园。《洛阳戈氏宗谱》收有洪亮吉的《重修戈氏族谱序》。这篇序又收在吴士模《泽古斋文钞》中，显然出自吴士模之手。

吴士模（1751—1821）字晋望，号穆庵，为吴襄后裔，从辈分看为吴龙见的族孙。前文提到，孙星衍、洪亮吉都是吴襄青山庄的常客，曾作诗绘图，一再题咏；洪亮吉住宅位于吴玄东第园旧址的西南角。孙、洪、吴、戈彼此相熟，游赏和造园时自然会谈及前朝吴氏的园林，戈裕良很可能还会从中揣摩借鉴。

但吴士模只是邑庠生，洪亮吉则高中榜眼，为一代文豪；因此《重修戈氏族谱序》由吴士模起草，洪亮吉稍加润色后，署名发表。世事更替，风云流转，乾嘉以来，吴士模与吴氏子孙很少再提及祖上的名园。吴氏造园从无到有，渐趋极盛，最终复归于无，宛如白雪覆盖大地，抹去一切痕迹。未知雪下的枯木，来春是否还会萌发新枝？

6. 近世：书香一脉，不朽传奇

吴士模育有三子，次子吴仪澄（1789—1846）字靖夫，号秋渔，嘉庆二十三年（1818）中举人，道光六年（1826）中进士，历任直隶鸡泽县知县、枣强县知县和顺天府宛平县知县等职。

吴仪澄育有四子二女，长子吴保临（1810—1846）原名吴馨宜，字子咸，号芸生，道光十一年（1831）中举人，道光十三年（1833）联翩中进士，历任吏部稽勋司兼考功司主事、文选司员外郎、验封司掌印员外郎等职。

吴士模子孙两代接连考中进士，吴氏家族呈现出中兴气象。然而道光二十六年（1846）吴仪澄、吴保临父子同年去世，中断了家族的复兴之势。

更大的影响则来自整个时代。1840 年爆发第一次鸦片战争，1851 年爆发太平天国运动，大清王朝外患内忧，江河日下，依附于封建王朝的科举制度，已无法再保障家族的兴盛。

中国历史进入近代，有志之士，人人图强。吴氏子孙也纷纷投入到当时最有希望拯救中国的洋务运动中来。

吴保临育有三子一女，次子吴佑孙（1841—1902）字殿英、申之，历任浙江西安临海县丞、平湖县知县、西安钱塘县知县、候补同知、在任候补知府等职。他协助张之洞创办湖北武备学堂，督练新军，打造出晚清最具实力的军队之一，为辛亥革命的胜利奠定了基础。

吴佑孙育有四子一女，次子吴琳（1865—1913）字稚英、持盈，光绪十五年（1889）中举人，历任湖北候补知县（署理长阳县事）、竹溪县知县等职。他担任张之洞的幕僚，主持重修武昌岳王庙，通过岳飞"精忠报国"的精神激励军民的爱国思想。

吴琳育有三子二女，次子吴景瀛（1891—1959）字影洲，后改名吴瀛。1924 年吴瀛以内务部官员身份参与紫禁城接收事宜，成为故宫博物院的创办人之一。"九一八"事变后故宫文物南迁，吴瀛担任首位押运官，为保护文物倾注了大量心血，去世前还将自己珍藏的 271 件文物捐赠给了故宫博物院（图 5-22）。

图 5-22

《唐人宫苑图卷》及吴瀛跋语
⊙北京故宫博物院藏

吴瀛逐渐脱离军界政界后，进入到文化艺术领域。近现代以来吴氏后人正是在文化艺术领域取得了备受瞩目的成就。

艺术大师吴祖光（1917—2003）是吴瀛长子，上溯到明代，为北渠吴氏第二十世、吴中行第十二世孙。吴祖光19岁创作出话剧《凤凰城》，赢得"戏剧神童"的美誉；后来又创作出《正气歌》《风雪夜归人》《林冲夜奔》《牛郎织女》和《少年游》等名作，声震剧坛（图5-23）。吴祖光的妻子新凤霞是中国评剧最大流派——新派艺术的创始人，被誉为"评剧皇后"（图5-24）。吴祖光、新凤霞合作的《刘巧儿》《花为媒》《新凤霞传奇》，在中国产生

→图5-23

1955年吴祖光（左二）与梅兰芳（左三）一起拍摄电影《梅兰芳的舞台艺术》
⊙吴欢提供

↓图5-24

1953年在北京栖凤楼胡同合影。中坐者为齐白石，新凤霞立于其后，吴祖光蹲于其前。此外还有吴祖强（前排右一）、黄苗子（前排右二）、张正宇（后排右一）、张光宇（后排右二）、郁风（后排右三）等人
⊙吴欢提供

了现象级的影响。吴瀛第六子吴祖强（1927—2022）是著名作曲家，历任中央音乐学院院长、中国音乐家协会副主席和中国文联执行副主席等职，创作出《红色娘子军》舞剧、《二泉映月》弦乐、《草原小姐妹》协奏曲等作品。吴祖光和吴祖强被誉为中国文化艺术界的"双璧"。

吴瀛、吴祖光一脉皆出自迁居常州的洗马桥吴氏。在宜兴的吴氏北渠故里，也诞生了一位世界级的艺术大师——画家和美术教育家吴冠中（1919—2010），他属于北渠吴氏十九世，与吴瀛同辈。《吴氏族谱》记载"孚

智，字冠中"，世系为吴恔—长子吴敏行—长子吴宗良—长子吴澹思—长子吴燿立—长子吴端坤—长子吴鋘大—长子吴德泽—长子吴久徵—长子吴成宝—长子吴炳泽—长子吴孚智，吴冠中属于吴恔的嫡长直传。吴恔为吴性族弟，二者都是北渠吴氏第七世，前文提到吴恔的寄园，吴性有《答族弟恔》诗。2012 年吴冠中故居修复，吴性十四世孙、吴祖光之子吴欢来到宜兴，为故居前的牌楼题字，续起了家族的这段前缘。

　　1994 年吴冠中访问故乡，创作油画《老家北渠村》，重温少年时期的记忆⁽图5-25⁾。此前的 1989 年，高居翰参加吴冠中在旧金山的画展并一起合影。高居翰发表《吴冠中的绘画风格与技法》一文，称赞吴冠中的作品是"东西方艺术的汇合"，展示了"两种艺术体系从正面交锋，而渐渐互相妥协以致融合"。高居翰不会预料到，当时站在身边的吴冠中，距离他苦苦追寻的止园，仅有一步之遥⁽图5-26⁾。

↑ 图 5-25

吴冠中《老家北渠村》，
北京保利 2018 年春拍

→图 5-26

高居翰参加吴冠中画展合影
◎莎拉·卡希尔提供

如今吴氏后人依然活跃在国内外的文化艺术舞台上。吴祖光长子吴钢是国际知名摄影家，次子吴欢是著名书画家和作家，女儿吴霜是花腔女高音歌唱家和剧作家，同辈的吴迎是国际一流的钢琴家、中央音乐学院钢琴系主任，吴彬是三联书店知名编辑。留在常州故乡的吴君贻是吴宗达十一世孙、吴龙见八世孙，已整理出版吴宗达《涣亭存稿》、吴充《家鸡集》，目前正在编校吴亮《止园集》、《北渠吴氏翰墨志》等家族文献。

明清以来的五百多年间，吴氏家族与中国的政治、经济、文化始终保持着难解难分的联系。吴氏家族在古代曾是科举世家、收藏世家和造园世家，明清易代之际，虽然人才凋零、园亭荒废，但家族的生命活力始终保持。近现代时期，吴氏再次崛起，参与辛亥革命、创办故宫博物院、从事艺术创作，在文博、戏剧、电影、音乐和书画领域取得了非凡的成就。五百年的吴氏传承，展现出一个世家大族深厚的文化积淀，让止园不仅存在于故纸旧图上，更延伸到今天的现实中，期待着新的传奇书写。

附录

明清北渠吴氏科举名录

序号	世系	姓名	中第时间	公元纪年
01	七世	吴性	嘉靖十三年甲午科举人	1534
			嘉靖十四年乙未科进士	1535
02	八世	吴可行	嘉靖二十五年丙午科举人	1546
			嘉靖三十二年癸丑科进士	1553
03		吴中行	嘉靖四十年辛酉科举人	1561
			隆庆五年辛未科进士	1571
04		吴亮	万历十九年辛卯科举人	1591
			万历二十九年辛丑科进士	1601
05		吴奕	万历二十八年庚子科举人	1600
			万历三十八年庚戌科进士	1610
06		吴玄	万历十九年辛卯科举人	1591
			万历二十六年戊戌科进士	1598
07	九世	吴宗达	万历二十八年庚子科举人	1600
			万历三十二年甲辰科探花	1604
08		吴宗仪	万历二十二年甲午科举人	1594
09		吴宗因	万历十九年辛卯科举人	1591
10		吴宪	万历二十八年庚子科举人	1600
11		吴襄	万历三十一年癸卯科举人	1603
12		吴宗奎	万历十九年辛卯科举人	1591
13		吴宗闰	万历三十七年己酉科武举人	1609
14		吴宗进	天启七年丁卯武科举人	1627
15	十世	吴柔思	天启元年辛酉科举人	1621
			天启二年壬戌科进士	1622
16		吴简思	崇祯三年庚午科举人	1630
			崇祯四年辛未科进士	1631
17		吴刚思	崇祯十二年己卯科举人	1639
			崇祯十六年癸未科进士	1643

序号	世系	姓名	中第时间	公元纪年
18		吴方思	崇祯六年癸酉科举人	1633
			崇祯十三年庚辰科进士	1640
19	十世	吴位思	康熙二年癸卯科武举人	1663
			康熙三年甲辰科武进士	1664
20		吴文思	康熙二年癸卯科武亚元	1663
21		吴云	天启七年丁卯科武举人	1627
22	十一世	吴守寀	顺治三年丙戌科举人	1646
			顺治四年丁亥科进士	1647
23		吴守荣	康熙五年丙午科举人	1666
24		吴本立	康熙二年癸卯科举人	1663
			康熙九年庚戌科进士	1670
25		吴彪	康熙十七年戊午科武举人	1678
			康熙十八年己未科武进士	1679
26	十二世	吴震生	康熙二十六年丁卯科举人	1687
			康熙二十七年戊辰科进士	1688
27		吴龙见	雍正十三年乙卯科举人	1735
			乾隆元年丙辰科进士	1736
28		吴琰	雍正四年丙午科举人	1726
29		吴楫	乾隆九年甲子科举人	1744
			乾隆十年乙丑科进士	1745
30	十三世	吴霖	乾隆五十三年戊申恩科举人	1788
			乾隆五十五年庚戌恩科进士	1790
31		吴其仪	康熙五十九年庚子科举人	1720
32		吴熊	乾隆三十年乙酉科举人	1765
33		吴汝翼	乾隆十二年丁卯科举人	1747
34	十四世	吴步云	乾隆九年甲子科举人	1744
			乾隆十三年壬申恩科进士	1748

序号	世系	姓名	中第时间	公元纪年
35	十四世	吴堂	乾隆五十一年丙午科举人	1786
			嘉庆元年丙辰科进士	1796
36	十五世	吴仪澄	嘉庆二十三年恩科举人	1819
			道光六年丙戌科进士	1826
37		吴星耀	乾隆四十五年庚子科举人	1780
38		吴廷榅	嘉庆十三年戊辰科举人	1808
39		吴企宽	道光五年乙酉科举人	1825
40	十六世	吴承烈	嘉庆十二年丁卯科举人	1808
			嘉庆二十二年丁丑科进士	1818
41		吴保临	道光十一年辛卯恩科举人	1831
			道光十三年癸巳科进士	1833
42		吴自征	道光十七年丁酉科顺天举人	1837
			道光二十四年甲辰科大挑二甲	1844
43		吴保丰	道光二十四年甲辰科恩科	1844
44	十八世	吴琳	光绪十五年己丑恩科举人	1889

参考文献

[1] 吴中行. 赐余堂集[M]. 明万历二十八年刻本.

[2] 吴亮. 止园集（二十四卷）[M]. 明天启元年刻本.

[3] 吴亮. 止园集（二十八卷）[M]. 明天启元年刻本.

[4] 吴奕. 观复庵集[M]. 明万历年间刻本.

[5] 吴宗达. 涣亭存稿[M]. 南京：凤凰出版社, 2018.

[6] 吴亮. 家鸡集[M]. 明崇祯年间刻本.

[7] 计成. 园冶[M]. 王绍增, 注释. 北京：中国建筑工业出版社, 2013.

[8] 王世贞. 山园杂著[M]. 明万历年间刻本.

[9] 宋懋晋. 寄畅园图册[M]. 苏州：古吴轩出版社, 2007.

[10] 吴光炜. 北渠吴氏翰墨志[M]. 清光绪五年刻本.

[11] 吴一清, 等. 北渠吴氏族谱[M]. 民国十九年刻本.

[12] Sarah Cahill. 莎拉·卡希尔谈父亲高居翰[A]. 文汇学人, 2019-03-08.

[13] June Li, James Cahill. Paintings of Zhi Garden by Zhang Hong[Z]. Los Angeles county museum of art, 1996.

[14] 高居翰. 山外山：晚明绘画（1570—1644）[M]. 北京：生活·读书·新知三联书店, 2009.

[15] 高居翰. 气势撼人：十七世纪中国绘画中的自然与风格[M]. 北京：生活·读书·新知三联书店, 2009.

[16] 高居翰, 黄晓, 刘珊珊. 不朽的林泉：中国古代园林绘画[M]. 北京：生活·读书·新知三联书店, 2012.

[17] 高居翰. 画家生涯[M]. 北京：三联书店, 2012.

[18] 贡布里希. 艺术与错觉：图像再现的心理学研究[M]. 南宁：广西美术出版社, 2015.

[19] 贡布里希. 木马沉思录：艺术理论文集[M]. 南宁：广西美术出版社, 2015.

[20] 彼得·伯克. 图像证史[M]. 杨豫, 译. 北京：北京大学出版社, 2008.

[21] 白谦慎. 傅山的世界：十七世纪中国书法的嬗变[M]. 北京：生活·读书·新知三联书店, 2006：15-17.

[22] 鲍沁星, 李雄. 南宋以来古典园林叠山中的"飞来峰"用典初探[J]. 北京林业大学学报（社会科学版）, 2012, 11（04）：66-70.

[23] 北京画院. 唯有家山不厌看：明清文人实景山水作品集[M]. 广西：广西美术出版社, 2015.

[24] 蔡军. 《园冶》建筑类型考[J]. 建筑师, 2018（02）：51-56.

[25] 曹汛. 中国造园艺术[M]. 北京：北京出版社, 2019.

[26] 曹汛, 查婉滢, 黄晓. 江南园林甲天下, 寄畅园林甲江南[J]. 风景园林, 2018, 25（11）：14-16.

[27] 曹汛. 张南垣的造园叠山作品[J]. 中国建筑史论汇刊（第贰辑）, 2009：327-378.

[28] 陈从周, 赵厚均, 蒋启霆. 园综[M]. 上海：同济大学出版社, 2004.

[29] 陈明. 图像的选择与阐释——艺术史书写如何面对图像化的时代[N]. 中国美术报, 2017-3-6.

[30] 崔朝阳, 黄晓. 晚明时期的园林绘画之变——以张宏《止园图》为中心[J]. 美术研究, 2017（06）：43-46.

[31] 董寿琪. 苏州园林山水画选[M]. 上海：上海三联书店, 2007.

[32] 董豫赣. 玖章造园[M]. 上海：同济大学出版社, 2016.

[33] 高士明. 山水之危机[A]// 行动的书：关于策展写作. 北京：金城出版社, 2012：235.

[34] 顾凯. "知夫画脉"与"如入岩谷"：清初寄畅园的山水改筑与17世纪江南的"张氏之山"[J]. 中国园林, 2019, 35（07）：124-129.

[35] 顾凯. 明末清初太仓乐郊园示意平面复原探析[J]. 风景园林, 2017（02）：25-33.

[36] 顾凯. "九狮山"与中国园林史上的动势叠山传统[J]. 中国园林, 2016（12）：122-128.

[37] 顾凯. 拟入画中行：晚明江南造园对山水游观体验的空间经营与画意追求[J]. 新建筑, 2016（06）：44-47.

[38] 顾凯. 画意原则的确立与晚明造园的转折[J]. 建筑学报, 2010（S1）：127-129.

[39] 顾凯. 明代江南园林研究[M]. 南京：东南大学出版社, 2010.

[40] 郭明友. 明代苏州园林史[M]. 北京：中国建筑工业出版社, 2013.

[41] 洪再新. 他山之石的参照意义：从《气势撼人》谈海外中国艺术研究[N]. 中国美术报, 2019-4-4.

[42] 黄晓, 刘珊珊. 沈周《虎丘十二景图》与明代园林绘画的演变[J]. 时代建筑, 2021（06）：65-69.

[43] 黄晓，刘珊珊．图像与园林：学科交叉视角下的园林绘画研究[J]．装饰，2021（02）：37-44．

[44] 黄晓，刘珊珊．明代吴亮止园的"止"中之趣[J]．中国园林博物馆学刊（第7辑），2021：21-26．

[45] 黄晓，刘珊珊．17世纪中国园林的造园意匠和艺术特征[J]．装饰，2020（09）：31-39．

[46] 黄晓，戈祎迎，周宏俊．明代园林建筑布局的奇正平衡——以《园冶》与止园为例[J]．新建筑，2020（01）：19-24．

[47] 黄晓，朱云笛，戈祎迎，等．望行游居：明代周廷策与止园飞云峰[J]．风景园林，2019，26（03）：8-13．

[48] 黄晓，程炜，刘珊珊．消失的园林：明代常州止园[M]．北京：中国建筑工业出版社，2018．

[49] 黄晓．园林：自由与秩序[J]．艺术商业，2018（10）：58-65．

[50] 黄晓，刘珊珊，周宏俊．明代沈周《东庄图》图式源流探析[J]．风景园林，2017(12)：44-51．

[51] 黄晓，刘珊珊．可画之园，可园之画——中国古代的园林绘画[N]．光明日报，2017-06-22．

[52] 黄晓，刘珊珊．园林绘画对于复原研究的价值和应用探析——以明代《寄畅园五十景图》为例[J]．风景园林，2017（02）：14-24．

[53] 黄晓，刘珊珊．园林画：从行乐图到实景图[J]．中国书画，2015（09）：32-27．

[54] 黄晓，贾珺．吴彬《十面灵璧图》与米万钟非非石研究[J]．装饰，2012（08）：62-67．

[55] 黄晓，刘珊珊．唐代李德裕平泉山居研究[J]．建筑史，2012（03）：79-98．

[56] 黄晓，刘珊珊．明代《长林石几图》与吕炯友芳园研究[J]．建筑史，2012（02）：71-81．

[57] 黄晓．风谷行窝考——锡山秦氏寄畅园早期沿革[J]．建筑史（第27辑），2011：107-125．

[58] 贾珺．北京私家园林志[M]．北京：清华大学出版社，2009．

[59] 贾珺，黄晓，李旻昊．古代北方私家园林研究[M]．北京：清华大学出版社，2019．

[61] 贾珺．明代北京勺园续考[J]．中国园林，2009，25（05）：76-79．

[60] 贾珺．北宋洛阳司马光独乐园研究[J]．建筑史，2014（2），103-121．

[62] 蒋方亭．王世贞的舟行宦旅：明代吴门画家《运河纪行图》册研究[D]．香港：香港中文大学，2017．

[63] 柯律格．明代的图像与视觉性[M]．北京：北京大学出版社，2011：12．

[64] 刘敦桢．苏州古典园林[M]．北京：中国建筑工业出版社，2005．

[65] 刘珊珊，黄晓．乾隆惠山园写仿无锡寄畅园新探[J]．建筑学报，2019（06）：99-103．

[66] 刘珊珊，黄晓．止园与园林画：高居翰最后的学术遗产[N]．文汇学人，2019-02-22．

[67] 刘珊珊，黄晓．中国古代园林绘画与张宏《止园图》册[J]．中华书画家，2018（09）：11-15．

[68] 刘珊珊，黄晓．林泉不朽，名园重现——张宏《止园图》与吴亮止园[N]．光明日报，2018-07-01．

[69] 刘珊珊，黄晓．中西交流视野下的明代私家园林实景绘画探析[J]．新建筑，2017（04）：118-122．

[70] 刘珊珊，黄晓．风雅的养成——园林画中的古代女性教育[J]．中国园林，2019，35（03）：76-80．

[71] 鲁安东．解析避居山水：文徵明1533年《拙政园图册》空间研究[J]．建筑文化研究（第3辑），2011：269-324．

[72] 吕嘉程，黄晓．明代江南园林植物配置的数字文化探析[J]．风景园林，2017（03）：107-114．

[73] 马千里．赵翼"青山庄歌"笺证[A]// 史念海．辛树帜先生诞生九十周年纪念论文集．北京：农业出版社，1989：488-503．

[74] 南京师范大学古文献整理研究所．江苏艺文志·常州卷[M]．南京：江苏人民出版社，1994．

[75] 秦志豪．锡山秦氏寄畅园文献资料长编[M]．上海：上海辞书出版社，2009．

[76] 石守谦．从风格到画意：反思中国美术史[M]．北京：生活·读书·新知三联书店，2015：31-32．

[77] 孙天正．《园冶·兴造论》疑义考辨[J]．建筑史（第42辑），2018：129-148．

[78] 童寯．江南园林志[M]．北京：中国建筑工业出版社，1984．

[79] 肖靖．明代园林以文本为基础的建筑视觉再现——以留园"古木交柯"为例[J]．建筑学报，2016（01）：31-35．

[80] 薛焕炳. 毗陵吴氏园林录 [M]. 香港：中华书局，2020.

[81] 杨玥炜. 明代复古派文人造园实践及张凤翼求志园复原研究 [D]. 北京：北京林业大学，2019.

[82] 叶舒宪. 第四重证据：比较图像学的视觉说服力 [J]. 文学评论，2006（5）：172-179.

[83] 王冉. 从《环翠堂园景图》看明代休宁县坐隐园及其环境的营造 [D]. 北京：清华大学，2017.

[84] 王笑竹. 明代江南名园王世贞弇山园研究 [D]. 北京：清华大学，2014.

[85] 王顺. 谈苏州画家袁尚统和张宏 [J]. 故宫博物院院刊，1991（3）：27-35.

[86] 魏向东. 明代《长物志》背后，原来文震亨还有这样一位舅舅 [N]. 澎湃新闻，2020-11-20.

[87] 赵琰哲. 渊明逸志的江南表达——以《桃源图》为例考察文本阅读与绘画创作的关系 [J]. 西北美术，2015（03）：44-49.

[88] 赵琰哲. 明代中晚期江南地区《桃源图》题材绘画解读 [J]. 艺术设计研究，2011（04）：22-34.

[89] 周宏俊，苏日，黄晓. 明代常州止园理水探原 [J]. 风景园林，2017（02）：34-39.

[90] 周宏俊，张波. 园林眺望的经营位置与视觉特质 [J]. 风景园林，2016（9）：108-114.

[91] 朱万章. 张宏及其绘画艺术 [J]. 中国书画，2006（11）：4-15.

[92] 庄岳. 数典宁须述古则，行时偶以志今游——中国古代园林创作的解释学传统 [D]. 天津：天津大学，2006.

止园图册索引

纸本水墨，画心尺寸: 32.4×34.5 厘米
Ink and color in paper. Each leaf: 123/4×139/16in.

＊藏于柏林亚洲艺术博物馆
（Museum für Asiatische Kunst）
其余藏于洛杉矶郡立美术馆
（Los Angeles County Museum of Art）

后记

2012 年《不朽的林泉》刚出版，我们就感到应该专门为止园写一本书。2022 年我们校对即将刊印的书稿，已经过去了十年时间。

十年后我们对吴亮的结局仍然所知甚少。他深深卷入晚明阉党与东林党的斗争，罢官、造园、复出、去世，莫不与此有关。有人感叹他陷身党争无以自拔，然而易地以处，在风雨如磐、家国危亡之际，独善其身岂是易事？吴亮隐居止园 13 年后重返朝堂，正是"十年饮冰，难凉热血"。

陈于廷在为吴亮撰写的墓志铭里三次提到"止园吴公""别号止园""有园曰止"，深知止园对于吴亮的重要意义。然而今天我们对止园的结局也所知甚少。止园紧邻常州城北的青山门，青山门与瓮城成椅角之势。中国历代南北交锋，常州皆为兵家必争之地。甲申之变后清军南下，此地激战鏖兵，一水之隔的止园会有何遭遇？思之令人浩叹。

吴亮将止园视为"桃花源"，正因他处于乱世顿挫中，才更显出桃花源的可羡与可贵。陈寅恪《〈桃花源记〉旁证》指出，《桃花源记》是"寓意之文，亦纪实之文也"。所谓"寓意"，是因为桃花源乃中国人理想家园的原型。乱世纷纷，桃源中人是为"避秦时乱"；即使生在太平盛世，也会需要一处抚慰心神、滋养元气的世外桃源。袁行霈指出，桃源中人并非不死神仙，亦无特异之处，而是如你我一般的普通人。桃花源由此成为中国人的"集体无意识"，无论盛世乱世，无论出世入世，无论富贵贫贱，都可在其中安顿身心。

原型的力量在其强烈的感召力和生发力。中国人向往桃源，不懈寻觅，寻之不足，继以再造。王维效仿桃源营建辋川是在天宝初年，以排遣李林甫把持朝政导致的愤郁。苏轼会心陶渊明、尽和陶诗是在贬谪岭南后，"桃花满庭下，流水在户外"，将放逐之地转化为宁静乐土。吴亮建造止园同样如此，墙外是喧嚣纷扰的艰危时世，墙内是与人相亲的池竹禽鱼。王维、苏轼、吴亮以及无数古贤今士，通过将"自我的生命经验"融入原型和场地之中，创造出独一无二的、属于自己的桃花源。

再造桃花源，才能拥有桃花源，然而这份拥有如何才能长久？在理性上人们深知胜景难常、韶光易逝，在感性上却希望这份美好永不凋零。吴亮留下了数百篇诗文，记录园中的一花一石、一轩一榭，品味园居的晨昏暮晓、秋去春回。吴柔思则请张宏绘成《止园图》，刻画下这座园林最盛时的模样。借助诗文图画，止园成为一座"纸上桃花源"，摆脱了实体的羁绊，反倒更可能传世不朽。这些诗文图画，构成陈寅恪所说的"纪实之文"。得益于它们，我们对结局未卜的吴亮和止园本身反而所知甚多。

"再造纸上桃花源"有四重含义：一是作为理想原型的"桃花源"，扎根于中国人心灵深处，一千个人便有一千种桃源想象；二是"再造桃花源"，将彼岸追寻转变为此岸经营，营造出无数座现世桃源；三是"纸上桃花源"，将想象与真实定格在诗画中，将曾有的欣悦与感动世代传递。止园融合了以上种种，展示了对桃花源的向往、拥有和纪念，它以桃花源为原型，同时又成为新的原型，为当代的创作提供灵感。

今天围绕止园的解读与创造，即为"再造纸上桃花源"。高居翰重建止园的梦想、中国园林博物馆的精雕模型、常州的止园归来艺术展、非遗艺术家的乱针绣创作、《止园图册》的桃花源主题设计……都是采用不同的方式，再造这座纸上桃花源。止园寓意之一为《大学》的"止于至善"，又说"知止而后有定，定而后能静"，"止"是终极目标，也是万事起点。止园不止，以止为始，通过创新传统来延续传统，通过再造桃源来拥有桃源。

张岱《西湖梦寻》追述他记忆中的西湖胜景。明清易代之际，西湖的歌楼舞榭百不存一，但在张岱梦中则全然无恙。止园实体也已烟消云散，但在诗画中则历历在目。因为它本就真实存在过，像西湖一样为"梦所固有"，自然会"其梦也真"。《止园梦寻》想追寻的，既是缥缈如梦的止园，也是止园所引向的梦境，不仅是为找寻过去，更是期待创造未来。

黄　晓　　刘珊珊

2022 年 6 月 10 日

致
谢

　　在止园研究过程中，我们得到众多师友和机构的帮助，特此致谢。

　　感谢高居翰和曹汛两位前辈，引领我们进入这项课题。感谢马国馨院士为本书作序，鞭策我们继续努力。

　　感谢高居翰之女莎拉（Sarah Cahill）女士，吴氏后人吴欢先生、吴君贻先生，北京林业大学孟兆祯院士、李雄教授、王向荣教授、李亚军书记和郑曦教授，美国洛杉矶郡立美术馆利特尔（Stephen Little）先生、孔纨女士、柯一诺（Einor Cervone）女士，中国园林博物馆张亚红原馆长、杨秀娟馆长、刘耀忠原书记、黄亦工原副馆长、谷媛副馆长、张宝鑫主任，园林学家耿刘同先生、张济和先生，北京大学方拥教授，清华大学贾珺教授，北京故宫博物院周苏琴研究员，美国普吉湾大学洪再新教授，中国美术学院张坚教授，加州大学长滩分校布朗（Kendall Brown）教授，高居翰亚洲艺术研究中心余翠雁（Sally Yu）女士、白珠丽（Julia White）女士，高居翰纪录片导演斯基普（Skip Sweeney）先生、制片人齐哲瑞（George Csicsery）先生，美国路易维尔大学赖德霖教授，波士顿美术馆亚洲部主任喻瑜（Christina Yu Yu）女士，三联书店原总编辑李昕先生、编辑杨乐女士，常州刺绣大师孙燕云女士、吴澄女士，艺术家冰逸博士、安书研女士，常州大学葛金华副院长，联合国赴华项目负责人何勇先生，《洛杉矶邮报》任向东董事，常州学者薛焕炳先生、徐堪天先生的帮助。

感谢德国柏林亚洲艺术博物馆、常州市委市政府、中国国际文化交流中心、中国文物保护基金会、美国加州大学伯克利分校艺术博物馆、中国紫檀博物馆、常州乱针绣博物馆、宜兴博物馆、北京那里小世界博物馆、北京文化产业商会、亚太交流与合作基金会、三联书店、活字文化、凤凰卫视、《常州日报》和《常州晚报》等机构和媒体的支持。

感谢图书策划秦蕾女士、光明城编辑李争女士和设计师吕旻先生，使此书得以精雅的形式呈现在读者面前。

图书在版编目（CIP）数据

止园梦寻：再造纸上桃花源 / 黄晓, 刘珊珊著. --
上海：同济大学出版社, 2022.10

ISBN 978-7-5765-0270-1

Ⅰ.①止… Ⅱ.①黄… ②刘… Ⅲ.①古典园林 - 园
林艺术 - 常州 Ⅳ.①TU986.625.33

中国版本图书馆CIP数据核字(2022)第113030号

止园梦寻

再造纸上桃花源

黄　晓　刘珊珊　著

出 版 人	金英伟	出版发行	同济大学出版社
策　划	秦 蕾 / 群岛工作室	地　址	上海市杨浦区四平路 1239 号
责任编辑	李 争	邮政编码	200092
责任校对	徐逢乔	网　址	http://www.tongjipress.com.cn
书籍设计	吕 旻 / 敬人设计工作室	经　销	全国各地新华书店

版　次　2022 年 10 月第 1 版
印　次　2022 年 10 月第 1 次印刷
印　刷　上海雅昌艺术印刷有限公司
开　本　787mm×1092mm　1/16
印　张　18
字　数　437 000
书　号　ISBN 978-7-5765-0270-1
定　价　168.00 元

本书为国家自然科学基金（52078039、
52008302、51708029）和北京林业大学
建设世界一流学科和特色发展引导专项
（2019XKJS0405）成果